教育部人文社会科学重点研究基地重大项目
"国家海洋创新体系建设的战略组织研究"（项目号：07JJD630012）

国家海洋创新体系
建设战略研究

刘曙光　等著

中国财经出版传媒集团

经济科学出版社
Economic Science Press

图书在版编目（CIP）数据

国家海洋创新体系建设战略研究/刘曙光等著.
—北京：经济科学出版社，2017.3
ISBN 978 – 7 – 5141 – 7889 – 0

Ⅰ.①国…　Ⅱ.①刘…　Ⅲ.①海洋战略 –
研究 – 中国　Ⅳ.①P74

中国版本图书馆 CIP 数据核字（2017）第 062732 号

责任编辑：周国强
责任校对：王肖楠
责任印制：邱　天

国家海洋创新体系建设战略研究

刘曙光　等著

经济科学出版社出版、发行　新华书店经销

社址：北京市海淀区阜成路甲 28 号　邮编：100142

总编部电话：010 – 88191217　发行部电话：010 – 88191522

网址：www. esp. com. cn

电子邮件：esp@ esp. com. cn

天猫网店：经济科学出版社旗舰店

网址：http://jjkxcbs. tmall. com

固安华明印业有限公司印装

710 × 1000　16 开　17.25 印张　280000 字
2017 年 3 月第 1 版　2017 年 3 月第 1 次印刷
ISBN 978 – 7 – 5141 – 7889 – 0　定价：68.00 元

（图书出现印装问题，本社负责调换。电话：010 – 88191510）

（版权所有　侵权必究　举报电话：010 – 88191586

电子邮箱：dbts@esp. com. cn）

前　言

国家创新体系（national innovation system，NIS）是 20 世纪 80 年代以来提出的旨在提升国家创新能力的一个重要概念，通过近年来在各国的实践，其内涵不断丰富，也实质性地推动了有些国家整体创新能力的提升。同时，随着国家创新体系理论探讨和实践的不断深入，其外延也因为关注国家不同层面和不同行业的创新能力建设而逐步扩展，国家行业创新体系建设和区域创新体系建设成为国家创新体系建设的基本组成部分。应用导向型创新（user-led innovation）理念的提出提示我们，国家创新体系的分类研究可以从创新能力建设所面对的具体应用领域切入，而一些世界发达国家和我国在深空探测、陆地资源可持续开发等方面的国家创新体系建设已经取得巨大成效，尤其是我国在海洋开发需求方面的巨大压力和海洋开发能力的国际与国内行业差距，进一步说明在海洋开发方面的国家创新体系建设问题研究的必要性。

世界海洋强国和海洋大国，纷纷通过制定新的海洋国策强化对海洋的开发和利用，甚至直接提出基于创新能力建设的国家海洋战略（如澳大利亚、加拿大、挪威、日本、韩国等），尤其是提出对于深海和大洋开发的科技创新体系建设的战略对策。在不断强化的国家海洋政策支持下，这些国家大多建立或者依托已有国家级海洋中心进行持续性的基础和应用研究，形成深海科学研究的一系列成果；通过学研一体化的人才培养和社会公众教育，提升国民对与海洋开发的基本认知水平和参与意识；通过合理的科学技术预见，判断和选择海洋开发的技术主攻方向；鼓励和吸引国际化大型企业参与，在传统海洋资源方面保持强大的开发能力和全面介入。通过产学研一体化的联合，探索深海和大洋勘探与开发的经验，并且已经在深海、大洋勘测关键技术和成套设备研发与产业化方面形成具有国际竞争能力的海洋产业集群，为下一步商业化开发深海大洋的资源奠定了坚实基础。

我国在新中国成立以后逐步建立起涉海科技创新体系，尤其是近年来随着海洋经济在国民经济比重的稳步提升，涉海开发活动得到空前的重视，海岸带和近进浅海开发方面取得一系列成就，在深海勘测、大洋与极地科考方面也取得巨大进展，同时，也出台了海洋科技中长期规划、科技兴海战略等一系列国家海洋创新能力建设政策。但是，我国重视陆地资源开发的传统，加之有待理顺的海洋管理体制，相对低层次同构的沿海区域海洋产学研布局格局，使得我国逐步予以重视的海洋开发活动造成了对海岸带和近浅海资源的过度开发和环境破坏；而深海、大洋的开发活动国家没有得到充分的重视，深海大洋开发与国家科技创新能力的建设尚未形成内在统一。

近期我国在应对周边国家海洋权益争端问题的一系列对策和反制措施，在强化我国海洋国土开发与保护意识的同时，也增强了社会公众对于增强海洋（尤其是深海和远洋）开发与保护的科技创新能力建设的认同与支持，为今后建设面向深远海洋的国家海洋创新体系建设提供了战略契机。党的十八大以后我国陆续出台海洋强国、创新型国家建设战略，使得我国建设国家海洋创新体系更显必要和迫切。

本项研究是教育部人文社会科学重点研究基地重大项目"国家海洋创新体系建设的战略组织研究"（项目号：07JJD630012）的研究成果，旨在探讨我国建设国家海洋创新的可行性及途径，尤其是关注面向深海开发的国家海洋创新能力建设问题，尝试为我国的深海大洋开发的科技创新支持能力建设提供一些基础研究和对策思路参考。由于本项研究还缺乏对我国海洋创新体系建设问题的正面规范调研和系统性文献整理，也缺乏对于深海开发的科技支撑能力建设的深度个案剖析，本项研究只能说是这样一个重大命题的一个阶段性研究成果，希望能为下一步深入研究奠定一定的基础。

第一章　国家海洋创新体系的概念解读

第一节 创新及创新体系

一、创新概念的缘起

"创新"的理论观点，最初是由美籍奥地利经济学家熊彼特（Joseph A. Chumpeter）于1912年在其著作《经济发展理论》中提出来的。他将"创新"的内容概括为五个方面：引入新的产品（含产品的新质量）；采用新的技术（含生产方法、工艺流程）；开拓原材料的新供应源；开辟新的市场；采用新的组织、管理方式方法。[①]

继熊彼特之后，有不少经济学家对"创新"的概念又进行了解释，其中，中国科学学与科技政策研究会理事长冯之浚教授于1999年对"创新"的概念进行了较为全面的表述：创新是一个从新思想的产生到产品设计、试制、生产、营销和市场化的一系列的活动，也是知识的创造、转化和应用过程，其实质是新技术的产生和商业应用，它既包括技术创新，也包括管理创新、组织创新和服务领域的创新。但它不是一个简单的线性过程，而是企业内部的研究开发部门、生产部门和营销部门，以及企业与企业外的研究开发机构、高校及其他企业相互作用的结果。创新活动是一种社会化活动，需要以组织的形式进行，直接进行创新生产活动的组织机构包括具有新产品研究与开发能力的生产企业、具有创新人才培养能力的高等院校和具有创新技术研究与开发能力的独立研究与开发（R&D）机构，这些创新生产机构通过创新人才、技术、产品的交流形成较为紧密的创新关联。

二、创新的外延分类

近年来，随着人们对创新活动认识的不断深入，对创新类型的划分也趋

---

① 熊彼特．经济发展理论［M］．北京：商务印书馆，1990.

于细化，众多学者从创新的来源、创新的过程等不同角度出发，对创新活动加以研究，形成了包括自主创新（内生创新）与非自主创新（外生创新）、激进创新与渐进创新等一系列创新分类形式。

（一）自主（内生）创新与非自主（外生）创新

所谓自主创新，即所谓的内生性创新，具有如下四个显著特征：第一，具有一定的获利预期；第二，创新主体可通过创新实现内生性增长；第三，主体中存在共同发明与共同演进行为；第四，属于熊彼特式的创新（creative destruction）[1]。自主创新与非自主创新（或外生创新）在诸多方面存在显著差异。

（二）激进式创新与渐进式创新

从创新的具体表现形式来分，创新可分为激进式创新（radical innovation or breakthrough innovation）与渐进式创新[2]。激进式创新又被称为突破创新[3]或者范式创新（paradigmatic innovation）[4]，是指能够对已有知识或技术产生重大突破，形成前所未有的新知识或技术的创新行为。与激进式创新不同，渐进式创新只是对原有知识或技术的逐步完善，如降低生产成本、提高产出效率、改进产品构成等，具有典型的组织性和社会性功能。两者的创新形式对比如表1-1所示。以医药行业为例，由于医药行业是典型的以创新为主导的行业，激进式创新与渐进式创新在这一创新过程中共同出现。当某类新药物因为激进式创新行为而出现的时候，随着药物的使用，其副作用也会在一定程度上显现，而此时，人们既可以选择通过技术改进减少该药物的副作用，趋利避害（即所谓的渐进式创新），也可以选择通过科学研究创造出新的、

---

① Sengupta J. Theory of Innovation: A New Paradigm of Growth [M]. Springer, 2014.

② Henderson R., Clark K., Architectural Innovation: The Reconfiguration of Existing Product Technologies and the Failure of Established Firms [J]. Administratire Seience Quarterly, 1990, 35 (1): 81 – 112.

③ Tushman M. L., Anderson P. Technological discontinuities and organizational environments [J]. Administrative Science Quarterly, 1986 (31): 439 – 465.

④ Gardien P. Changing your Hammer: The Implications of Paradigmatic Innovation for Design Practice [J]. International Journal of Design, 2014, 8 (2).

能够替代原药物的新药物（即所谓的激进式创新）①。两种创新各有优劣，但对参与创新活动的劳动者的素质要求有所不同：渐进式创新强调劳动者需要拥有一定的特殊技能，因为熟练的技能能够在产品改进质量、适应市场、增加消费者满意度等过程中发挥重要作用，更有利于实现已有产品或技术的完善；相比而言，激进式创新要求劳动者拥有一般的技能，因为他们可以更好地适应不断变化的供需关系，适应产品市场战略的不断调整②。

表 1-1 　　　　　　　　　自主创新与非自主创新表现对比

表现	自主创新（内生创新）	非自主创新（外生创新）
激进创新 vs 渐进创新	自主激进创新 自主渐进创新	外生激进创新 外生渐进创新
闭门创新 vs 开放创新	自主闭门创新 自主开放创新	外生闭门创新 外生开放创新
个体创新 vs 集体创新	自主个体创新 自主集体创新	外生个体创新 外生集体创新
使用者引领创新 vs 兴趣驱动创新	自主发明者引领创新 自主使用者引领创新	外生发明者引领创新 外生使用者引领创新
独立创新 vs 合作（协同）创新	自主独立创新 自主协同创新	外生独立创新 外生协同创新

现实中，与医药行业相类似，不同创新过程中渐进式创新与激进式创新均会发生，如何科学平衡两者之间的关系至关重要。有学者认为，应当采取四种方式以平衡渐进与激进创新的关系——创新平衡、间断平衡、专业化及有效的员工管理。③

---

① Hara T. Innovation in pharmaceutical Industry: the process of drug discovery and development ［M］. Cheltenham, UK; Northhampton, MA, Edward Elgar, 2003.

② Taks J. L., et al. Does regional proximity still matter in the global economy? The case of Flemish biotech ventures ［J］. Frontiers of Entrepreneurship Research, 2011, 31 (16).

③ Annique Un, C. An empirical multi-level analysis for achieving balance between incremental and radical innovations ［J］. Journal of engineering and technology management, 2010, 27 (1/2): 1-19.

（三）开放式创新与合作创新

与前面两组创新类型不同，开放式创新与合作创新应该说并非是创新的两种对立类型，而是相互融合、相互依存的。当今社会的创新环境决定了闭门造车式的创新活动不可能跟上世界先进国家的创新步伐，包容、开放、相互协作成为必然要求。所谓开放式创新，是指创新主体可以并应当使用外部的创新观念及方法来提升自己的科技水平①。开放式创新对国家创新体系具有重要影响：首先，开放式创新可以进一步加强国家创新体系建设的重要性；其次，它能增强国家创新体系的有效性；最后，它可以实现创新网络的构建并使其呈现多样化特征。构建创新网络是实现开放式创新的重要手段②，而开放式创新的重要要求就是要实现创新主体相互间的合作共赢，即所谓的合作创新（cooperation innovation）。合作创新包括两种具体的合作方式——协作创新（cooperation）与协同创新（collaboration）。前者强调群体间的劳动力分工与知识共享，后者则更多强调不同主体之间的紧密连接。③ 当然，不同合作主体之间也会出现竞争，竞合关系作为合作创新的一种特殊形式，为创新主体带来"挑战"的同时亦能够使参与合作的不同主体获益（challenging yet very helpful）。④ 因此，很多世界级大企业之间并不排斥与竞争对手的相互合作。以韩国与日本的通信业巨头三星与索尼为例，两者自2003年至今，进行了十多年的合作创新，这非但没有影响两者的巨头地位，还实现了互利共赢。

三、创新过程及实现路径

创新是相互协作的过程，需要形成一定的创新网络。在该网络成立初期，

---

① Chesbrough H. W. The Era of Open Innovation. Sloan Management Review, 2003, 44 (3): 35-41.

② Duin P. A. van der T. Heger, M. D. Schlesinger. Toward networked foresight? Exploring the use of futures research in innovation networks, Futures, 2014, 59: 62-78.

③ Nissen H. A., Evald M. R., Clarke A. H. Knowledge sharing in heterogeneous teams through collaboration and cooperation: Exemplified through Public-Private-Innovation partnerships [J]. Industrial Marketing Management, 2014, 43 (3): 473-482.

④ Gnyawali D., Park B.-J. Co-opetition between giants: Collaboration with competitors for technological innovation [J]. Research Policy, 2011, 40 (5): 650-663.

相互协作的两个个体简单连接，随着创新活动的深入，两者的联系日趋复杂，彼此之间的联系密度也有所增加，有更多的信息流彼此沟通，最终形成相互作用、相互影响的两个集合。正是由于网络内部每两个个体联系的逐步深入，才保证了创新网络整体的形成并不断加以稳定。①

创新活动本身是复杂的、多变的，存在一定的偶然性，需要一定的假设，各创新主体在尝试的过程中不断相互交换创新信息，并以此实现最终目标，因此，创新是协作的、多主体相互作用的复杂过程。在这一过程中，不同创新主体由意见不统一向统一化逐步靠近，此过程是反复的、螺旋形的上升过程。②

四、国家创新体系的提出与发展

继熊彼特以后，不少经济学家对熊彼特的创新概念进行了深化研究，英国学者弗里曼（Freeman，1987）在其著作《技术和经济运行：来自日本的经验》中，首次提出国家创新体系（national innovation system，NIS）这一概念。③ 他把 NIS 定义为"一种公共和私营部门的机构的网状结构，这些公共和私营部门的行为和相互作用创造、引入、改进和扩散新技术。"1992 年，他又进一步把国家创新系统分为广义和狭义两种。广义的国家创新系统包括国民经济涉及引入和扩散新产品过程和系统的所有机构；狭义的国家创新系统涵盖了与科技活动直接相关的机构，包括大学实验室、产业的研究开发实验室、质量控制和检验、国家标准机构、国家研究机构和图书馆，科技协会和出版网络，以及支撑上述机构的、由教育系统和技术培训系统提供的高素质人才。纳尔逊（Nelson，1993）对不同的国家创新体系作了一个详细的比较，将国家创新体系定义为"一系列的制度框架，它们的相互作用决定着一国企业的创新能力（业绩）"，因此，国家创新体系是一种将制度安排与一国

---

① Eschenbacher J., Seifert M., Thoben K. D. Improving distributed innovation processes in virtual organisations through the evaluation of collaboration intensities ［J］. Production Planning & Control, 2011, 22 (5－6).

② Allen P. M. Evolution: complexity, uncertainty and innovation ［J］. Journal of Evolutionary Economics, 2014 (2).

③ Freeman C. Technology Policy and Economic Performance: Lessons from Japan ［M］. London: Pinter Pub Ltd, 1987.

的技术经济实绩相联系的分析框架。① 梅特卡夫（1994）也认为："国家创新体系是一套明确的制度，这套制度可以共同或单独行使，有助于新技术的开发和传播，另外，这套制度为政府制定和执行影响创新进程的政策提供框架。这是一套相互连接的制度体系，用于知识、技能和新技术产品的创造、储存和转让"。② 经济合作与发展组织（OECD，1997）认为国家创新体系是"公共和私人部门中的组织结构网络，这些部门的活动和相互作用决定着一个国家扩散知识和技术的能力，并影响着国家的创新业绩"。③ 综合已有定义，国家创新体系的主要内容包括：（1）创新型企业识别、定义、特征描述及其培育；（2）不同知识生产者（企业、大学、科研院所）的知识创新，以及相互知识流动和耦合；（3）公共部门对知识创新的支撑体系和协同；（4）国家体系的国际化和空间外延性。

在近些年的研究中，更侧重于对国家创新体系的运行机制的研究。基本遵循"知识和信息流动为核心"（OECD，1997），这种流动随着研究的不同侧重形成了非常清晰的研究层面，不同层面的研究往往互相交叉、相互渗透，中介组织或机构在创新结网和创新维持中的作用至关重要，同时各种非正式组织的知识传播为创新系统提供了灵感，对于这种现象，斯多波和威那波尔（Storper and Venables，2002）用"言传"（buzz）来比喻。④ "言传"形容人们或企业由于在同一产业、同一地方或区域里共存或共生，通过面对面交流所形成的信息和通信生态。同时，也有越来越多的文献直接涉及国家创新体系的国际战略合作，如爱尔兰如何借助欧盟的创新联合来发展本国知识体系（Kostiainen and Sotarauta，2003）。⑤

---

① Nelson R.（ed.）National Innovation Systems. A Comparative Analysis ［M］. Oxford University Press，New York/Oxford，1993.

② Metcalfe S. The Economic Foundations of Technology Policy：Equilibrium and Evolutionary Perspectives ［R］. In P. Stoneman （ed.），Handbook of the Economics of Innovation and Technological Change，Blackwell Publishers，Oxford （UK）/Cambridge （US），1995.

③ OECD. National Innovation Systems ［R］. Paris，OECD，1997.

④ Storper M.，Venables A. J. Buzz：The economic force of the city. Paper presented at the DRUID Summer Conference on Industrial dynamics of the new and old economy——Who is embracing whom？6 – 8 June 2002，Copenhagen/Elsinore.

⑤ Kostiainen J.，Sotarauta M. Great Leap or Long March to Knowledge Economy：Institutions，Actors and Resources in the Development of Tampere ［J］. Finland. European Planning Studies，2003，10 （5）：415 – 438.

国家创新体系理论的研究基本上是在国家技术创新系统理论成果的基础上，通过对技术创新过程的整体性思考，并运用系统的理论与方法发展而来的。目前，国家创新体系尚没有统一定义，国家创新体系研究也没有形成完整的理论体系、共同的学术规范和适用边界。但国家创新体系理论的本质内涵只有一个，即科学技术知识在国民经济体系中的循环流转及其应用，而且在经济全球化的大背景下更关注于国际知识的流动和技术的战略合作。

根据国家创新体系的构成，可以将其按照地区和部门划分为国家部门创新体系和区域创新体系。其中，国家部门创新体系包括各产学研部门体系和各行业创新体系；区域创新体系又分为省级和跨省区创新体系，下面重点阐述区域创新体系的理论研究进展。

五、区域创新体系进展

20 世纪 80 年代后期，在创新研究领域内，出现了与技术创新和制度创新不同的创新理论，即从系统的观点来研究创新的新思路，提出了创新系统理论。90 年代以来，以城市与区域规划专业为主的专家学者在参与城市与区域开发与管理及国家创新系统研究过程中，关注并研究创新系统建设与区域的密切关系，波特（Porter，1990）将区域创新系统看作是国际创新系统的一部分。其中英国卡迪夫大学的库克（Cooke，1990，1994，1998）最早对区域创新系统进行比较全面系统研究。纵观 20 世纪 90 年代以来区域创新系统的研究状况可知，区域创新系统的概念应包括以下基本内涵：具有一定的地域空间范围和开放的边界；以生产企业、研究与开发机构、高等院校、地方政府机构和服务机构为创新主要单元；不同创新单元之间通过关联，构成创新系统的组织结构和空间结构；创新单元通过创新（组织和空间）结构自身组织及其与环境的相互作用而实现创新功能，并对区域社会、经济、生态产生影响；通过与环境的作用和系统自组织作用维持创新的运行和实现创新的持续发展。研究的关注点主要有区域创新系统环境研究、区域创新系统组织结构研究、区域创新系统空间结构研究、区域创新系统功能和过程研究等。①

---

① 刘曙光. 区域创新系统：理论探讨与实证研究 [M]. 青岛：中国海洋大学出版社，2004.

自 Owen-Smith 等（2002）在波士顿生物技术界的案例中使用"pipe-lines"来描述远距离的、非本地的信息相互结合的渠道以来，全球性渠道（global pipelines）的重要性越来越多地受到重视，指出新知识的传输不仅仅是通过区域内部的相互接触，而是更多地依靠全球性的渠道和地方互动的形式。[①] Bathelt 等（2004）提出地方互动，同时指出"地方互动"（local buzz）和"全球渠道"（global pipeline）之间的对应关系（见图 1–1），即地方信息流、交流不仅仅是通过地方内部互动的方式，而是通过地方互动和全球渠道的这种强化的方式。[②] Bathelt 等进一步指出集群中的企业所建立跨区域的信息流通渠道越多流到区域内的市场和技术信息就越多。全球性渠道可以加强企业的凝聚力，有利于空间知识、创新的产生，进而不同类型知识的结合及信息的传输才能更好地解决科技、组织、商业等问题。强调不要忽视全球创新联系对于地方（国家）创新的重要性。

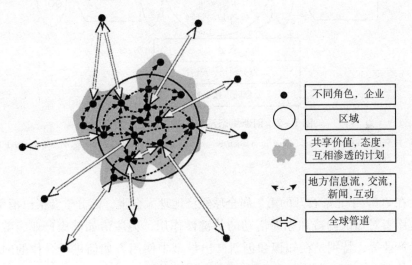

●	不同角色，企业
○	区域
	共享价值，态度，互相渗透的计划
	地方信息流，交流，新闻，互动
⟺	全球管道

图 1–1 区域创新的全球性渠道与地方互动

资料来源：Bathelt H. , Malmberg A. , Maskell P. Clusters and knowledge：local buzz, global pipelines and the process of knowledge creation ［J］. Progress in Human Geography, 2004, 28（1）：31–56.

[①] Owen-Smith J. , M. Riccaboni, F. Pammolli, W. W. Powell. A Comparison of U. S. and European University-Industry Relations in the Life Sciences ［J］. Management Science, 2002, 48：24–43.

[②] Bathelt H. , Malmberg A. , Maskell P. Clusters and knowledge：local buzz, global pipelines and the process of knowledge creation ［J］. Progress in Human Geography, 2004, 28（1）：31–56.

日本学者 Tateo Arimoto（2006）从投入—产出的角度分析了创新的过程（见图 1-2）。列出了互动系统，在创新生态系统内部，知识创造和长期的基础研究作为创新的投入，在生态系统内与人力、资金相结合，形成良好的区域集群、产学协作等机制（包括管理机制和评价的标准），最后产出新产品/服务、开拓新市场、提供社会服务，从而增加企业盈利和社会福利。其中资金支持、人力资源培训以及公众的可接受性保障着创新生态系统的有序运行。

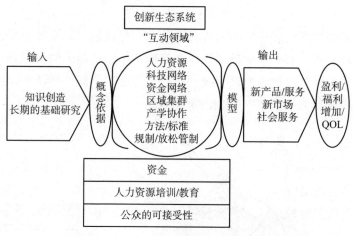

图 1-2　创新生态系统的投入—产出分析

资料来源：Tateo Arimoto. Global innovation ecosystem：International Conference on Science and Technology for Sustainability 2006.

在 2007 年北京召开的第二届全球经济地理大会上，部分学者指出消费者或使用者对知识创造和创新活动的关键性作用，关注诸如健康产业、游戏、动漫产业等，特别是在知识和创新产出模型中使用者如何进行合作的问题，还对使用者和消费者做出了界定，对他们在空间和经济知识产生过程中的位置进行了定位（Aoyama et al.，2007）。[①] 并且探讨了使用者引领的创新和消费者的能力，指出消费者的行为对创新起着很重要的作用，包括不对称信息、新产品的不完全信息和科技路线、消费习惯等不同的需要促进了创新，进而

① Yuko Aoyama. User-led Innovation and the video game industry，Submitted to IRP Conference London，May 22-23，2008.

通过中介机构可以将需求信息反馈给创新的发起者，从而产生新的科技（Malerba，2007）。① 进而在《使用者引领的创新与日本的文化产业》论文中，以日本东京秋叶原（Akihabara）地区文化产业群为案例，强调了对创新环境的研究中不能忽略使用者和消费者的作用，使用者引领创新作为秋叶原文化产生的基石，是连接公司内部的纽带（Nobuoka，2010）。②

六、国家及区域创新体系进展评价

综观国家与区域创新系统研究在近年发展，可以反映出以下方面的特征：（1）国家创新体系经历了由概念到实践的转化过程，其理论内涵和应用实践的范围也逐步拓展；（2）区域创新系统的概念进一步延伸和深入，表现在以下三个方面：第一，全球治理（global governance）即强调全球背景对区域创新的影响，通过外部（国外/区外）技术扩散，促进各种机构、组织及代理机构的互动；单元间组织学习（organizational learning）和个人间沟通（面对面交流 tacit communication），专业中介组织（agents）和公共基础性平台（综合性孵化器、虚拟网络平台、论坛等）。第二，强调区域创新系统的生态化，与社会可持续发展相结合，注重区域创新系统中各因素之间的整合利用。第三，倾向于使用者引领的创新，注重消费者和生产者对知识创造和创新的关键作用。

第二节　我国国家创新体系研究与实践

我国的国家创新体系研究始于 20 世纪 90 年代中期。多西主编的《技术进步与经济理论》一书首次将国家创新体系概念引入中国。③ 1995 年加拿大

① Franco Malerba & Maria Luisa Mancusi & Fabio Montobbio. Innovation, international R&D Spillovers and the sectoral heterogeneity of knowledge flows, KITeS Working Papers 204, KITeS, Centre for Knowledge, Internationalization and Technology Studies, Universita' Bocconi, Milano, Italy, revised Oct 2007.

② Nobuoka, Jakob User Innovation and Creative Consumption in Japanese Culture Industries: The Case of Akihabara, Tokyo. Geografiska Annaler: Series B, Human Geography, 2010, 92 (3), 205 –218.

③ 多西. 技术进步与经济理论 [M]. 北京：经济科学出版社，1992.

国际发展研究中心在其受国家科委委托对中国科技体制改革问题进行评估后所提交的评估报告中，首次运用国家创新体系理论对中国的科技体制改革进行分析研究，并提出中国应该注意国家创新体系这种分析方式，以此作为辨认未来科技改革需要、确定科技体系与国家整个经济和社会活动关系的手段。1995 年，齐建国教授完成的《技术创新：国家系统的改革与重组》研究报告是中国学者第一次运用国家创新体系理论来分析中国的宏观经济体制问题；皮·杜阿尔和郑秉文合作发表的《试论技术创新全球化趋势——兼评"国家创新体制理论"》则是中国学者首次将国家创新体系理论应用于世界经济研究的尝试，作者认为除了国家创新网络以外，还有两个层次的超国家技术合作网络，即国家集团的合作以及全球范围内的合作即全球化趋势。[①] 刘洪涛（1997）沿用伦德威尔的研究方法对构成国家创新体系的生产—学校体系、搜寻体系、探索体系与选择体系等进行了分析；[②] 柳卸林（1998）认为政府、企业、科研与高校以及支撑服务等四个要素以及它们彼此之间的相互作用构成了国家创新体系的主体。[③]

1998 年 9 月，中国社会科学院研究生院等编写的《知识经济与国家创新体系》，就中国国家创新体系建设的各个方面进行了比较充分的阐述。[④] 中国科学学与科技政策研究会受科技部委托组织了"国家创新体系"课题组，对中国的国家创新体系改革与重组问题进行深入研究，形成了一份题为《完善和发展中国家创新系统》（1998）的研究报告和名为《国家创新系统的理论与实践》（1999）的专著。[⑤] 石定寰和柳卸林（1999）的《国家创新系统：现状与未来》[⑥] 以及冯之浚和罗伟（1999）的《国家创新系统的理论与政策文献汇编》[⑦] 等均是中国学者有关国家创新体系研究的重要文献。

21 世纪以来，我国开始推进国家创新体系建设战略。尤其是 2006 年国务院颁发的《国家中长期科技发展规划纲要（2006～2020 年）》，明确将建设

---

① 齐建国等. 技术创新：国家系统的改革与重组 ［M］. 北京：社会科学文献出版社，1995.
② 刘洪涛. 国家创新系统（NIS）理论与中国技术创新 ［D］. 西安交通大学，1997.
③ 柳卸林. 国家创新体系的引入及对中国的意义 ［J］. 中国科技论坛，1998（2）.
④ 中国社科院研究生院等编. 知识经济与国家创新体系 ［J］. 北京：经济管理出版社，1998.
⑤ 冯之浚. 国家创新系统的理论与实践 ［M］. 北京：经济科学出版社，1998.
⑥ 石定寰，柳卸林. 国家创新系统现状与未来 ［M］. 北京：经济管理出版社，1999.
⑦ 冯之浚，罗伟. 国家创新系统的理论与政策文献汇编 ［M］. 北京：群言出版社，1999.

国家创新体系纳入国家科技中长期发展战略目标。① 并提出全面推进中国特色国家创新体系建设的具体内容，即：第一，建设以企业为主体、产学研结合的技术创新体系，并将其作为全面推进国家创新体系建设的突破口；第二，建设科学研究与高等教育有机结合的知识创新体系；第三，建设军民结合、寓军于民的国防科技创新体系；第四，建设各具特色和优势的区域创新体系；第五，建设社会化、网络化的科技中介服务体系。

2012 年，中共中央、国务院颁发《关于深化科技体制改革加快国家创新体系建设的意见》，指出我国经济发展经历战略转型，在国际金融危机后国际竞争压力加大背景下，国家自主创新能力亟待提升的严酷现实。确定"快建设中国特色国家创新体系，为 2020 年进入创新型国家行列、全面建成小康社会和新中国成立 100 周年时成为世界科技强国奠定坚实基础"的指导思想，本着"坚持创新驱动、服务发展，坚持企业主体、协同创新，坚持政府支持、市场导向，坚持统筹协调、遵循规律，坚持改革开放、合作共赢"的基本原则，大力推进我国国家创新体系战略。②

2013 年，国家进一步出台《"十二五"国家重大创新基地建设规划》。该规划是国家创新体系建设的重要组成部分，以实现国家战略目标为宗旨，以促进创新链各个环节紧密衔接、实现重大创新、加速成果转化与扩散为目标，设施先进、人才优秀、运转高效、具有国际一流水平的新型创新组织。规划功能与定位：通过对科学研究、技术开发与工程化、产业化等创新链各环节的整体规划和统筹部署，加强顶层设计，促进创新链上各类创新载体的紧密合作。国家重大创新基地功能：围绕国家战略目标，发现、提出、承担并完成重大科学、技术、工程任务，保障国家重大需求，提升我国核心竞争力。集成优势科技创新资源，建立开放共享和协同创新机制，进行重大原始创新与集成创新，提高自主创新能力，持续保持科技创新的引领地位，推动科技创新服务于关键领域和重点产业的发展。实现创新成果的快速转化与扩

---

① "建成若干世界一流的科研院所和大学以及具有国际竞争力的企业研究开发机构，形成比较完善的中国特色国家创新体系"。中华人民共和国国务院：《国家中长期科技发展规划纲要（2006～2020 年）》，2006，http：//www.gov.cn。

② 《中共中央 国务院：关于深化科技体制改革加快国家创新体系建设的意见（2012 年 9 月 23 日）》，2012.

散，促进科技与经济结合，支撑我国经济社会的健康发展。吸引、汇聚、培养科学、技术、工程与产业化高水平领军人才与创新队伍。规划建设目标："十二五"期间，结合国民经济发展重大需求和现有创新载体的发展基础，选择具备优势创新条件和基础的领域，试点建设 15～20 个国家重大创新基地。到 2020 年，在试点建设工作取得经验的基础上，围绕国家中长期科技发展规划纲要确定的重点领域和优先主题开展布局，建成一批国家重大创新基地。规划重点领域包括：建设基础性、公共性国家重大创新基地；面向重点工程的国家重大创新基地（包括军民融合，在交通、水利、电力、空天、深海等领域）；面向农业的国家重大创新基地；在建设方式方面，采取一家为主，多家共建，联盟组建等。①

第三节　国家创新体系建设的海洋维度透视

《关于深化科技体制改革加快国家创新体系建设的意见》已经提出，我国的国家创新体系目标就是建设世界强国。② 因此，我们就可以直接将国家创新体系建设战略与强国战略纳入统一战略框架之中，可以认为：我国的国家创新体系建设战略已经成为国家强国战略的重大国家需求。

根据著名心理学家马斯洛（1943）的需求层次理论③，人类需求包括生理需求、安全需求、社交需求、尊重需求及自我价值实现需求等五大层次，其中，生理需求也称级别最低、最具优势的需求；安全需求同样属于低级别的需求；社交需求属于较高层次的需求；尊重需求属于较高层次的需求；而自我实

---

① 《科技部　国家发展改革委关于印发"十二五"国家重大创新基地建设规划的通知》，http：//www. most. gov. cn/tztg/201303/t20130311_100050. htm.

② 《关于深化科技体制改革加快国家创新体系建设的意见》（摘录）："指导思想：高举中国特色社会主义伟大旗帜，以邓小平理论和'三个代表'重要思想为指导，深入贯彻落实科学发展观，大力实施科教兴国战略和人才强国战略，坚持自主创新、重点跨越、支撑发展、引领未来的指导方针，全面落实科技规划纲要，以提高自主创新能力为核心，以促进科技与经济社会发展紧密结合为重点，进一步深化科技体制改革，着力解决制约科技创新的突出问题，充分发挥科技在转变经济发展方式和调整经济结构中的支撑引领作用，加快建设中国特色国家创新体系，为 2020 年进入创新型国家行列、全面建成小康社会和新中国成立 100 周年时成为世界科技强国奠定坚实基础。"

③ Maslow's hierarchy of needs, https：//en. wikipedia. org/wiki/Maslow%27s_hierarchy_of_needs.

现需求是最高层次的需求，包括针对真善美至高人生境界获得的需求，因此前面四项需求都能满足，最高层次的需求方能相继产生，是一种衍生性需求。马斯洛的需求层次理论，在一定程度上反映了人类行为和心理活动的共同规律。

与个人一样，国家的运作在一定程度上也需要明确自身的现实需求和需求层次，对应马斯洛的五大需求层次，从国家层面来看，存在国家生存需求、国家安全需求、国家社交需求、国家尊重需求以及国家强盛目标实现五大国家级需求层次（见图1-3）。按照马斯洛的需求层次理论衍生出的国家发展战略需求层次也分为五大等级，其中，国家生存需求主要涉及国土空间承载力、资源供给及环境清洁，是能够保证本国国民生存及发展的最基本需求；国家安全需求则是涉及国土安全、国民生命健康安全、财产安全、社会安全以及信息安全等诸多安全事宜，是保证国家经济社会可持续发展的基本条件；国际社交需求则是指国家间交往、国内民间交流事宜，关系到一国政治社会的稳定；国家尊重需求是指一国权益得到有效维护，本国的文化得到认可和尊重，在这一过程中，国家统一是其必要条件；而处于最高等级的国家强盛目标实现，在当今现实中即表现为对中国梦的强烈追求。在整个国家需求层次中，包括国家主权及领土完整、国家经济社会可持续发展、国家安全、政治社会稳定等一系列国家核心利益得以充分体现。

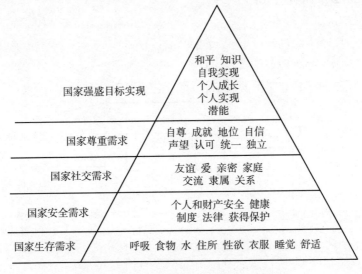

图1-3 国家发展战略需求的层次划分

从海洋事业发展与国家需求的关系来看，首先，在国家生存需求方面，随着陆域生态环境的不断恶化和陆域开发空间趋于饱和，近海地区特别是海岸带地区承受着巨大的发展压力，海洋开发为拓展生存空间、提升空间承载力提供了新的空间及物质来源，能有效弥补陆域资源空间不足，此外，近岸海洋环境状况的不断恶化也对沿海国民生产生活造成严重威胁，关注海洋开发、加强海洋环境保护是国民得以健康生存的必然要求；其次，从国家安全需求出发，维护蓝色国土权益，切实保障国家海域安全是保卫国土安全、维护国家主权领土完整的重要条件；再其次，从国家社交需求来看，新海洋丝绸之路的开拓为我国扩大对外贸易，加强国际合作的重要机遇，而国内不同地区间海洋开发竞争与隔阂的客观存在也为海洋事业发展提出了殷切需求；最后，从国家尊重需求的角度出发，当前，我国国家海洋权益维护形势严峻，黄海、东海、南海都与邻国存在不同程度的海域使用纠纷，特别是近些年来，东海、南海海洋争端频现成为制约海洋资源开发的瓶颈，同时，我国拥有丰富而独具特色的国家海洋文化，这是民族文化的重要组成部分和宝贵财富，亟须进行深入的历史挖掘并获得国际认可。以上需求体现了海洋开发在满足国家现实需求过程中的独特地位，而海洋事业发展在不同层次国家需求满足过程中发挥着重要作用，海洋强国梦与陆地强国梦、空天强国梦共同构成中国梦实现的必要条件（见图 1－4）。

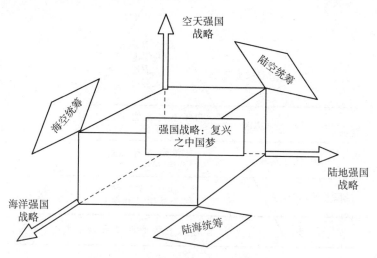

图 1－4　强国战略的陆海空三维分解

倘若将海洋强国梦与陆地强国梦、空天强国梦综合来看，发现三者在满足国家生存需求、安全需求、社交需求及尊重需求层面所发挥的作用各有不同，三者相互补充、相互支撑（见图 1-5）。从现有发展阶段来看，陆地强国梦与空天强国梦要远快于海洋强国梦。其中，陆地强国梦在中国历史中曾多次实现，具有辉煌的历史成就，空天强国梦在 20 世纪 70 年代也不断取得丰硕成果，至今我国已初步迈入航天强国行列，但海洋强国梦仍有待实现，因此，发展海洋事业，加快实现海洋强国梦，是实现中华民族伟大复兴中国梦的重要组成，也是当前我国社会经济发展阶段的必然要求。

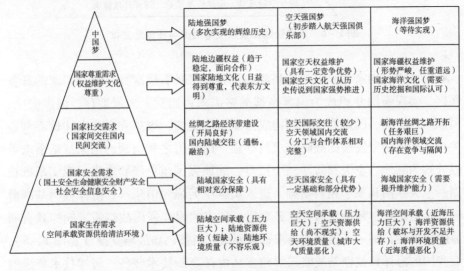

图 1-5　国家需求层次的海陆空三维阐释

作为海洋强国建设的重要支撑，国家海洋创新战略在国家需求满足方面的意义尤为突出（见图 1-6）。第一，海洋科技创新战略为以海洋空间承载力、海洋资源供给、海洋环境健康为主要追求的海洋视角国家生存需求满足提供了一定的装备支持；第二，海洋科技创新战略为保卫海洋国土安全、保障国民生命健康、保护海洋资产及信息安全提供了技术网络支持；第三，从海上丝绸之路建设角度来说，海洋科技创新战略为国家社交需求的满足提供了工程建设支持；第四，海洋科技创新战略为国家海洋权益维护及海洋文明建设提供了制度文化保障；第五，海洋科技创新战略为海洋强国的实施提供了健全的思想意志支持。

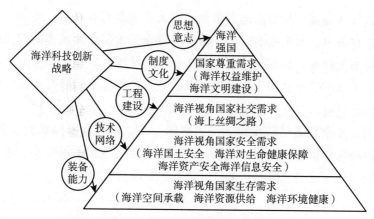

图1-6　海洋强国建设层次与海洋科技创新支撑

应该说，国家发展的核心利益和重大需求具有层次性，随着国家的日益强盛，实现强国梦想成为国家高端战略需求；当然，国家生存、国家安全、国家对外交往、国家尊严等都构成国家重大关切，维护和强化上述核心利益关切，构成国家发展的战略需求目标集。以强国之梦引领的国家战略需求可以分解为陆地、空天和海洋三个维度，陆地强国历史经验丰富，现实基础稳固；空天强国具备了相当基础，进入国际空天强国俱乐部；海洋强国基础薄弱，经验缺乏，环境严峻，任务艰巨，国家的海洋强国战略需求同样具有明显的层次性，每一个层面的需求都需要海洋科技创新战略支撑（见图1-6），而我国的海洋科技创新战略需要建立从海洋高新技术装备、海洋技术集成网络、海洋强国重大工程、海洋科技体制创新、海洋科学思想培育及人才培育等层次的全面建设。

第四节　本章小结

基于以上国家海洋创新体系相关概念的梳理，可以初步总结其概念的基本内涵，第一，国家海洋创新体系是国家创新体系的内在组成部分，是一个国家从海洋背景或视角透视，以及面向海洋资源环境利用及保护（包括广义海洋空间资源）过程开展的创新活动的总体表述，可以说是国家在海洋相关活动（认知、利用、保护、维护等）领域或视角的创新体系；第二，国家海洋创新体系可以沿用传统国家创新体系研究和分析方法予以分解和研究，如可以分解为部门海洋创新体系，区域海洋创新体系等；第三，国家海洋体系可以根据需求层析体系进行创新活动体系的层次化认知和理论构建；第四，与传统意义国家创新体系不同的是，海洋活动具有全球连通性、国际开放性、跨境流动性或相干性，国家海洋创新体系必须参与全球海洋创新体系建设，在国际合作和协同过程中体现自己的特色和竞争力，并承担自己的责任与义务。

第二章 国际经验（上）：北美洲国家海洋创新体系

第一节 美国国家海洋创新体系

一、美国国家创新体系概况

（一）国家创新体系建设过程

了解美国创新体系和政策发展的历史有助于更好地理解美国国家创新体系。在美国独立（1783 年）后的 125 年内，美国的科技创新水平并不位于世界前列，落后于部分欧洲国家，特别是英国和德国。美国创新体系的几大创新主体，或是不存在，或是相互独立互不干涉。自 19 世纪 80 年代第二次工业革命起，美国逐渐迈入世界科技强国的前列，各大创新主体开始相互合作，并将更多的主体囊括其中，国家创新体系初具规模。直至今日，美国早已成为世界上最具创新能力的国家之一，也是国家创新体系运行最有效率的国家之一。其主要过程如下：

1. 早期的农业教育科研推广体系

1862 年、1884 年、1914 年分别通过了赠地学院法、农业试验站法、斯密利弗农业推广法。这三个法案规定各州可以获得政府赠与的土地来建立农业大学，并鼓励和支持农业科研开发和传播应用，为农业创造了巨大的生产力，也促使千万农业从业人员逐渐建立起工厂，为美国农业发展提供更大的空间和保障。

2. 第二次世界大战期间的创新体系强化

出于战争的需要，美国政府在各地大学建立大量国家实验室，重点资助以原子弹研究为主的军事科研项目，比较著名的是雷达计划和曼哈顿计划。这次国家投入使美国国家创新体系从以私营企业为主转向科学研究领域，国家科技政策发生根本性改变。①

---

① 马雯. 概述美国国家创新体系的创建及其特征 [J]. 科教文汇（下旬刊），2011（2）：3 - 4.

3. 第二次世界大战过后产学研一体化融合

第二次世界大战后，政府开始逐步干涉国家科研方向，并于 1951 年设置总统科学技术顾问。肯尼迪、约翰逊、尼克松政府分别为国家创新做出一些努力。1963 年，肯尼迪政府推出民用工业技术项目（CITP），旨在平衡政府军事和航空与民用工业之间的科研投入，为高校提供资金进行能源、纺织等产业的技术研究。之后的两届政府仍采取干预手段逐步加大科研投入，改变美国以往由自由市场引导国家创新系统。至此，美国形成了由政府、高校、企业三者结合的国家创新体系：联邦实验室负责国家国防军事研究，高校实验室负责自然科学基础研究，企业私人实验室负责应用民用方面的研究。[①]

4. 20 世纪 80 年代创新市场化革新

20 世纪 80 年代日本的崛起挑战到美国世界大国地位，美国再一次改变科技政策，进一步加大对民用工业的投入，并鼓励各个主体加强科技合作研究，出台一系列法律法规及政策，为国家创新提供良好的外部环境，同时注重科技成果商业化的转化。美国形成了政府、企业、高校、非营利科研机构四方相互协作的国家创新体系。这一创新体系被美国沿用至今，发挥了巨大的效力，使美国成为世界上最富创造力的国家之一。

（二）国家创新体系运行机制

美国的国家创新体系是以政府为主导，企业、高校、非营利科研机构、中介服务机构等紧密联系，相互协作的"产学研"互动网络，是一个高效运行、相互补充的有机整体。政府作指导，企业是主体，高校及科研机构进行知识创新，中介机构作"桥梁"。

1. 政府在国家创新体系中的指导作用

政府的主要职能是为国家创新提供制度环境和政策指导。美国历届政府制定了许多有关创新的法律法规。例如，1980 年，美国通过第一部《技术创新法》及《史蒂文—环德勒法》等，旨在加强企业间的合作和促进科研成果的转化。美国在税收政策方面做出了许多有利于创新的规定。"如 1986 年指定的国内税法第 41 款规定，一切商业性公司和机构，如从事研究开发活动的

---

① Robert D. A. Understanding the U. S. National Innovation System, The Information Technology & Innovation Foundation, June, 2014.

经费比以前有所增加，则该公司或机构可获得相当于该增加值 20% 的退税，2000 年这项退税政策永久化。"① 此外，美国还颁布一系列法律保护知识产权，保障研究者的利益，大大刺激了研究主体的创新热情。政府对创新体系的作用还体现在政府是基础研究的主要投入者。基础研究投入大，回报周期长，企业难以承担，需要依靠政府投资。

2. 企业在国家创新体系中的主体作用

企业是美国创新体系的真正主体和主要承担者。从研究资金投入来看，20 世纪 30 年代，80% 的研发经费由企业投入，经过战争年代政府成为主要投入对象后，企业的投入又成为主要力量，2000 年以后达到 2/3，使用额度超过研发总支出的 3/4。从研究人员来看，美国的企业目前拥有不同规模的实验室约 2 万个，其中有大量的高质量科研人才，占到全国在业科技人员的60% ~ 70%。从科研成果来看，企业对市场有高度的熟知度和敏感性，创新活动更加灵活且针对性强，创新成果显著。除大型企业有先进的科研实验室和雄厚的资金支持外，小企业也越来越受到重视。据美国相关部门统计，每年约有 60% 的专利由小企业获得。

3. 大学及科研机构的知识支持

大学是知识创新的主体。美国拥有世界一流的高等教育体系，美国对高等教育的投入远超其他国家，仅科研经费一项，美国政府每年向大学拨款100 亿美元以上，占全国大学科研经费总额的 60%。美国大学为国家培养了大量高质量有创新能力的人才，也是许多新思想新技术的诞生地。"截至2000 年诺贝尔奖设置百年的历史中，美国获诺贝尔科学奖的 204 人中有 170人获奖时（或退休前）是大学教授，占获奖总人数的 83.3%。"② 基础研究实力雄厚是世界一流研究型大学的普遍特征，美国大学承担了美国 80% 的基础性研究工作，重大科学计划、工程更是离不开高校的加盟。美国拥有为数众多的科研机构，随着国家创新体系的完善和发展，高校、科研机构、企业之间的合作愈加密切，共同设立了一些技术研究中心，形成几个创新型产业

---

① 周琪，徐修德. 试析美国国家创新体系的现状及特点 [J]. 山东教育学院学报，2005 (3)：97 - 99.

② 赵敏，臧莉娟. 美国大学在国家创新体系中的作用及其启示 [J]. 江苏高教，2006 (6)：130 - 133.

集群。这种合作使理论和实践紧密结合，加速了科研成果商业化。

4. 中介机构的"桥梁"作用

中介机构包括诸如管理咨询公司、技术服务中心、信息服务中心、律师事务所、会计事务所等机构，这些机构越来越多地融入到国家创新体系中，成为各主体相互沟通和联络的"桥梁"，不仅对科技成果进行深层的评估和咨询，还可以促进科技成果转化效率和服务效益提高。随着信息技术的发展和互联网的普及，网络信息服务中介机构纷纷成立，信息共享，资源共享更加广泛与便捷，各创新主体合作与交流更为密切。①

二、美国国家创新体系特点

（一）多元化、高强度的投入

美国是世界上科技投入最多的国家。自 1995~2009 年，美国对研发的投入增加了一倍以上。"2009 年，奥巴马政府提出了'美国创新战略——推动可持续增长和高质量就业'，要进一步加大对 R&D 的投入，并提出，对主要的科学机构，其研发预算要翻一番；实现研发投资达到 GDP 的 3% 以上，美国的 R&D 投资，在 GDP 中比例将达到历史最高水平。"② 除政府之外，企业、高校和科研机构也在逐年增加对科技的投入。另外，风险投资也是科技研发的重要资金来源。美国众多企业都是在风险投资公司的扶持下建立。美国拥有完善高效的风险投资机制，为小企业的创业与创新提供了可能和保障。

（二）各个创新主体相互协调

美国国家创新体系是官产学研的互动网络体系，各创新主体都有自己的特点和机制。政府为创新提供完善的制度和政策环境，企业的研发力度主要集中在顺应市场需求的科技产品，高校进行基础性研究。近年来，各创新主体的合作日益密切。例如，伍兹霍尔海洋研究所与麻省理工学院共建研究生

---

① 赵敏，臧莉娟. 美国大学在国家创新体系中的作用及其启示 [J]. 江苏高教，2006（6）：130 - 133.

② 任静，赵立雨. 美国 R&D 经费投入特征分析及经验借鉴 [J]. 未来与发展，2012（2）：77 - 82.

院，美国国防先期计划与 Gray、IBM 及 Sun 微系统三家公司共同研究开发新型计算机技术项目。这些合作使得创新资源在主体间高效流动，加快创新速度和创新成果的转化。

各创新主体的合作更好地发挥了公私互补的优势。私有部门即企业资金灵活，对市场反应灵敏，竞争效率高，但营利性太强容易忽视社会福利和国家长远战略，需要政府的政策引导和资金支持。[①] 政府直接对基础研究进行资助，同时扶持企业和高校的创新活动，从而使创新活动在各领域、各部门全面展开。

（三）成熟的创新环境

一个成熟的创新环境是持续不断的创新的保障，美国拥有高度完善的创新环境。首先，美国拥有健全的科技立法体系。美国通过《美国专利法》，不限专利申请者，鼓励创新行为，保障专利拥有者收益。其次，美国资本市场成熟，为企业创新活动提供直接融资市场。再次，美国创新基础设施完善，包括大型科研设施、网络基础设施、数据库等，为美国创新型国家的建立提供了基础保障。[②] 最后，美国实行"同等功能原则"，即专利内容中的某一部分即使被同等功能的其他内容所替代，仍属于原专利涵盖的范围，最大限度地保护了专利人的利益。

（四）产业集群与技术创新相互促进

产业集群是在一定区域内众多具有分工合作关系的不同规模的企业联系在一起形成的空间集聚体。企业之间的交往与合作有利于新技术的传播。部分企业的创新成果会带来行业竞争压力，从而带动其他企业的技术创新。而企业间的技术转让和技术模仿使得创新技术的扩散更容易被接受。美国硅谷产业集群就是企业集聚和创新技术相互促进的典范，拥有许多实力雄厚的高科技公司，创新活跃。[③]

---

① 郑海琳. 中美国家创新体系比较研究 [D]. 青岛大学，2005.
② 杨东德，滕兴华. 美国国家创新体系及创新战略研究 [J]. 北京行政学院学报，2012（6）：77 – 82.
③ 张瑞. 中美创新体系比较及启示 [D]. 武汉科技大学，2013.

（五）注重国际合作和开放性

美国非常注重与其他国家的交往和合作。美国政府利用外交、科技项目、经济援助、市场等手段促进各方国际上的科技研究合作。如美国微软公司已经在中国建立了基础研究机构。美国国家创新体系具有相当的开放性，首先表现在科研人员的开放。美国采取优惠政策吸引各国科技人才，美国59%的高科技公司中，外籍科学家和工程师占科技人员总数的90%。[①] 不同国家的科研人员可以无障碍地交流。其次是科研设备的开放。美国拥有世界上最先进、最齐全的科研设备，而它们也是向着美国同行甚至全世界的科研人员开放。

三、美国海洋创新体系的建设

美国目前并没有正式文件提出成熟的海洋创新体系框架，但是，美国的海洋创新活动非常热烈。美国海洋创新的格局与美国国家创新体系非常相似，也是"官、产、学、研"参与和合作的网络体系。

（一）海洋科研机构

1. 伍兹霍尔海洋研究所

伍兹霍尔海洋研究所（Woods Hole Oceanographic Institution，WHOI）是一所私立的非营利研究组织和高等教育机构，位于马萨诸塞州伍兹霍尔，是美国最具影响力的综合性海洋研究所。WHOI 的涉及范围非常广泛，包括海洋观测与实验模拟技术、海洋生物、海洋洋流、海洋工程装备、涉海经济、政治和社会发展战略、海岸侵蚀与海洋污染等。其中，WHOI 的水下运载技术领域具有世界领先水平，拥有的 Alvin 号被国际海洋界公认为最成功的载人潜器之一。伍兹霍尔海洋研究所的机构和研究内容，见表 2 - 1。

---

① 郑海琳. 中美国家创新体系比较研究 [D]. 青岛大学，2005.

表 2-1   伍兹霍尔海洋研究所的机构和研究内容

机构（系）	应用海洋物理及工程系、生物学系、地质和地球物理学系、海洋化学及地理化学系、物理海洋学系
研究所	海岸海洋研究所、深海探索研究所、海洋和气候变化研究所、海洋生物研究所
国家海洋设施中心	国家深潜设施中心，其中包括 Alvin 号载人潜器、遥控水下机器人 Jason 号、自主水下航行器 Sentry 号等 国家海洋科学加速器质谱仪设施 美国东北部国家离子探针设施 海底地震仪设施 玛莎葡萄园岛海岸观测站 美国海洋观测计划的沿海和全球节点的实施组织等
跨学科研究群	海岸海洋、深海探索、海洋和气候变化、海洋生物
海洋科学计划	全球通量联合研究计划、全球海洋生态系统动力学计划、国际大洋中脊地球与生命科学综合研究组织、美国洋中脊 2000 计划、美国海洋碳循环生物化学计划等

　　伍兹霍尔海洋研究所于 1930 年成立，其前身是 1888 年在伍兹霍尔建立的海洋生物研究所，1927 年由美国科学院海洋学委员会开始筹建海洋研究所。1930～1945 年是 WHOI 的创业时期。其中第二次世界大战前的主要工作是在北大西洋西部进行考察，在海洋技术上颇有发明。第二次世界大战期间则全力转入军事课题的研究。从战后至 1970 年，WHOI 经历了一个快速发展时期，常规性海洋研究成为工作重点，研究所总人数和科研经费均呈指数增长。20 世纪 60 年代后期，海洋调查达到全球性规模，国际合作更为频繁，海洋技术、物理海洋学、海洋生物研究都取得较大突破。70 年代以后 WHOI 进入平稳发展时期，主要成果是在"国际海洋勘探十年计划"（IDOE）中获得，在地质学和物理学方面成果显著。[①]

　　经过八十多年的发展，伍兹霍尔海洋研究所从最初的以海洋生物为重点，到后来海洋物理和地质学，再到现在综合性海洋研究所，WHOI 的发展趋势也是世界海洋学的发展趋势。它的成功源于雄厚的资金支持，有效的科学管理和人才培养，广泛的国际合作和对海洋技术的重视。WHOI 目前约有工作人员 1000 名，包括研究员、工程师、信息技术专家、科考船只工作人员等。此外，它还培养硕、博士，博士后研究和其他教育项目。WHOI 的年度运营经费大约 21500 万美元，

---

① 高抒. 美国伍兹霍尔海洋研究所 [J]. 自然杂志, 1986 (9): 64-68.

主要来自政府和私人资助，与企业签订的合同项目，知识产权收入等。

伍兹霍尔海洋研究所非常注重与高校合作，培养高质量创新型人才。1972 年，WHOI 与麻省理工学院（MIT）共建研究生院，其 MIT/WHOT 海洋学及应用海洋科学与工程联合培养计划已经培养了数百名博士，许多毕业生已成为美国及国际海洋科学技术的领导骨干。

2. 斯克里普斯海洋研究所

斯克里普斯海洋研究所（Scripps Institution of Oceanography），是美国太平洋海岸的综合性海洋科学研究机构，位于加利福尼亚州拉霍亚，是美国第一个多个学科综合的海洋学研究所。研究课题涉及海—气相互作用，海岸侵蚀、气候预报、空间海洋学等遍布 60 多个国家的 300 多个项目。

斯克里普斯海洋研究所由 W. E. 里特教授于 1903 年创建，最初名为圣迭戈海洋生物学协会，从事海洋生物研究，开始在南加州附近沿岸海域进行一次生物学和水文地理学调查。1912 年，成为加利福尼亚大学的一部分，以主办人姓氏命名为斯克里普斯生物研究所，并将研究范围扩大到物理学、化学、地质学、生物学以及地球气候等多个方面。第二次世界大战时期，科学家们将科研成果应用到潜艇侦查之中，并为两栖作战和登陆进行气象和潮汐观测。20 世纪 50 年代早期，斯克里普斯船队开始进行鱼类收集工作，现已收集到两百多万超过 500 个物种的标本，被世界上许多研究者所利用。20 世纪七八十年代后，该所的研究范围进一步扩大，研究层次更加细致。

斯克里普斯海洋研究所各专题组配有各类工作人员、研究人员（博士学位以上）、研究生、实验员等数名，各负其责，各尽其能。经费主要由联邦政府机构——国家科学基金会、海军部、能源部、国家海洋大气管理局、军队等部门提供，其余部门由地方政府、大学和民间机构提供。斯克里普斯海洋研究所机构设置，见表 2 - 2。

表 2 - 2　　　　　　　　　斯克里普斯海洋研究所机构设置

机构	名称	研究内容
研究部	海洋生物学研究部	侧重于实验和描述生物学学科，包括生理学、生物化学、微生物学、生物进化及海洋生态学
	大洋研究部	海洋生物学、海洋化学、物理海洋学和气候学等方面的研究
	地质学研究部	化石燃料、地壳探索、各类标本、痕量气体

机构	名称	研究内容
实验室	海洋物理实验室	海洋声学、海洋地球物理学、深海床以及海洋技术
	可见度实验室	海洋环境光学、遥感和图像资料的计算机处理
	生物学实验室	生物对陆地和水环境中非均一物理化学条件的各种生理和生物化学反应

资料来源：闫佐鹏. 美国斯克里普斯海洋研究院 [J]. 地质地球化学，1982（9）：59-61.

斯克里普斯海洋研究所是加利福尼亚大学圣地亚哥分校（UCSD）的研究生部，开设有覆盖地理和海洋科学领域约 45 门课程，其中的 PhD 项目主要研究海洋学，海洋生物学和地球科学三个专业领域，并取得众多研究成果。

（二）涉海高等院校

美国拥有许多世界一流大学，许多高校（特别是沿海高校）设立专门院系或机构进行海洋研究（见表 2-3）。在美国，几乎所有的基础研究，是由高校及其他科研机构来完成。涉及领域包括海洋生物、海洋物理、海洋工程技术、海洋管理、海洋污染等多个学科。

表 2-3　　　　　　　　　美国主要高校的海洋研究领域

中心名称	创建时间	地点	主要研究领域
纽约州立大学海洋科学研究中心	1968 年	纽约市长岛	设有生物海洋学、化学海洋学、地质海洋学、物理海洋学及海岸带管理和渔业管理等研究机构。研究重点是海岸、河口湾及浅海海洋学
罗德岛大学海洋研究院	1892 年	罗德岛金士顿	特色性研究方向包括海洋可再生能源开发利用、水下技术、水声技术、海洋生物、生物化学和物理海洋学、海洋考古等
华盛顿大学	1861 年	西雅图	下设水产与渔业学科学院、海洋与环境事务学院、海洋学院
马里兰大学海洋生物技术中心	1856 年	华盛顿	致力于应用现代生物学和生物技术手段研究、保护和改善海洋和河口资源
迈阿密大学	1925 年	佛罗里达州	下设海洋及环境科学院、海洋与大气学院，主要研究物理海洋学，海洋大气
夏威夷大学海洋生物研究所	1907 年	奥赫湾椰子岛	海洋生物世界顶尖，主要研究海洋生态系统、海洋生物化学、海洋渔业、珊瑚礁、海洋和人类相互作用

续表

中心名称	创建时间	地点	主要研究领域
得克萨斯大学海洋科学研究所	1890年	得克萨斯	海洋动植物的生理学、生化和生态学、海洋生态系统动力学、生物地球化学、海水养殖、理学和环境监测等
特拉华大学	1743年	特拉华州纽瓦克市	涉及领域广泛，包括海洋生物科学、海洋学、海岸与海洋工程、海洋政策、近海风能、水下潜航器等
加州州立大学海洋分校	1929年	加利福尼亚州	海洋事务、海洋科技工程、海运、海洋政策等
佛罗里达州立大学	1851年	塔拉哈希	海洋学

美国大学具有有利于创新的文化环境，在国家创新体系中拥有重要地位，从事源头性的基础研究。美国在基础研究上成果显著，为美国技术进步提供了动力和保障，也是美国长期以来保持世界创新大国的重要原因。美国大学拥有雄厚的资金，再加上人才济济，各方面的优势结合保障美国大学在创新活动中取得卓越的成绩。

（三）海洋产业及布局

美国海洋产业的发展和科技的进步是相互促进的。由于海洋科技的进步，传统的海洋产业得以不断改造；而海洋产业的发展也激发了更高的技术层面的需求。美国的海洋产业发展势头迅猛，主要强势方面有海洋油气业、海洋生物制药、海洋能源、海水利用业等。美国在不同区域设立了不同形式的海洋产业园区，从事技术研究、技术产品开发以及市场的开拓。美国主要海洋产业园区情况，见表2-4。

表2-4　　　　　　　　　　　　美国主要海洋产业园区

名称	地理位置	主要海洋技术	影响力
大西洋海洋生物园	美国罗得岛州罗德岛	海洋生物和水产	世界一流的海洋生物研究中心，正在迅速成长的海洋生物和水产业世界中心 研究者拥有最先进的技术，随时可以应对把研究成果转化为市场产品的挑战 为企业进行科研孵化，也帮助研究者转化其成果建立具有盈利的公司 吸引海洋生物和水产研究建立公司，转化其成果

名称	地理位置	主要海洋技术	影响力
三角海洋产业园区	美国得克萨斯州休斯敦东面的博蒙特市	近海油气业	占地28.328平方公里，有130多家公司及近4000名员工入驻 位于一个主要的管道运输走廊，有各种类型的化学制品被送到当地的工厂和工业设备。管道运输品包括氢气、氮气、氧气、天然气等
Jarrett 海湾海洋产业园	美国北卡罗来纳中心海岸的内海岸水路上	海运交易、船舶设备及维修	1.416平方公里码头，50吨位和220吨位的起重量以及相邻的海运交易区使其成为所有需要海运交易或者修补船舶的中转站 船舶作业占据了园区中心的1.416平方公里的面积，包括0.0039平方公里的新型建筑设施，可容纳长达145英尺舰船的设施 设计和安装完整的电子海运系统 世界上最大的海洋运输，螺旋推进器，表面驱动和控制的供应商
夏威夷自然能源实验室（NELHA）	美国夏威夷凯路亚角上	海洋热能转换技术、海洋生物、海洋矿产海洋环境保护	现有近30家企业，每年可平均创造3000万~4000万美元价值，包括税收、200多个工作岗位、建筑制造活动以及高价值商品的出口 拥有区别于其他科技园区的世界唯一一个双重温度海水系统设置，为这个海岛及沿海地区的创新和新产业发展建立了一流的设备 正在崛起许多新的企业和公司，并不断创造成功的商业价值，建立一所公立学校 NELHA门户通道工程，这一受联邦资助的新设施，将为前沿研究与资源配置的发展和可再造能源技术提供环境 发展新海洋商业中心，为与海洋相关的企业提供许多机会
美国密西西比河口海洋科技园（MOST）	美国密西西比河口	军事和空间领域的高技术及海洋空间和海洋能源的开发及转移	加速密西西比河区域海洋科技产业的发展
美国波士顿海洋产业园区	美国波士顿	生物医药	所有类型的制造业、工业及轻工业都能入驻波士顿海洋产业园区，现在园区内有生物医学制造商，计算机制造商及其他300余家企业

四、对我国的借鉴

中国无论是从政府、企业对创新的投入，科研整体实力，还是科研人员数量和质量，国民整个创新意识，与美国都有相当一段差距。我国创新投入相对较少，特别是基础研究的投入，因为此类研究难以在短期内有所收益，因此我们国家很难有原创的理念，基本是模仿和改进。中国高校、科研机构的研发活动没有适应市场需求，难以产业化，多是存档之物。中国的政府和企业都没有找到最佳定位，政府干涉过于集中，企业该有的主体地位没有显现，公私契合度不高。由此，我认为中国的海洋创新体系可以从以下几方面向美国学习。

（一）加大国家对海洋创新的投入

雄厚的资金是创新活动的保障，可通过输入—输出效应增加创新成果，甚至带来的经济效应，刺激更多的投入，提高整个社会的创新活力。现阶段，虽然中国对海洋的重要性认识得越来越清楚，但对创新活动的投入，尤其是基础性研究的投入还是不足。国家政府应该在有发展潜力的创新项目上加以投资，充分调动各个创新主体的创新热情，以此激励社会各界人士对海洋创新的重视。除了投入量，还要重视研发投入的使用效率。政府可以在一些战略性项目加重投资（如海洋工程项目，海洋技术研究），以寻求技术上的突破。

（二）优化以市场经济体系为基础的科技格局

有效的资源配置是经济效益最大化的关键。市场作为调节资源配置的一只"无形的手"，能够使科研成果更好的实现商业化，而不是停留在理论研究方面。需要进一步推进科技与经济的有机结合，打破传统的条块分割、军民用分割和地区间、行业间的封锁，建立市场调节机制。可以建立中外合作产业园区，加强海洋经济和海洋产业之间的交往与合作，实现优势互补，技术交流与促进。

（三）明确企业的主体地位

企业在创新体系中的不同地位是美国与中国创新体系的很大不同之处。在我国，企业在创新方面的力量没有得到很好的体现，甚至很多企业并没有设立必要的研发部门，这与我国"政府主导模式"的大环境分不开。我国应加强创新体制改革，例如，将研发投入加入到国有企业领导者的绩效考核中去，促使企业的自主创新意识有质的飞跃。可以建立联合创新机制，增加中小型企业的创业实力，利用彼此优势，降低创新风险。

（四）完善创新环境

政府应该创造完善的创新环境，利用税收政策、创新政策、专利政策、竞争政策等手段，营造良好的市场环境和创新氛围。全力解决融资问题，给中小企业以资金支持；引进风险投资机制，分散企业创新的风险。另外很重要的一点，是提高国民的创新意识和海洋巨大潜力的认识。守旧的思想是经济发展和创新活动的阻碍，要摒弃固有观念，改变教育体制，让创新的思潮和行为在全社会蔓延，形成良好的创新环境和社会环境。

第二节　加拿大国家海洋创新体系

一、加拿大国家创新体系

加拿大的创新优势主要体现在较高的劳动力教育水平。据资料显示，加拿大每年的大学毕业生数量都处于不断的增长中，而主修科学的博士生数量尤其增长迅速，科学与工程学位项目硕士及博士毕业率的增幅明显高于其他发达经济体，同时也高于所有其他领域高级学位的增长率。在七国集团里，就受过高中以上教育的公民比例而言，加拿大一直排在首位。[①] 另外，加拿

---

① Imagination to Innovation: Building Canadian Paths to Prosperity [R]. Canada's Science, Technology and Innovation System, State of the Nation, 2010.

大的风险投资水平、高校与企业合作情况以及科研税收激励措施等也具有相当优势。Niosi（2000）将加拿大国家创新体系定义为：创新企业、大学以及公共研究实验室所做的研究开发工作与为研究开发提供经费的公共和私人机构的结合。而之后的研究者在该定义的基础上进一步强调了国家与区域地方要素对创新的影响以及这些要素之间的交互作用。①

（一）加拿大创新政策及战略的提出

加拿大联邦政府从 1996 年开始进行科技创新体制改革，并于该年 3 月发布了第一个联邦科技发展战略——"面向新世纪的科学技术"，明确了促进经济增长、提高生活质量和推动科技进步三项科技发展基本目标。

为适应国家科技发展战略的需要，1997 年，加拿大政府成立了创新基金会，该基金会是由加拿大政府创建的独立的组织机构，用来资助加拿大科学研究的基础设施建设。随后又启动了千年学者基金、加拿大首席研究员计划、加拿大基因组计划和加拿大气候和大气科学基金，并组建了加拿大卫生研究院。

2001 年 6 月，面对知识经济的兴起，加拿大众议院工业、科学与技术委员会提交了第 3 份研究报告——"面对 21 世纪的加拿大创新议程"，该报告就加拿大国家创新提出了若干条建议，其中涉及许多领域的具体措施，包括科技管理机构及制度的设定、技术研究的援助计划、高校科研成果的商业化及知识传播等，同时建议中也指出，加拿大政府应该制定科技政策以加强加拿大国家创新体系的建设，改善创新体系内各创新主体间的联系。

2002 年 2 月，加拿大工业部和人力资源开发部部长借助两部文件阐述了"加拿大国家创新战略"的构想，这两部文件即：《追求卓越：投资于民众、知识和机遇》以及《知识至关重要：加拿大人的技能与学习》，战略总目标是使加拿大成为世界上最具创新精神和创新能力的国家。② 国家创新战略的出台，标志着加拿大在国家创新体系的建设进程中迈出了极其重要的一步。

---

① Niosi J. Canada's National System of Innovation［M］. Montreal，McGill University Press，2000.

② Howard A. Doughty，Review Essay：Canada's Innovation Strategy：The Politics of Partnership，2002.

（二） 加拿大国家创新体系建设

1. 决策咨询体系

加拿大联邦政府没有科学技术部，联邦众议院工业、自然资源、科学与技术常设委员会负责审查众议院收到的有关工业、科学与技术方面的法案，然后提交众议院表决。加拿大制定科技政策的最高决策咨询机构为总理科技顾问委员会和科学技术咨询委员会。其中，总理科技顾问委员会是一个官方机构，由各行各业的专家组成，而科学技术咨询委员会是一个非官方机构。

2. 创新主体

加拿大国家创新主体主要有政府、高校和科研机构以及企业。其中，负责各行业研发工作的主要联邦机构有自然科学工程研究委员会（Natural Sciences and Engineering Research Council，NSERC）和国家研究委员会（National Research Council，NRC）。NSERC 主要投资于以大学为基础的科学与工程研究工作，其目标是通过创新保持加拿大在当今全球经济中的竞争力，为加拿大培育出更多的发明者和创新者。NRC 是加拿大基于科技的创新的主要来源，它主要通过前沿研究、技术开发和为产业提供创新支持等途径实现其科学研究工作。①

此外，加拿大政府制定有多个科技创新计划，包括国家创新基金计划、技术伙伴计划、工业研究援助计划、国家基因组计划、首席研究员计划等。

3. 具体措施

为实现国家创新战略，加快国家创新体系建设，加拿大政府不断加强对科研机构及其管理机制的规划和调整，采取了一系列积极有力的措施。

具体包括：（1）不断加大科技投入，加强创新实体的创新能力建设；（2）加强各创新主体之间的协调和合作，如政府部门间的协调以及拨款机构间的合作，努力提高创新效率；（3）注重创新技能与创新人才的培养，大力支持交叉学科和新兴学科研究；（4）支持小企业创业和企业家成长，鼓励全民创新；（5）加强知识产权的保护；（6）加强创新基础设施建设；（7）注重知识的转化，积极支持创新产业化工作，以实现由想法到创新进而投入市场

---

① Fifth Annual Conference of the Techno Policy Network-Implementing Regional Innovation Strategies: Exchanging Best Practices for Strategists on Science Based Regional Development, 2008.

的转变；（8）积极扶持风险投资，鼓励对初创期的创新企业、农业与农业食品创新以及海洋开发的投资；（9）制订"科学研究与试验发展税收激励计划"以鼓励企业开展科学研究；（10）鼓励在加拿大的所有区域创新，与企业、政府及大学院校建立起独特且多样的合作关系；（11）支持创新产业群的发展；等等。①

二、加拿大海洋创新体系建设进展

加拿大三面环海，拥有世界上最长的海岸线，所管辖海域的面积约为587万平方公里，相当于其陆地总面积的60%。自20世纪90年代以来，依托广阔的海域空间，加拿大不断加大海洋开发力度，大力发展各类海洋产业，目前已构建了商业与休闲渔业、海水养殖业、海洋高技术设备开发、船舶制造、油气勘探与开发、海底采矿、国防装备、游憩、游艇、海洋运输与港口、海洋航行与电讯等高素质海洋产业体系。② 海洋经济已经成为加拿大国家经济中不可或缺的组成部分，海洋创新对于加拿大的发展具有重大的战略意义。

（一）海洋创新体系的提出

随着1996年《加拿大海洋法》的通过，1997年，该法正式实施，渔业与海洋部被确定为唯一的联邦海洋综合管理机构。在《海洋法》的推动下，加拿大又于2002年7月推出了《加拿大海洋战略》，明确界定了联邦、省（自治区）、市三级政府的海洋管理责任。随后，推出了新的《加拿大海洋法》，建立了一个新的立法与政策框架，以实现海洋管理的现代化。在可持续发展、综合管理和预防方针等原则的指导下，新《加拿大海洋法》旨在确保海洋环境得到良好保护的情况下，继续发展加拿大有活力的、多样化的海洋经济。③

2003年1月，五家企业发起了海洋创新系统公司的创立。这一公司的创

---

① 李铄. 加拿大建立国家创新体系面面观 [J]. 创新发展，2006（4）：34–38.

② 倪国江，刘洪滨，马吉山. 加拿大海洋创新系统建设及对我国的启示 [J]. 科技进步与对策，2012，29（8）：39–42.

③ Cm Cx. Canada's Oceans Action Plan: For Present and Future Generations, 2005.

立为加拿大成为供应海洋技术和相关服务方面的世界领导者奠定了基础。2004 年加拿大成立了国家海洋与产业委员会（NMIC），负责国家相关海洋政策的制定与管理咨询工作。同时，重建了跨部门的部长级海洋委员会（DMI-CO）。至此，加拿大已基本构建了一个完善的海洋管理框架，推进了加拿大海洋管理的现代化进程。①

（二）海洋行动计划

由于海洋管理措施存在不完善之处，具有零散、复杂以及缺乏透明度与预防措施等特点，加拿大现代海洋管理面临严峻挑战。在这样的背景下，2004 年，加拿大总理亲自委派加拿大渔业和海洋部部长领导海洋行动计划的制订，并任命了一名议会秘书协助部长完成这项任务。

海洋行动计划从政府层面出发，阐明了抓住实现可持续发展机遇的途径。该计划是协调和实施一切海洋活动的总体框架，也是实现海洋的可持续发展与管理的框架。海洋行动计划以四个相互联系的支柱为基础，第一，国际领袖、主权与安全性；第二，海洋综合管理促进可持续发展；第三，健康的海洋；第四，海洋科学与技术。②

首先，加拿大具有良好的邻国环境，满足主权安全条件。由于在海洋管理方面存在着很强的区域脉络联系，加拿大与北美洲的另外两个国家——美国和墨西哥在海洋管理上面临着相似的挑战。2005 年 3 月 23 日，加拿大总理与美国及墨西哥总统共同签署了《领导人声明》和《安全与繁荣议程》。作为北美安全和繁荣伙伴关系的一部分，三方一致同意：发展互补的海洋管理策略，重视运用生态系统方法，协调整合现有海洋管理领域，改进渔业管理。加拿大和美国也于缅因湾共同致力于改进海洋管理工作，在防止生态破坏的同时促进两国区域经济的发展。此外，加拿大还与北极理事会的其他国家于 2004 年 11 月共同提出了"北极海洋战略计划"，这一计划为八个北极国家解决极地海洋管理难题提供了一个高水平的政策框架。

其次，在海洋技术领域，加拿大公司在世界上拥有领先地位，具体表现

---

① 倪国江，刘洪滨，马吉山. 加拿大海洋创新系统建设及对我国的启示［J］. 科技进步与对策，2012（8）：39 - 42.

② Cm Cx. Canada's Oceans Action Plan：For Present and Future Generations，2005.

在以下几个方面：

（1）海洋和海洋产业技术路线图（Marine and Ocean Industry Technology Road Map）提供了一个发展海洋技术的构想，这将有助于解决不断增长的海洋技术需求，并实现加拿大作为海洋科技革新者的可能。该路线图列出了发展海洋技术的具体行动，强调发展的可持续性。

（2）科技网络组织、国家研究委员会机构、政府实验室以及民营企业的财团成为信息共享和创新的中心。

（3）加拿大大西洋机遇署（Atlantic Canada Opportunities Agency）、西部经济多元发展局（Western Economic Diversification）、加拿大魁北克经济发展局（Canada Economic Development for Quebec）、加拿大工业部（Industry Canada）、国家研究理事会（National Research Council）、授予委员会以及其他科技发展项目也可以对海洋行动计划提供支持，促进海洋产业部门的发展。

（4）海洋技术网络紧扣了海洋科学研究者与来自政府、产业、学术界、沿岸社区及区域组织的技术创新者之间的联系。它提供了一个识别支持国家行动计划的创新科学与技术的机会，同时也能促进海洋技术的商业化。这一网络将促进海洋信息、发现和新技术的共享，并且推动合作与业务发展规划。建立网络是满足需求，培养海洋科技产业竞争力的关键，这一产业主要是由小至中型企业构成的。通过促进知识的共享，经济的可持续发展将得到推动，同时，这个产业的成长也将得到加强。将多种技术的概念整合到一个可扩展网络中对于海洋综合管理而言既是挑战也是机会。

（5）普拉湾科技示范平台的设立能够推进普拉湾的综合管理。普拉湾位于纽芬兰南部海岸，周围分布着许多小社群，这些社群的生计都在一定程度上依赖于毗邻的水域。这个海湾被认为是一个环境敏感区，承载着一个丰富、多样化的海洋生态系统。同时，它也是重要工业活动及相关海上运输的场所。示范平台将作为用于证明现代应用科技对海洋综合管理实用性的一个测试案例，并向国际市场展示加拿大的专业知识和技术。

（三）加拿大海洋创新主体与海洋科技研发特点

1. 涉海大学

加拿大主要的涉海大学包括：纽芬兰纪念大学、新斯科舍省达尔豪斯大学、新不伦瑞克大学、爱德华王子岛大学、拉瓦尔大学（魁北克）、魁北克里姆斯基大学、曼尼托巴大学、不列颠哥伦比亚大学以及维多利亚大学（不列颠哥伦比亚省）。这些高校共同资助了一个关于加拿大未来海洋科技的专家小组报告，该专家小组来自加拿大学术委员会。

2. 海洋科技部门与机构

加拿大海洋科学与技术的联邦部门与机构包括：加拿大边境服务局、加拿大海岸警卫队、加拿大航天局、渔业海洋部、加拿大国防研究与开发、加拿大环境局、国家研究委员会、加拿大自然资源部、加拿大运输部等。

3. 海洋科技研发的特点

加拿大在海洋科技研发方面主要具有以下特点：第一，采用跨学科方法，海洋、工程、生物、物理、化学、地球科学、数学/统计、法律、海洋事务、环境与可持续发展等之间紧密联系；第二，学术界、政府和工业界的密切合作；第三，政府与科研实验室中拥有世界一流的研究设施；第四，全球海洋科技社区相结合，并积极寻求进一步的合作。①

三、加拿大海洋创新体系的特色

（一）大西洋省份的海洋技术优势

在加拿大大西洋省份，海洋技术产业的经济重要性远远超过其规模。海洋技术产业是该区域最大的先进技术产业之一，拥有极高的研究、开发和创新水平，拥有一支高技能的劳动力队伍，同时也是出口的重点。

从精密的导航跟踪工具到水下声学，加拿大大西洋省区拥有全球公认的海洋技术产品、服务及专业知识。根据2005年的统计结果显示，海洋技术产业年度为大西洋省区创造的销售额高达约3.3亿元，包括近140家企业，同时解决了约5300人每年的就业。加拿大大西洋省区成为卓越海洋技术的一个蓬勃发展中心。②

---

① Jane Rutherford, Ocean Science and Technology Overview, Foreign Affairs and International Trade Canada［C］. Meeting of the EU-Canada JSTCC, Brussels, March 6, 2013.

② Ocean Technologies in Atlantic Canada, Atlantic Canada Opportunities Agency, 2006.

1. 原因分析

（1）丰富的学术与技术专业知识。加拿大大西洋沿岸产生了大范围的科技与工程领域的专业知识，从海洋测绘与制图到冷水工程以及地球物理测量。一些世界上最先进的海军舰艇及其集成电子系统的设计和建造都是在这一地区完成的。同时，加拿大大西洋省区的相关公司也设计和安装了一些世界上最先进的海洋综合监控系统。

（2）低廉的企业成本。除了强大的大学和研究能力，低廉的企业成本也有助于推动大西洋省区海洋科技产业的增长。根据《竞争选择：毕马威的国际企业成本指南》（2006）中的数据显示，作为一个地区，加拿大大西洋省区在七国集团中拥有最低的企业成本。

（3）行业领导地位。尖端技术的不断发展以及结交战略合作伙伴关系的主动性使得加拿大大西洋省区成为卓越海洋技术的中心。在海洋经济受全球国防、安全、国家主权、环境管理、海上石油与天然气以及贸易等诸多因素的全球趋势影响而处于动态变化中的这一背景下，加拿大作为卓越海洋技术中心这一地位是尤其重要的。

（4）私营部门、学术界和区域政府间密切的协同作用。良好的协作环境能够鼓励技术转移与战略合作伙伴关系的建立，这又将进一步促进大西洋省区海洋产业的稳健增长。

（5）加拿大大西洋省区海洋技术的迅速增长一部分是受近海石油和天然气以及国防/海洋安全产业的强劲增长的影响。

2. 具体的专长领域及典型研究机构

（1）冷水工程。纽芬兰与拉布拉多省圣约翰的国家海洋技术研究委员会是国际公认的在海洋工程研究方面的领导者。

（2）仪器和通信。新斯科舍省达特茅斯的海洋气象数据系统有限公司开发了最先进的在恶劣环境中使用的数据采集与遥测系统。

（3）海洋测绘与制图。达特茅斯的加拿大地质调查局是加拿大主要的海洋地球科学机构，提供地球物理测绘方面的专业研究。

（4）海洋船舶技术。达特茅斯布鲁克海洋科技有限公司致力于开发提供专门在恶劣海洋环境中工作的设备和系统，包括舰载发射/回收系统以及电缆处理系统等。

（5）遥感技术。新斯科舍省哈利法克斯的 Satlantic 有限公司主要设计和销售便携式地球站、精密传感器、光传感器、数据提取工具和其他为研究水生环境所需的系统。

（6）海上生存。纽芬兰纪念大学的海上安全和生存中心为离岸企业提供安全、生存和应急培训。其世界级的设施包括生存舱、直升机、水下逃生训练师、带有发射系统和救援胶囊以及远洋船只的海洋基地。

（7）海洋培训。纪念大学的海洋学院是加拿大渔业和海洋培训的领导中心，它的各个项目使用的都是最先进的航海模拟器。该海洋学院是具有 ISO 9001 认证的公共教育机构精英团队中的一员。

（8）水下声学。加拿大大西洋国防研究与发展局在水下声学、反潜战、鱼雷防御、舰上指挥和控制以及海上平台技术等领域拥有世界领先的专业知识水平。

（二）海洋科学与技术集群

在加拿大存在着非常明显的海洋技术集群现象，这一现象在其太平洋沿岸与大西洋沿岸的部分省份具有非常突出的表现，包括不列颠哥伦比亚省、魁北克省、新斯科舍省以及纽芬兰等。加拿大海洋科学与技术集群进一步推动了产学研在海洋科技研发与创新方面的合作，加速了加拿大海洋技术的发展，为海洋活动提供了大量的专业设备与研究技术服务，保障了海上活动的可持续性、盈利能力以及安全性。①

1. 不列颠哥伦比亚省海洋集群

主要包括：（1）产业：主要位于温哥华岛和温哥华地区的 100 多家企业；西斯班造船厂——数十亿美元的船舶建造计划。（2）协会社团：企业参与的 ONC 中心；不列颠哥伦比亚省的海洋倡议；加拿大海洋可再生能源。（3）维多利亚大学：加拿大海洋网络；维多利亚海底试验网和东北太平洋时间序列海底网络试验——电缆观测站；沿海与海洋研究学院；海洋科技实验室和海洋技术试验台；加拿大深海研究主席；加拿大航海物理海洋学研究主席。（4）班费尔德海洋科学研究中心。（5）不列颠哥伦比亚大

---

① Jane Rutherford, Ocean Science and Technology Overview, Foreign Affairs and International Trade Canada, Meeting of the EU-Canada JSTCC, Brussels, March 6, 2013.

学：海洋动力学实验室；渔业中心。（6）联邦政府：海洋科学研究所（西德尼，温哥华岛）。

2. 魁北克省海洋集群

主要包括：（1）产业：魁北克省的40多家海洋技术企业。（2）学术界：魁北克大学里姆斯基学院；拉瓦尔大学（魁北克）。（3）非政府组织：圣劳伦斯全球观测站；海洋测绘发展中心；气候科学、影响和适应（MTL）。（4）联邦和省级政府：莫里斯拉蒙塔涅研究所；魁北克海洋研究所。

3. 新斯科舍省海洋集群

主要包括：（1）产业：60多家海洋相关企业；海洋科技委员会；欧文造船厂——数十亿美元的船舶建造计划。（2）达尔豪斯大学：海洋追踪网络；加拿大海洋科技卓越研究主席；海空大追击。（3）哈利法克斯海洋研究所：关于海洋环境的预测和应对的国家网络。（4）阿卡迪亚大学：港湾研究中心。（5）联邦政府：贝德福德海洋学研究院；国防研究与发展大西洋；国家研究委员会实验室——水产和农作物资源开发；大型海军出席。

4. 纽芬兰海洋集群

主要包括：（1）产业：50多家海洋相关企业；海洋发展公司。（2）纪念大学：加拿大健康海洋网络；与海洋相关的9个研究席位；海洋自治系统实验室；海洋科学中心。（3）海洋研究机构：海洋技术学校；海洋创新（年度国际会议）；海洋观测示范项目；海洋技术杂志；荷里路德海洋基地；海洋模拟中心。（4）联邦政府：国家研究委员会实验室——海岸和河流工程。

四、加拿大海洋创新体系对我国的借鉴

前述主要对加拿大的国家创新体系、海洋创新体系构建概况进行了介绍，同时对加拿大海洋创新体系的特色进行了简要的概括。从中可以看出加拿大在海洋创新体系建设方面具有许多突出的优势。当前，我国在海洋问题上面临着许多严峻挑战，例如，海洋国土安全问题、海洋生态环境问题、海洋创新能力不足等。因此，加快海洋创新体系的建设，提高海洋技术创新水平，促进海洋管理制度的日益完善进而逐渐把我国建设为一个海洋强国成为当前

我国一项非常迫切的任务。作为一个海洋强国，加拿大在海洋创新体系建设上的世界领先水平可以给我国的海洋建设带来许多启示。

（一）加大海洋创新人才的培养力度

加拿大的创新优势主要体现在较高的劳动力教育水平。加拿大在国家创新战略中将人才优势放在了核心地位，而加拿大之所以在海洋创新方面处于世界领导地位在很大程度上得益于其丰富的学术与技术专业知识以及一支受过良好教育的劳动力队伍，而这一切都与其对创新人才教育与培养的重视是分不开的。因此，为了提高我国海洋创新能力，必须加大对创新人才的培养力度，加大对涉海院校及研发机构的支持力度，将我国人才强国战略与海洋创新型人才的培养有效结合起来。

（二）加快建立并完善海洋综合管理制度

海洋管理的正确合理可以带来海洋经济的巨大增长。世界上的许多国家都意识到了海洋综合管理的价值，并致力于实现海洋管理的现代化，包括加拿大。加拿大在 2004 年发起了海洋行动计划的制订，以实现海洋的有效管理。加拿大实践的经验表明，海洋管理制度的科学合理是提高海洋创新能力的重要前提。因此，为解决当前我国面临的海洋生态环境问题，实现海洋的可持续发展，必须加快建立并完善海洋综合管理制度，实现海洋一体化管理。同时，要实现海洋综合管理，必须加强政府、科研机构以及企业间的沟通与协作。

（三）加大研发投资力度，努力营造良好的研发环境

为了充分利用人才优势以及市场条件，进而带动产业的繁荣发展，加拿大一直致力于为海洋科技的开发及商业化的实现提供一个良好的支持环境。因此，为了实现我国海洋科技产业的健康发展，必须加大研发投资力度，拓宽投资渠道，充分重视海洋创新基础设施的建设，完善税收优惠政策，积极支持创新成果的产业化工作，加强知识产权的保护，为最终将创新成果投入市场营造良好环境。

（四）积极寻求海洋管理创新的邻国合作与交流

在海洋管理方面存在着很强的区域脉络联系，加拿大一直致力于寻求海洋管理方面的邻国合作。邻国合作为解决加拿大海洋管理难题提供了有效途径，同时也为海洋国土安全提供了保障。因此，为了更好地解决海洋国土安全问题，我国必须以更加积极的姿态寻求海洋管理方面的邻国合作，加强交流以更好地解决争端，同时结合海洋技术创新的重点领域，有针对性地扩展与发达国家相关海洋企业的技术交流与合作。

第三章 国际经验（中）：大洋洲国家海洋创新体系

第一节　澳大利亚国家海洋创新体系

一、澳大利亚国家创新体系

澳大利亚位于南太平洋与印度洋之间，四面邻海，东临塔斯曼海和世界上最大的海——珊瑚海，西、北、南三面邻印度洋及其边缘海，因此，澳大利亚是世界上海岸线较长的国家之一。澳大利亚丰富的海洋资源推动了澳大利亚海洋产业的发展，而近年来澳大利亚科技的发展，尤其是在海洋科技方面的突破，为澳大利亚的经济发展带来了新的活力，使得澳大利亚成了一个潜在的海洋大国。

澳大利亚是一个农牧业与工矿业十分发达的国家，而这些传统产业的发展在澳大利亚的发展，不仅与澳大利亚丰富的自然资源有关，更与澳大利亚的科技发展息息相关。截至 2012 年底，澳大利亚曾经产生过 13 位诺贝尔奖得主，澳大利亚科学家在农业、生物技术、天文学、医学方面的卓著成就，一直处于世界顶尖研究行列，例如，盘尼西林的问世就是世界临床医学研究中的一项重大突破。创新是历史的产物，它凝结在一个国家的产业结构与制度设计当中。所以这些科技突破与澳大利亚政府重视本国科技发展，拥有比较完善的国家创新体系是分不开的，澳大利亚政府对科技研究和开发的投资规模相对于其经济来讲是非常大的。最近几年，澳大利亚政府采取了一些措施来提高国家的科技创新能力，有效地促进了国家科技的发展。

（一）澳大利亚政府科技管理机构

澳大利亚是一个议会制君主立宪制国家。联邦政府制定国家科技政策，颁布重大科技发展计划，资助和支持政府科研机构、大学、合作研究中心和国家重大工业科技计划。州政府管理和资助本州的具体科技工作。

早在霍华德任澳大利亚总理时期，澳大利亚就设有两大机构——总理科学、工程与创新理事会（PMSEIC）①和科学技术协调委员会（CCST），这两大机构作为国家的科技决策机构，总理科学、工程与创新理事会是澳大利亚的最高科学决策机构，该机构的成员组成有澳大利亚内阁总理及主管科技发展和教育有关的内阁部长，联邦总理任主席，理事会每年召开两次会议，讨论科学技术方面以及涉及澳大利亚经济和社会发展的全局性、战略性的问题，向政府和议会提交有相关咨询报告和政策建议。而科学技术协调委员会则主要负责解决科技创新过程中跨部门的协调与配合，作为总理科学、工程与创新理事会的补充。

2007年，陆克文当选澳大利亚总理，对澳大利亚的科技管理机构进行了进一步的调整，主要是将原澳大利亚教育、科技与培训部拆分，建立新的创新、工业与科研部（DIISR），②它是澳大利亚主管科学技术的部门，主要负责制定和实施科研计划，致力于在国家宏观管理层面把创新、工业和科学与研究结合起来，通过科技创新提升国家核心竞争力。新的创新、工业与科研部下又设有十三个司局，包括工业司、政策司、创新司、企业联系司、制造业司、科学和基础设施司、研究司、电子业务司、部管司、国家计量研究所、天文台、国家科技中心和知识产权局。各个部门充分发挥其核心职能，确保创新、工业、科学与研究的协调发展。

由于科学创新是一项严谨而又复杂的工作，新的创新、工业与科研部还设有三个决策咨询机构，首席科学家（chief scientist）、总理科学、工程与创新理事会（PMSEIC）、科学技术协调委员会（CCST）③。其中首席科学家由DIISR的部长任命，任期一般为三年，他主要负责提供"科学、技术和创新"相关领域的高层次独立建议，同时他也是总理科学、工程与创新理事会的执行官和科学技术协调委员会的重要成员，为政府从科学角度来识别国家所面临的重要机遇和挑战。另外，首席科学家还是公众科学的传播者，目的是促进科学思维的传播。

---

① The Prime Minister's Science. Engineering and Innovation Council ［EB/OL］. ［2011 – 07 – 20］. http：//www. innovation. gov. au/Science/PMSEIC/Pages/default. aspx.

② Department of Innovation, Industry, Science and Research ［EB/OL］. ［2009 – 11］ http：//www. dpmc. gov. au/consultation/aga_reform/pdfs/0065％20DIISR. pdf.

③ 望俊成，刘芳. 澳大利亚科技管理体系初探 ［J］. 世界科技研究与发展，2012，34（1）：175 – 177.

（二）澳大利亚政府科研机构

澳大利亚的政府科研机构主要包括：联邦科学和工业研究组织（CSIRO）、澳大利亚研究理事会（ARC）、海洋科学研究所（AIMS）、核科学和技术组织（ANSTO）、国防科技组织（DSTO）以及大学的研究机构。除了国防科技组织（DSTO）由国防部负责管理，其余机构则由 DIISR 下的科学和基础设施司负责管理。

联邦科学和工业研究组织（CSIRO）是澳大利亚最大的国家级科学研究机构，前身是于 1926 年成立的科学与工业顾问委员会。该组织通过科学研究来支持澳大利亚的工业发展，同时也支持自身以及其他机构的科学研究成果的应用，从而满足澳大利亚的行业需求。同时该组织还兼有一些辅助功能，包括科研工作者的培训、与国际科学界的联系以及科学成果的推广等。

澳大利亚研究理事会（ARC）的主要职责是为政府提供资助和政策建议，该理事会的目标在于通过支持具有高度国际竞争力的科学研究和培训，来为国家做出贡献。

海洋科学研究所（AIMS）是澳大利亚的国家级科研机构。该机构通过具有世界级水平的创新性研究来传播海洋知识，促进海洋资源的可持续利用。

核科学和技术组织（ANSTO）的服务范围非常广泛，包括与国家核战略与核政策相关的科学研究与建议，同时该机构还管理一些商业机构，主要是生产和销售一些放射性药物，同时也为采矿和矿业提供服务。

国防科技组织（DSTO）负责应用科学和技术，从而维护和捍卫澳大利亚的国家利益。该机构主要负责为国防及国家安全提供专家、建议以及解决方案。

澳大利亚的高校内设有各具专业特色的研究机构。澳大利亚的国内高校又分为八校联盟（Group of Eight）、澳大利亚科技大学联盟（Australian Technology Network of Universities）、澳大利亚创新研究大学联盟（Innovative Research Universities Australia，IRU Australia）。

澳大利亚的八校联盟是被公认的澳大利亚高校的常春藤联盟，包括澳大利亚国立大学、墨尔本大学、悉尼大学、昆士兰大学、新南威尔士大学、莫纳许大学、西澳大学、阿得雷德大学，八校联盟成员高校是诸多享有盛誉的国际型大学联盟的成员，其中包括：国际研究型大学联盟（IARU）、环太平洋大学联盟（APRU）、Universitas 21，以及世界大学联盟（Worldwide Universities Network）。

澳大利亚科技大学联盟包括悉尼科技大学、皇家墨尔本理工大学、科廷科技大学、南澳大学、昆士兰科技大学，该大学联盟重视科技研究成果的应用，研究内容紧贴社会需求、迎合企业需求。

澳大利亚创新研究大学联盟包括弗林德大学、格里菲斯大学、拉筹伯大学、麦考瑞大学、默道克大学、纽卡斯尔大学，这些大学以创新研究为基础，重视学科间的交叉，学科领域覆盖范围较广，并建有共同的科研应用中心。

这些高校联盟因其研究的深度与广度而享誉世界，同时它们的科研项目与社会需要相接轨，科技成果的转化率非常高。而这些科研成果的转化与澳大利亚一系列的国家科技计划又是密不可分的。诸如能力支撑计划（BAA），能力支撑计划是澳大利亚最大的科研计划，其目的是提高创新主体的核心能力，使参与创新的大学、研究机构和企业配合政府总体目标，增强产生新思想、新知识和进行研究的能力；促进新思想、新知识和新技术的商业化；开发各种技能并保持领先的地位，创造人才辈出的环境。

由此可见，澳大利亚的国家创新体系不仅相当完备，而且还具有多元化与高度灵活性的特征，保证了产、学、研一体化的目标。

二、澳大利亚国家海洋创新体系

（一）海洋综合管理

澳大利亚是联邦制国家，澳大利亚有昆士兰州、新南威尔士州、维多利亚州、南澳大利亚州、西澳大利亚州、塔斯曼尼亚州六个州以及澳大利亚首都特区、北领地、杰维斯湾地区三个大陆自治地区，如何实现海洋资源在各个州、领地之间的合理利用、提高海洋资源的利用效率是至关重要的问题。1979 年，澳大利亚颁布了海岸和解书，清晰地划分了澳大利亚各联邦和领地的海域管理权（见表 3 – 1）。

表 3 - 1 澳大利亚从临海基线开始的海域管理权

海域	界限	责任者
内水	州内	州和领地
沿岸水域	3 海里内	州和领地
领海	3 ~ 12 海里	联邦
毗连区	12 ~ 24 海里	联邦
专属经济区	12 ~ 200 海里	联邦
大陆架	12 海里，可达 350 海里	联邦

资料来源：马英杰，胡增祥，解新颖. 澳大利亚海洋综合规划与管理——情况介绍 [J]. 海洋开发与管理，2002 (1)：51 - 53.

此外，澳大利亚设有全国海洋管理委员会，负责管理和协调全国的海洋事务，澳大利亚还根据海洋的特性划分了 12 个基本海洋生态系统区，对海洋资源实行分类管理，形成了一套特有的海洋管理体制。澳大利亚还特别重视海洋法制建设工作，海洋法律涉及领海、专属经济区、大陆架等各个方面以及对生态多样性的保护方面，国内约有 600 多部法律与海洋相关。

（二）海洋发展战略规划

澳大利亚政府在 1997 年和 1998 年颁布了《澳大利亚海洋产业发展战略》、《澳大利亚海洋政策》以及《澳大利亚海洋科技计划》三个政府文件，明确了澳大利亚 21 世纪的海洋发展战略以及海洋各产业科技发展对策。[①]2013 年 3 月，澳大利亚政府海洋政策科学顾问小组（OPSAG）发布了《海洋国家 2025：支撑澳大利亚蓝色经济的海洋科学报告》（*Marine Nation* 2025：*Marine Science to Support Australia's Blue Economy*），报告列举了包括海洋主权和海上安全、能源安全、粮食安全、生物多样化和生态保护、气候变化、资源分配六个方面澳大利亚所面临的挑战以及海洋科学应该如何应对这些挑战。[②]

---

① 谢子远，闫国庆. 澳大利亚发展海洋经济的主要举措 [J]. 理论参考，2012 (4)：49 - 51，54.

② Marine Nation 2025：Marine Science to Support Australia's Blue economy [EB/OL]. http://www. aims. gov. au/opsag.

（三）海洋产业发展与布局

1. 海洋产业活动

澳大利亚是世界上海岸线较长的国家之一，拥有世界上最大的海域管辖范围，发展海洋经济潜力巨大。澳大利亚的国家创新体系比较完备，其海洋创新体系也比较成熟。在澳大利亚的国家统计中，澳大利亚的海洋产业主要分为四大部分：海洋渔业、海洋油气业、海洋船舶制造业以及海洋旅游业（见表3-2）。[①] 近年来，澳大利亚与海洋相关的产业发展迅速，海洋活动的产值不断增加，从海洋产值来看，海洋油气业的产值居于首位，这与澳大利亚海洋科学的支持是密不可分的；同时，澳大利亚非常重视海洋产业的可持续发展，保护生态多样性，海洋旅游业的发展规模越来越迅猛。另外，澳大利亚的许多海洋产业的发展已经处于世界先进行列，目前澳大利亚已经开始着手一些非常有潜力的海洋资源开发项目，如风能和潮汐能、海水淡化、深层海底采矿、碳捕获与储存等。这些与澳大利亚的国家海洋战略的推进是密不可分的。澳大利亚在发展海洋经济上有很多有益的尝试，值得我们借鉴。

表3-2　　　　　　　　　澳大利亚与海洋相关活动产值　　　　　　　单位：百万美元

分类	2002年	2003年	2004年	2005年	2006年	2007年	2008年	2009年	2010年	2011年
海洋渔业	2364.4	2223.8	2124.9	2203.4	2251.6	2231.0	2470.2	2212.6	2270.8	2356.1
海洋油气业	7983.2	8581.0	12756.7	13961.2	17215.1	21700.7	23078.4	21051.0	22529.2	24875.3
海洋船舶制造业	4508.8	4474.3	4681.6	5028.8	5269.8	6269.8	6425.9	6097.8	6073.7	5934.7
海洋旅游业	9075.8	9102.3	9328.7	9794.7	10624.0	11278.8	11143.3	13011.3	13279.4	14013.3
总计	23932.1	24381.4	28891.8	30988.1	35360.5	41480.3	43117.8	42372.5	44153.2	47179.4

资料来源：Australia institute of marine science. The AIMS Index of Marine industry, 2014.

2. 海洋产业园区布局

在澳大利亚一系列的海洋发展战略的推动下，澳大利亚建立了各具特色

---

① Australia Institute of Marine Science. The AIMS Index of Marine Industry-2014 [EB/OL]. 2014-01-08. http://www.aims.gov.au/documents/30301/23122/Marine + Index + 2014/51a629ac - 6e6b - 420a - a9c7 - c0b1e777366b.

的海洋产业园区，为澳大利亚海洋经济的发展培育了新的增长点。下面以弗雷泽（Frazer）海岸海洋产业园区、布里斯班（Brisbane）海洋产业园为例介绍一下澳大利亚的海洋产业园区。

（1）弗雷泽（Frazer）海岸海洋产业园区。弗雷泽海岸海洋产业园位于澳大利亚昆士兰州弗雷泽岛。弗雷泽海岸区域位于澳大利亚的东海岸，从这里前往州首府布里斯班只需要三个小时的车程或者五十分钟的航班，而布里斯班是一个重要的国际出入境口岸。弗雷泽海岸海洋产业园的设立就是为这个重要口岸提供具有世界水平的设施，它是在马里伯勒市议会与澳大利亚国家发展创新部门的合作下进行的，而马里伯勒市在传统上就是为游艇业提供一系列的配套设施。所以弗雷泽海岸海洋产业园就是借助其区位优势，发展游艇和轻型船只的制造，并且对船只进行日常维护和修理。同时，该海洋产业园区还成立了海洋贸易培训学校，为园区培养相应人才。

（2）布里斯班（Brisbane）海洋产业园。布里斯班海洋产业园位于赫曼特市的布里斯班河，战略工业用地有40公顷，它是澳大利亚威克有限公司的子公司。布里斯班海洋产业园的公司主要从事的是海洋工业应用，特别是集中提供海洋仓储和服务。布里斯班海洋产业园运用了一种引进公司管理的开发模式，从园区开发到管理都引进市场化机制，减少行政行为，这样还降低了政府的投资风险。这种海洋产业园区的开发模式也是具有创新意义的。

（四）海洋科学研究与教育

澳大利亚海洋方面的研究机构主要包括澳大利亚海洋科学研究所（AIMS）。澳大利亚海洋科学研究院（AIMS）由联邦政府于1972年建立，该机构的宗旨是通过创新的、具有世界水平的科学技术研究，形成和提供海洋环境的可持续利用和保护方面所需要的知识。该研究所是一个由澳大利亚政府指派委员会管理的、由联邦政府提供资金的独立法定机构，研究所的科研经费除了主要由联邦政府拨付外，其与公司、企业的合作也可以得到一定的经费。其组织机构包括三个部分：研究院的研究部门、后勤工作和商业与财务。AIMS的研究机构分为三个科学小组和许多支持部门，该研究所在海洋科学的许多领域都处于世界前1%的行列，研究重点在热带海洋科学。澳大利亚的科研机构还包括澳大利亚海事工程合作研究中心（国防科研机构）、澳大利亚海洋产业与科学理事会（AMISC）等。

此外，澳大利亚还非常重视海洋教育，提倡大力发展海洋教育，除了设有以海洋学科为主的高等学府，如澳大利亚海事学院、澳大利亚海洋学院等，还调整大学中与海洋相关专业的课程设置，从而满足国家海洋发展战略的需求。另外，澳大利亚政府还在中小学中开展海洋生态环境教育、在社区开展各种海洋教育活动，澳大利亚的一些环境保护网站还开办了一些专门针对海洋资源的栏目，定期公布国家的海洋产业的发展动态，在民众中普及海洋知识，并鼓励民众参与讨论，从而增强国民的海洋保护意识，形成全民了解海洋、保护海洋、发展海洋的社会环境。

三、澳大利亚国际海洋创新体系特色

（一）拥有良好的创新环境

创新需要在良好的环境下才能得到蓬勃的发展，首先这需要来自于政府政策的鼎力支持。澳大利亚政府为扶持和加强国家的创新能力，设置了完善的科技管理与决策机构，使各个部门在科技创新政策、计划和项目方面协调配合。同时，将政府对产业界研发的支持，工业、大学和政府之间的相互合作列入科技政策范围，使其科技政策能着眼于加强国家整体创新能力的提高，建立坚实的科技和工程基础，推动研究成果的商业化开发。

除了科技政策方面，澳大利亚政府注重海洋教育，也为海洋产业的创新发展提供了良好的软环境。无论是高等学府中海洋专业的设置，还是针对中小学生的海洋基础知识教育，以及在社区中开展的形式多样的海洋保护宣传活动，都提高了澳大利亚公民的海洋保护意识，激发了学生认识海洋、了解海洋、发展海洋的兴趣，这种多元化的海洋科技教育也是鼓励创新、激发创新的有效途径，同样为海洋科技的发展营造了良好的创新环境。

（二）海洋科技成果商业化程度高

澳大利亚的海洋科技成果的商业化程度高，澳大利亚政府推出了一系列鼓励科技成果商业化的科技计划，例如，维多利亚州政府的技术商业化计划、创业企业计划、高创新性中小企业建设计划等。

澳大利亚政府还鼓励企业对科技成果的商业化进行投资。同时澳大利亚政府本身也出资设立一些技术商业化的中介机构，作为科研成果商业化的平台。例如，昆士兰州成立了澳大利亚商业化研究院（AIC）和 QMI 公司，AIC 帮助中小企业寻找科研机构或者大学，引进技术，把企业与大学对接起来，实现技术商业化；QMI 帮助中小企业吸收消化技术，提供制造业领域的进一步技术开发。维多利亚州成立了 INNOVIC 中心，帮助发明人创业，提供专利搜索、咨询、评估、创业辅导等服务。

科技成果的商业化机构在大学和研究机构也有设立，一些大学中设有创新中心，帮助实现科研成果的商业化。由此，澳大利亚的科技创新体系做到了产、学、研的有效结合，是科技成果可以更快、更好地转化为有效的生产力，从海洋经济的发展来讲，这样的科技成果的商业化，可以促进海洋资源的有效利用和可持续利用，实现了海洋空间资源的有效利用，使海洋经济产值持续增长。

（三）以创新为导向培养人才

前面我们提到，澳大利亚最大的科研计划——能力支撑计划（BAA），它的宗旨是以提高研发能力、商业化能力和劳动技能来培养人才，提高人才的这三种核心能力。BAA 的内容包括鼓励学校增加科学、数学与技术的相关课程，培养教育人才，为研究生提供教育贷款，加强互联网教育基础设施建设，实现教学资源共享，提高全民科学意识和对科技的兴趣等。当然，在除BAA 以外的其他计划中，也包括大量人才计划，如"ARC 杰出人才中心计划"、"联邦研究人才计划"等。这些计划资助的对象是科研人员个人或研究团队，有的还向全世界高级研究人才开放，从而提高澳大利亚的科研能力。

另外，在大学职称的评定上，也有三个方面的考量：一是国际认可，从而确保研究成果的国际化水平；二是社会认可，考量个人的科研成果是否获得国际国内的重大奖励、产生过重大的社会影响；三是考量市场认可，也就是科研成果的商业化是否能够被市场认可，达到被企业、市场认可的经济效益，切实有效地推动产业发展。只要获得了国际认可、社会认可、市场认可即可晋升，这也为研究人员的创新指明了方向，提供了动力。

四、澳大利亚海洋创新体系对我国的启示

（一）建设和完善我国国家海洋创新体系

近年来，随着人类对海洋认识的逐步深入，我国对海洋的利用和开发也越来越深入和广泛，海洋科技创新能力也不断加强。但是，我国的海洋科技创新能力与发达国家相比还有差距，海洋产业的发展空间还很大。要解决海洋经济发展中的瓶颈问题，首先应该借鉴发达国家的先进经验，逐步建立完善的国家海洋创新体系，明确和完善各个涉海部门的相关职责，围绕建设创新型国家的目标改进体制机制，制定创新政策，重视海洋科技发展的战略规划，并因地制宜地制定海洋发展战略，既要有长期战略，又要有短期规划，并要根据国内外环境的变化适时调整，创造一种开放中的创新环境；在完善创新政策的同时，海洋科技研究机构也应该提高自主创新能力，海洋科技创新能力的直接源泉来自于科研机构，科研机构应该以市场需要和前沿学科为导向，加强与国外海洋科技大国的学术交流，增强自主研发能力；高等学府应该增加一些涉海学科和课程，引导学生积极参与，营造一种共同认识、开发海洋资源的良好氛围，逐步填补我国海洋认识领域的空白。

（二）增强海洋科技成果商业化、市场化能力

根据海洋科技创新政策集中创新资源，整合海洋资源，完善海洋经济产业链，大幅度提高国家研发能力、技术产业化和市场化能力，以及劳动者的生产技术能力。长期以来，我国企业的科技投入不足，对于科技的认识不够，而且研究机构的科研成果的商业化、市场化能力更是差强人意，致使产、学、研严重脱钩，海洋科技应用程度较低，不能形成一定规模的海洋科技生产力，这也一定程度上阻碍了海洋资源的有效利用和海洋产业的协调发展。针对这样的问题，第一，应该利用政府的宏观调控能力，为海洋科技成果的转化创造良好的环境，地方政府可以研究、计划、部署科技工作，充分发挥政府的协调作用；第二，拓宽融资渠道，加大全国以及全社会的海洋科技投资，在加大财政拨款和鼓励银行贷款的同时，要广泛吸引企业、民间和外商投资，

建立多渠道的科技投资体系，使投资主体实现多元化，解决海洋科技成果转化中的资金问题，同时还要完善风险投资机制和保险机制，为资本市场的运营提供强有力的保障；第三，借鉴国外海洋产业园区的成功经验，设立海洋科技产业园区，加快高新技术改造传统产业，加速科技成果转化；第四，可以学习澳大利亚的经验，发展科技中介服务机构，培育科技中介服务市场，培养相应的管理人才和经营人才，重点扶持发展技术产权交易服务机构、中小企业技术服务机构、与风险投资相关的中介机构等，促使科技成果转化；第五，加强科研机构与企业的合作，积极引导高等院校与企业在科技研发活动、创业活动上的交流，最终引导科技要素向企业聚集，实现海洋科技成果的商业化、市场化。

（三）深入开展国际海洋科技合作

诸如澳大利亚、美国、加拿大，这些对海洋开发比较深入的国家，海洋科技研究较早，在海洋科技的很多领域都处在世界先进行列，研究领域广泛，中国应该有选择、有侧重、有步骤地介入区域性和全球性国际海洋重大科学计划，广泛开展国际海洋科技合作，让我们的海洋科技研究人员"走出去"，取长补短，了解国外海洋科技研发模式、人才培养模式，弥补我国海洋科技研发部门存在的不足，为我国海洋科技的长远发展培育更多的人才；同时在国际合作中我们也能进一步了解国际海洋研究的前沿性课题，弥补我国海洋产业中的空白领域，使我国海洋产业的链条更加完善，海洋产业增加值对国民经济增加值得贡献率得到提升，促进我国涉海事业的全面发展，实现海洋资源的可持续利用。

目前，中澳科技合作还是取得了一定进展的，主要科技合作计划有：中澳特别资金（China-Australia Special Fund for Science and Technology Cooperation）、中澳青年科学家交流计划（China-Australia Young Scientists Exchange Scheme）、科技部与澳大利亚国际农业研究中心（MOST ACIAR Agricultural Program）、科技部联邦科工组织备忘录（MOST-CSIRO MOU）、科技部—新南威尔士备忘录（MOST-New South Wales MOU）。相信随着这些科技计划的有序开展和深入发展，将有利于中国海洋科技的发展，使海洋资源得到有序开发。

第二节　新西兰国家海洋创新体系

一、新西兰国家创新体系基本概念

（一）新西兰国家创新体系的提出

新西兰农业创新体系的建立始于1984年的经济改革。此刻改革以农业改革为突破口，宗旨是"创造一个充满活力的市场经济"，其目标为"取消所有政府给某些行业和个人的特权，建立一个公平的竞争环境"。在经济改革的推动下，新西兰逐步取消了政府对农业的所有补贴，降低了政府对农业的支持率，从根本上改变了农业管理部门的职能和农业科研管理体制。1990年新西兰政府颁布了《商品征税法》，规定如果某行业有60%的从业者要求开展有益于该行业发展的活动，该行业可以自行对商品征收额外税款用于促进该行业发展的活动。行业组织所征收的税款大部门经费用于行业发展所需要的技术研发和推广项目，有效提高了农业生产率。新西兰经济改革为创建农业科技创新体系奠定了良好的制度环境，一个市场经济条件下的国家，农业科技创新体系逐步形成，这个国家农业科技创新体系为新西兰农业注入了新的活力。新西兰农业科技创新体系包括农业研究机构、农业行业组织和农业公司等组织机构，它们分别承担了农业科学研究、农业技术开发和农业技术推广等不同层次的研发任务，共同组成了一个高效率的国家农业科技创新体系。[①]

（二）新西兰国家创新体系的优势与劣势

新西兰国内市场小，仅靠国内市场的吞吐力，企业很难发展壮大，但这也节省了社会管理的成本；距离主体市场及世界一流知识技术中心较远，不

---

① 应若平. 国家农业科技创新体系：新西兰的经验［J］. 科研管理，2006，9（5）：59-64.

利于同国际保持联系。近年来，海上运输及电子通信系统的发展缓解了这一问题；新西兰国际化的公司较少，阻碍了相关产业的迅速成长，但也刺激了其内生创新；新西兰独特的地理环境，利于其旅游业和影视业的发展，但这也需要加强基础设施的建设。历史上，新西兰经济的发展主要通过开拓自然资源拉动。其农业、林业、渔业及服务业的发展，在经济发展过程中扮演重要的角色。近年来，旅游业影视业以及应用生物技术的农产品业正成为新兴的经济增长点。①

1. 新西兰国家创新体系的优势

（1）良好的社会环境。新西兰具有包容性和开放性的社会环境，社会信任度较高，为居民的工作和生活提供了良好的社会环境。新西兰民众具有高度的企业家精神，创业者的创业积极性较高。同时，本土的毛利人以及外来的移民创造了文化的多样性，利于创造力的产生。

（2）结构条件良好。新西兰具有良好的宏观经济结构框架及具有可预见性的商业环境。产品市场运行良好，劳动力市场灵活度较高。新西兰政府的许多政策都鼓励贸易及投资，这些政策使其处于具有竞争优势的地位。在过去的几十年里，新西兰经济已经逐步具有更强的开放性和包容性。

（3）政府意识到在跳出"低产能陷阱"中科技的重要性。科技创新是发生在科学与技术之间的领域，是建立在科学技术发现、发明基础之上的创新活动，科学技术化是科技创新的组成部分和重要内容。科技创新过程代表了从科学知识的"知"到技术实践"行"的转化，也代表了相反的过程。新西兰政府在推动产业发展得过程中，大力发展科技的创新。鼓励公众及产业组织之间的合作，加强科学技术向现实生产力的转化。②

（4）政府适当地进行经济干预。新西兰政府从最初的对经济进行较为严格的干预逐步过渡到进行合理有效的调控。这减少了政府干预失灵的风险及由政府过度干预给企业带来的不便，同时也为私企的创新创造了坚实的基础。

（5）公众研究结构研究能力的积累与提升。随着时间推移，新西兰皇冠

---

① 中华人民共和国外交部，新西兰国家概况［EB/OL］. http：//www. fmprc. gov. cn/mfa_chn/gjhdq_603914/gj_603916/dyz_608952/1206_609652/.

② OECD. OECD Reviews of Innovation Policy：New Zealand［EB/OL］. http：//www. oecd. org/publishing/corrigenda，2007.

研究所（CRIs）以及很多大学在诸多领域都取得了极大程度的发展，在一些产业领域具有世界级的竞争力水准。这些领域不仅包括农业和健康研究，其在生物技术方面尤其是在农业生物技术方面也取得了显著成果。

（6）基于自然资源产业部门竞争力的提升。对于专业化产品、服务以及软件行业的需求，为高科技行业的发展提供了机会。譬如绿色生物技术就具有极大的发展潜力。

（7）服务行业表现良好。旅游业作为新西兰的支柱产业，近年来获得迅猛发展。旅游业对于 GDP 的贡献呈逐年上涨的趋势。旅游业的发展也拉动了新西兰航空业的发展。随着一些新的航线地陆续开通，新西兰的航空业发展也不断进步。在旅游业的辐射效应之下，其配套产业，如餐饮、住宿、交通等行业也获得较大发展，提升了新西兰的就业率。

2. 新西兰国家创新体系的劣势

（1）实体及虚拟基础设施的缺陷。相对于整体较好的商业环境，新西兰网络传输及能源运输系统还存在着一定的缺陷。相对（澳大利亚）有限的网络传播能力，成为限制新西兰新技术知识推广扩散的主要因素。这也限制了创新活动的推广以及创造性产业的发展。

（2）商业研发方面缺少投资。商业研发占 GDP 份额相对较小，约为 OECD 平均水平的 1/3。同时，在一些商业创新的进程中，缺乏外部资金的支持、缺乏创新动机、某些领域缺乏创新能力也成为阻碍经济增长的因素。管理资源的匮乏以及缺少合适的人才也成为限制商业研发的因素。①

（3）商业增长的阻力。尽管新西兰具有支持商业发展的宏观经济环境，相对于一些欧洲国家，新西兰新公司的数量较高，但其增长趋势仍有所下降。距离国际市场较远、出口成本较高，使得一些企业更偏好于服务国内市场。政府关于增加创新活动相关的投资政策缺乏公众足够的支持，财政对于商业研发的支持力度不够。

（4）管理缺失及市场配置的不均。新西兰政府对于创新活动缺乏系统性的管理。对于创新各方的协调机制不到位，使得研究与应用之间不能够很好的衔接，造成资源的浪费。市场的资源配置在某些领域存在着供需不匹配的

---

① OECD. OECD Reviews of Innovation Policy：New Zealand［EB/OL］. http：//www.oecd.org/pub-lishing/corrigenda，2007.

问题。

（5）技术传播和采用过程中存在着缺陷。信息通信系统的缺陷，使得某些技术的传播（如生物技术的传播）受到阻碍。皇冠研究所及一些教育研究机构采用的研究方法多数是和工业研究相关的，这也就造成了很多研究成果并不适用于小规模的企业。这类研究成果不能满足中小型企业的实际需求，帮助其解决实际遇到的问题。

（6）对于外商直接投资缺少足够的合作政策支持。缺少国有的具有世界研究水平的大公司，成为在某些领域将创新成果有效地转化为现实生产力的主要阻碍。在对外直接投资方面的政策壁垒是限制商业增长的主要因素。在税收方面缺乏合作的政策，对于外商直接投资的流出和流入具有双重限制。

（7）政府支持研发及创新系统的碎片化。新西兰政府支持研发及创新的系统缺乏统一有效的管理。对于一些创新活动缺乏相关性的政策支持。这些缺陷给公共资源以策略性的方式进行配置带来了不便。同时也可能造成某些项目活动的低效率及次优选择。

（8）公众研究组织缺乏足够的激励。具有竞争力的皇冠研究所及高校无疑会激励公共研究机构提升其自身的研究水平。公众研究机构在从事研究活动时也有其自身的缺陷。公众机构的研究活动持续时间过长，在长期规划能力、融资方面、研究成果商业化方面及提供具有竞争力的薪资水平方面，都有不可避免的劣势。

（9）过度依赖少数的政策准则。新西兰政府及公共管理部门借鉴国际经验，基于现有的经济基础，设计出严格的共用政策，如委托代理理论以及市场失灵分析。一些经济政策在实施过程中过于教条主义忽视了其操作及实际效果。譬如在公众研发中，对消费者主导原则的应用，可能会忽视在某些情况下，引导者处于更合适的位置去阐明社会甚至政府的需要。对于满足消费者需求的能力建设方面，还需要经过一段时间的探索与发展。

二、新西兰海洋创新组织机构

新西兰海洋创新组织主要包括皇冠研究所（CRIs）及其下属的子公司、各大高校成立的研究项目组、专门成立的涉海研究组织等。这些组织通过独立性或协作性的研究，从事海洋科学研究、海洋技术开发、海洋技术推广等不同层次的任务。海洋研究机构（包括皇冠研究所在内的各种海洋研究中心及大学，见表3-3及表3-4）是国家海洋科技创新的技术提供者，它们的主要职责是进行海洋物理及生物环境的研究、培育新的适合商业化生产的水产品种、对海洋水产环境的保护与治理方面进行研究等。

表3-3　　　　　　　　　新西兰主要涉海研究机构

主要涉海研究机构	主要职能
国家水产业研究中心 （National Aquaculture Centre）	培育高产值的水产品；评估海洋渔场对环境的影响；为设计及管理渔场提供建议及相关训练；实施关于鱼类健康的研究；提供养殖水产服务；实施养殖培育试验
海岸及远洋国家研究中心 （National Centre for Coasts and Oceans）	实施物理海洋、海洋地理、海洋生态、初级产品及微生物的研究；环境影响评估；确定海岸侵蚀率及气候变化对海岸的影响；调查海岸退后及管理不当的影响；海岸制图及测量
国家渔业研究中心 （National Fisheries Centre）	评估新西兰专属经济区内的渔业资源；监控评估国际渔业发展；测定渔业对环境的影响
淡水及河口国家研究中心 （National Centre for Freshwater and Estuaries）	监控水质；设计集水模型；淡水物种及其栖息地的管理；提供淡水数据及物种研究服务

资料来源：NIWA. NIWA Annual Report 2013/14—Enhancing the benefits of New Zealand's natural resources [EB/OL]. http：//www. niwa. co. nz/static/NIWA_2014_Annual_Report. pdf，2014：5-8.

表3-4　　　　　　　　　新西兰主要公立大学及其涉海研究组织

大学名称	大学内涉海研究组织	英文名称
奥克兰大学	大洋研究中心	Centre for Pacific Studies
梅西大学	大洋研究及政策中心	The Pacific Research and Policy Centre
坎特伯雷大学	水产养殖和海洋生态研究中心	Centre of Excellence for Aquaculture and Marine Ecology
林肯大学	乡村及区域研究小组（林肯商学院）	The Rural and Regional Research Group
惠灵顿维多利亚大学	维多利亚海岸生态实验室	The Victoria University Coastal Ecology Laboratory

续表

大学名称	大学内涉海研究组织	英文名称
怀卡托大学	毛利族与太平洋发展学院	School of Māori and Pacific Development
奥克兰理工大学	新西兰旅游研究学院	New Zealand Tourism Research Institute
奥塔哥大学	海洋科学系（理学院）	Department of Marine Science

资料来源：新西兰各公立大学官网．

　　新西兰皇冠研究所及其下属子公司是新西兰海洋创新建设方面非常重要的组织机构，它们既是海洋科技创新的经费投资者，又是海洋创新的技术提供者，还是海洋技术创新的推广者。皇冠研究所是根据 1992 年皇家研究协会法案依法成立，专门从事科学研究及相关活动。皇冠研究所由新西兰政府任命的部长持有，由皇室委员会管理。皇冠研究所进行的研究活动是基于新西兰的全体利益而开展，其在所从事的研究活动中一直保持领先的地位。在促进研究成果及技术的实际应用方面也处于领先地位。皇冠研究所具有很高的独立性，这不仅体现在其财务的独立性方面，还体现在其决策与发展方面。每年部长会在可操作的范围内向皇家研究协会提出它们的期望目标，具体活动的开展则由皇冠研究所自主进行。皇冠研究所下设国家水域及大气研究中心舰艇管理有限公司（NIWA Vessel Management Ltd），皇冠研究所的全资子公司，拥有从事科学研究的舰艇，其舰艇上有专门从事海洋研究的机器设备和电子实验室。①

　　皇冠研究所是一个公司化管理的组织机构，对研究成果具有知识产权，研发成果可以为渔民及渔业企业进行商业性服务，因而皇冠研究所设有专门机构转让或者推销它的研发成果。目前，除进行相关的技术指导，皇冠研究所还大力与各大媒体合作、建立自己的网站推广海产品技术创新，同时进行一些关于海洋环境保护与治理及可持续发展等方面的教育知识的宣传。国家水域及大气研究中心自然资源有限管理公司（NIWA Natural Solutions Ltd）也是其下设的全资子公司，专门负责研发产品的商业化推广。其致力于提升新西兰水产资源及环境的经济价值。其主要职能是：通过与工业部门、政府及

---

① CRIS 基本情况简介：http：//www. niwa. co. nz/about/our-company.

毛利人的合作，共同进行经济研究及技术知识成果的商业化；通过持续的管理与水产资源的利用实现经济的增长；通过对可再生水利及大气能源的研究，增加可再生能源的产值；增强新西兰及西南太平洋岛屿对海啸及天气及气候灾害的应变能力；提高新西兰浅海及海洋生态系统及生物多样性的管理；增强对南极洲及南部海域气候的认识及冰圈、海洋生态系统对新西兰的长期影响等。[①]

新西兰的大学也是新西兰海洋创新建设中的重要组织机构。一些大学专门成立相关学院或设立关于海洋方面的研究中心，通常独立或与其他涉海组织进行合作，研究新西兰的海洋资源及开发利用。主要涉及：物理海洋及海洋生物的研究、海洋渔业发展的研究、海岸及滨海旅游业的研究、海产品的培育。本书主要以新西兰八所公立大学为研究对象对其涉海方面的研究进行了概括与总结。

奥克兰大学建于1883年，是新西兰综合排名第一的大学，也是新西兰最大的一所从事教学和研究的大学，并且是拥有最多专业的综合性大学。被誉为新西兰的"国宝级"大学。同时奥克兰大学是全球从事研究工作的大学组织Universitas 21的成员，还是太平洋周边大学协会（the Association of Pacific Rim Universities）的会员，该协会由亚太地区主要的国家级大学组成。奥克兰大学设有大洋研究中心，专门从事对太平洋环境的研究及其地区发展政策。另外，奥克兰大学拥有一家奥克兰大学服务有限管理公司，专门服务于将大学研究成果及技术知识商业化，是大学技术知识、商业投资、政府及社区之间相互沟通的桥梁。

梅西大学成立于1927年，是新西兰最大的一所教育和研究学府，也是新西兰唯一一所真正的全国性大学，世界大学生运动会火种采集地。梅西大学支持各个学院、专门研究机构、研究中心及研究所的学术研究，常把最新学术成果应用于各层次的教学和研究中，因而研究生能够有机会接触先进的学术研究和设备。梅西大学设有大洋研究及政策中心，通常与其他院校及机构联合开展项目研究，对新西兰周边海域及太平洋进行物理及生物方面的研究，同时对海域的可持续发展提出对策。

---

① NIWA. NIWA Annual Report 2013/14——Enhancing the benefits of New Zealand's natural resources［EB/OL］. http：//www. niwa. co. nz/static/NIWA_2014_Annual_Report. pdf，2014：5－8.

坎特伯雷大学位于新西兰南岛最大的城市基督城境内，其学术研究是学术生活中的主要内容。该大学有大量的科研场地和造诣深厚的科学家，有五个实验站，其中包括约翰山大学观测站。坎特伯雷大学设有太平洋研究中心，学校图书馆收集有麦克米兰·布朗公司出版的关于新西兰和太平洋方面的全部书籍，是新西兰研究太平洋岛屿事务资料最为充实的研究中心。

林肯大学为南半球最著名的农业大学。设有林肯商学院乡村及区域研究小组，专门研究地域特征如何影响与经济发展相关的政策。其研究内容涉及：如何进行商业创新为当地经济发展持续地创造价值；对旅游业发展进行规划与研究；当地经济发展及发展政策对就业的影响；区域网络与社会资本的整合；区域发展及利益相关者的参与；区域劳动力及房地产市场的发展；农业多元化战略；等等。

惠灵顿维多利亚大学由六个学院组成，分布在惠灵顿地区的四个校区，法学院在亚太地区享有盛名。惠灵顿维多利亚大学的生物科学学院设有维多利亚海岸生态实验室，该实验室是一个可以自由活动的小型研究舰，位于内陆港湾内，距离惠灵顿主体校址 8 公里远。能容纳 30 位研究者及相关工作人员。实验室可以观测海洋保护区从库克海峡到南岛内的暗礁生态系统。实验室的项目研究范围涵盖了包括新西兰、印度洋—太平洋地区及新西兰南部海域。

怀卡托大学成立于 1964 年，是新西兰政府资助的八所公立大学之一。怀卡托大学在世界上享有很高的知名度，更以法律、管理、计算机、自然科学和教育见长，被誉为南半球的哈佛。怀卡托大学设有毛利文化和太平洋发展学院，该学院是世界上毛利和太平洋文化学术研究的中心。

奥克兰理工大学，原名为奥克兰理工学院（AIT），始建于 1895 年。2000 年，经新西兰总督批准，奥克兰理工学院被新西兰政府正式升级为国立综合性大学，并更名为奥克兰理工大学（AUT），从而成为新西兰八所公立大学之一。奥克兰理工大学设有新西兰旅游研究学院，汇集了世界范围内的专家学者，进行产业创新的研究。研究旨在帮助商业主体及政府获得更具营利性及可持续性的收入。研究内容包括：旅游线路、海岸和海洋旅游、社区发展、文化遗产旅游、项目旅游、健康旅游、土著文化游、大洋小岛旅游、旅游市场、旅游与科技等。其中，海岸和海洋旅游注重交叉学科及学科间合作方面的研究，将海岸主题旅游与海洋业旅游要素有机地结合起来。意将野生生物观赏、基础知识普及、水族馆及海洋公园、社区发展、小岛旅游、航线旅游以及相关的主题旅游打造成有机的统一整体。

奥塔哥大学位于新西兰南岛奥塔哥省首府达尼丁市，成立于 1869 年，是新西兰第一所大学，也是新西兰唯一能够提供消费者与应用科学、牙医学、人类营养学、药学、体育、理疗及测量学等专业的综合性大学。奥塔哥大学设有海洋科学系，是生物和物理海洋学科的交叉学科。其开设课程包括：海洋学科理论及应用、海洋地理以及水产专业课程。海洋科学系在新西兰南岛附近（奥塔哥港口、斯图尔特岛以及海湾地区）有专门的研究设备。其研究项目的活动范围从斐济群岛一直到南极洲。

三、新西兰海洋创新建设

新西兰的海洋创新建设涵盖了海洋科学技术创新、应用技术创新、技术知识商业化等不同领域的创新建设。其中海洋技术创新又包括对海洋物理环境、海洋生物环境的研究、海洋生态系统的研究、海洋环境的保护的研究等。对应用技术创新又包括：对新一代商品化水产品的培育、海洋定位系统的发展、海洋探测能力的发展等。技术知识商业化又包括：完善网络通信系统以促进技术知识更好地推广、加强校企合作、缩短从技术到应用的时间等。新西兰在海洋创新方面取得显著发展的重要因素在于不断加强"产、学、研"的结合。[①]

本节以新西国家水域及大气研究中心从事的"培育新鱼种开拓出口市场"研究为例进行具体分析。[②] 该项目旨在提高鲍鱼、鲑鱼及蚌类产量，开发下一代可人工繁育的水产品，开拓更广阔的出口市场。国家水域及大气研究中心对相关渔业企业进行抽样调查发现，新西兰的主要出口国家，包括澳

① Massey E. The governance of marine management in New Zealand：Delaying the Transition from Single Species to Ecosystems Based Management？［C］//In：Proceedings of the New Zealand Geographical society 22nd Conference. The University of Auckland，2003：106 – 110.

② 培育新鱼种开拓市场：Breeding a new export market，http：//www. niwa. co. nz/static/NIWA_2014_Annual_Report. pdf.

大利亚及亚洲地区在内的国家，对优质白鱼的需求日益增长。这为新西兰出口渔业的发展提供了契机。研究中心同营养研究、鱼类健康研究、选育研究及环境研究相互配合合作，进行大量的繁育试验及市场对鱼种的偏好研究，确定培育的下一代的出口水产主要是黄尾无鳔石首鱼。具有前瞻性的渔民认识到在北岛繁殖石首鱼的机会，一些企业为该项目的研究投资，以期获得收益。

该项目研究之所以可以取得突破性进展，关键在于各创新组织之间利益机制的协调，使得"谁投资、谁受益、谁管理"这个问题得到了妥善的解决。政府为了促进经济发展，偏好于投资促进出口的项目研究。但新西兰作为一个小国，财政收入有限，政府的资金支持有限。国家水域及大气研究中心作为一家独立的财务自主型有限管理公司，其所从事的研究项目取得收益将作为公司收入，在专利收入及提供服务（如咨询服务）获得收入的激励下，其有动力去推进项目的研究。而新西兰渔民主要靠渔业出口获利，在国家限额捕捞的政策下，其有意愿去发现更多可供出口的鱼类，因此支持项目研究，一些私人企业投资到项目以期获利。投资由多方共同进行，管理由项目公司（本例为国家水域及大气研究有限公司）实施，实现多方利益共享。

四、对我国海洋创新体系建设的几点启示

首先，新西兰的海洋创新建设涵盖了海洋科学技术创新、应用技术创新、技术知识商业化等不同领域的创新建设。新西兰海洋创新建设的经验表明：行业协会和私人企业等社会组织是海洋创新建设中的主体力量，它们可以有效地促进农业科技迅速转化为劳动生产力，在国家海洋创新建设中发挥着基础性作用。政府部门和社会组织具有不同的职能，政府部门是海洋科技创新政策的"提供者"，而不是海洋科技创新项目的"决策者"，它们的主要职能是制定海洋发展规划和产业政策以引导社会投资，公共财政投入于促进海洋类相关产业的长期性、战略性、基础性和公益性项目。社会组织既是海洋科技创新的"投资者"，也是海洋科技创新项目研究的"决策者"，还是海洋科技创新的"受益者"，它们的主要职能是解决海洋类产业从业者生产实际中

迫切需要解决的技术问题，社会资金一般投入促进相关产业迅速和高效发展的短期性、应用性和实用性项目。① 创新我国海洋体系的建设，必须改革我国目前海洋创新体系的行政机制和管理机制，重新明确政府部门的职责，促进政府部门从海洋创新体系的"决策者"转变为海洋创新政策的"提供者"。促进政府制定海洋类相关产业的发展规划和产业政策以引导社会投资等问题，按照"谁投资、谁受益、谁管理"的原则，充分调动社会资金投资于海洋创新项目研究的积极性，促使社会机构成为海洋创新建设的投资主体。②

其次，海洋创新建设是包括海洋科学研究机构、海洋行业协会、大学及海洋技术应用与推广等不同组织机构的有机整体。在市场经济条件下，为了保证国家海洋创新体系的高效运行，不能完全依靠政府宏观调控的计划手段，必须充分发挥市场机制的调节作用。新西兰的经验表明：只有让研究机构、技术公司和推广服务的机构在市场环境中去公平竞争，才可能促进它们真正服务于海洋类相关产业。我国在新中国成立后才逐步建立起海洋创新体系，海洋管理体制还不完善，所进行的海洋创新建设的研究项目，多数还是以国家财政投资为主。国家投资进行的海洋创新建设研究还不能够及时转化为现实的生产力。因此，建设我国海洋创新体系必须更大限度发挥市场机制的基础性作用，重新整合和布局我国现有的海洋创新组织和推广服务机构，更大限度调动科研服务机构在创新体系中的积极性。同时也要完善海洋类相关产业的管理体制，减少对近海环境的破坏，并创新深海研究技术，提升深海大洋的研究能力。

---

① OECD. OECD Reviews of Innovation Policy：New Zealand［EB/OL］. http：//www. oecd. org/publishing/corrigenda，2007.

② 应若平. 国家农业科技创新体系：新西兰的经验［J］. 科研管理，2006，9（5）：59-64.

第四章 国际经验（下）：欧洲国家海洋创新体系

第一节　英国国家海洋创新体系

一、英国国家创新体系

1987 年英国学者弗里曼（C. Freeman）在其著作《技术政策与经济运行：来自日本的经验》中第一次使用"国家创新系统"这个概念。近年来，英国政府为提高本国经济竞争力，重视产学研合作，鼓励和支持科学技术创新，尤其把重点放在制定法律法规、为"产、学、研"合作创造良好的政策环境上，英国在制度创新方面取得了极大的成就。英国对创新的评价采用欧洲创新记分牌（EIS)① 的方法，分 5 个方面进行评价：创新驱动因素、知识的创造、企业创新、新知识的应用和知识产权（见表 4 - 1）。

表 4 - 1　　　　　　　　　英国对创新的评价指标

一级指标	二级指标
创新驱动因素（5 个）	中小企业的大学生人数 接受职业教育的人口 带宽拥有量 终身学习人口 青年接受教育水平
知识的创造（5 个）	公共研发投入 企业研发投入 技术研发投入比重 企业接受公共研发资金 企业资助大学研发
企业创新（5 个）	中小企业内部研发 中小企业合作创新 企业创新开支 风险投资 信息技术费用

① 赵莉晓.《欧洲创新计分牌（EIS）2007》报告概述及其启示 [J]. 科学学研究，2008
(S2)：532 - 537；周勇，冯丛丛. 欧洲创新计分牌及其启示 [J]. 创新科技，2006（11）：62.

续表

一级指标	二级指标
新知识的应用（5个）	高技术服务领域从业人数 高技术产品出口 企业新产品销售收入 企业已有产品新市场销售收入 中高技术制造业从业人数
知识产权（5个）	欧洲专利局新授权专利数量 美国专利授权数量 专利申请量 商标注册量 外观设计申请量

英国曾以工业革命发源地而闻名于世，其丰硕的科学成果、先进的工业技术一直引导着英国在世界经济的发展中处于领先地位200年。进入20世纪后，英国往日的经济辉煌一直被持续的衰退所笼罩，尽管其科学研究仍然处于世界一流的地位，但技术上的停滞不前、经济上的萎靡不振形成了名噪一时的"英国病"。20世纪80年代，英国政府深刻思考了科技发展与工业衰退之间的关系，并得出结论：历史的教训在于注重科学研究的同时，忽略了工程技术研究，尤其是未能很好地解决科技成果的推广应用等问题。为此，英国政府以高新技术为突破口，通过实施高新技术政策，从企业的外部环境和内部机制入手以发展高技术企业为重点，并以其带动整个工业技术水平的提高，从而促进经济的有效增长。

英国国家创新系统主要内容由两方面组成：（1）知识的创新、积累和流动，包括教育与培训；研究与开发；高技术；专利与科学出版物。（2）知识的共享与转让及其效率，主要因素有：技术分配；企业间的交流和合作；高校与产业合作；政府对技术转让的政策导向。英国的国家创新体系的主体由企业、高校、政府、科研机构及其他非营利机构组成。英国研究与发展经费的投入目前居世界第5位，仅次于美国、日本、德国和法国。1999年英国研究与发展经费占国民生产总值的比例是1.9%，经费来源主要是政府、企业和大学，经费执行方面企业占60%以上，大学和科研机构平分剩余。

从政府对研究与发展经费的投入上看，基础研究的比例逐年上升，应用研究比例维持稳定，实验发展的比例则持续下降。基础研究方面大学是主要力量，获得全国 60% 的基础研究经费，其次是政府的科研机构。1994 年从事研究与发展的科学家和工程师总数为 14.6 万人，每万名劳动力人口中的科学家和工程师为 51.3 人。

1980 年英国高等教育毛入学率为 19%，1993 年提高到 37%，仍低于发达国家平均值。到 1997 年在校大学生占 20~24 岁人口比例为 52%，2000 年 1 月每万人口国际互联网用户为 321.39 人。英国科学出版物占世界的份额保持稳定发展，1993 年这个比例是 8.7%，高于德国和法国。1986 年英国政府实施联系计划鼓励工业和科技界、学术界的合作。1993 年发布了《发掘我们的潜力——科学、工程和技术战略》白皮书，推出技术预测计划。1996 年工业界和科学工程界联合编制了《技术预测报告》，指出了重点和优先技术的发展方向。1998 年发布了《建设知识经济，挑战竞争的未来》白皮书，剖析了英国在知识经济时代的创新优势和劣势，提出相应对策。[1]

英国的国家创新体系的特点是科学研究体系发达，但企业技术开发力量不足，企业与大学科研机构缺乏合作，研究与发展费用模式欠合理，教育和培训手段贫乏。面对世界科技和经济竞争日益加剧的形势，英国政府清醒地认识到：创新是抢占世界科技制高点、变科技优势为经济竞争力的唯一有效手段。20 世纪 90 年代由英国贸工部发表的《英国的国家创新系统报告》特别突出了产学研合作中的知识的储备、转移和流动等方面的政策主张。自 2000~2001 年年底，英国政府相继颁布了《科学与创新》《企业、技能与创新》《科学与创新战略》三个白皮书，出台了一系列政策与措施，从知识生产的投入、科研成果的转移和开发、企业家的进取精神和人力资源保障等国家创新的基本要素入手，加速国家创新体系的建立，在各个层次推动创新，提高综合竞争力和科技优势程度以保障经济的高水平可持续增长和高生产率。[2]

二、英国国家海洋创新体系

（一）海洋产业发展现状

现阶段英国海洋产业增长战略内容由《英国海洋产业战略框架》和随后

① 李朝晨. 英国科学技术概况 [M]. 北京：科学技术出版社，2002：133.
② 刘云，董建龙. 英国科学与技术 [M]. 合肥：中国科技大学出版社，2002：222.

发布的《英国海洋产业增长战略》共同体现。后者是在对政府、企业和学术界意见不断整合基础上形成的第一个海洋产业增长战略。

一般认为，英国海洋经济活动由海洋渔业、海洋油气业、港口业、航运业、休闲娱乐业等 18 个产业组成。目前，英国海洋产业从业人口为 100 万人，海洋生产总值近 460 亿英镑。海洋经济对英国经济的贡献率 6.0% ~ 6.8%。此次《英国海洋产业增长战略》涉及的产业仅包括海洋装备产业（包括军舰、海上平台、集成系统等）、海洋商贸产业、海洋休闲产业和海洋可再生能源产业，不包括诸如海洋油气业和运输业或海洋港口业等传统的海洋产业。海洋产业总产值为 76 亿英镑，其中包括 40 亿英镑的出口额创造了 31 亿英镑的国内生产总值，提供了约 10.5 万个就业岗位。

海洋休闲产业由 4200 家左右的公司或机构组成（主要为中小型公司和企业），为英国提供了约 34300 个就业岗位，每年大约创造 31.6 亿英镑的产值，其中 12.5 亿英镑来自出口。海洋休闲产业包括全球范围内认可的发动机和帆船游艇制造商以及相关的供应网络，此外还包括一些设备制造商、码头公司和旅游公司等。海洋装备产业是在英国 2005 年国防工业战略的基础上逐步成型的，由少量的大型公司和为其提供战略供应的众多中小型公司和企业组成。海洋装备产业为英国提供了大约 24000 个就业岗位，每年创造约 30 亿英镑的产值。海洋装备产业提供的产品包括各类军舰、潜水艇和高附加值的集成系统和设备，大约有一半的产值是来自集成系统和设备，而且每年大量出口。

海洋可再生能源产业在英国规模并不大，但是今后的发展潜力巨大，各方将其作为应对气候变化和保障能源安全的重要手段。仅就英国而言，在 2020 年之前，英国预计将在近岸风电场的建设中投资 750 亿英镑。至 2050 年，海洋波浪能和潮汐能产业的不断增长也将吸引每年约 40 亿英镑的投资。海洋可再生能产业的发展也将为其他相关海洋产业提供商业机会，如相关海洋能源开发技术的转化和现有的造船和海上油气等。

（二）主要的涉海高校及涉海研究机构

随着国际海洋研究的不断深入，英国以往分散管理和自由探索式的海洋研究组织方式存在一定不足，从 20 世纪 80 年代开始，英国开始从国家层面综合布局海洋研究力量，政府对海洋研究机构的引导协调能力逐渐加强。2008年，英国重新组建了英国海洋科学协调委员会（Marine Science Co-ordination Commit-tee，MSCC），[①] 该委员会由21个政府部门、企业代表及相关专家组成，主要负责协调分布在不同政府部门中涉海机构的运行，以便更好地促进英国海洋管理和研究。英国主要海洋研究主体由海洋研究机构和研究型高校构成（见图4-1）。其中海洋研究机构总体可以分为4类：专门性研究机构、区域性研究组织、综合性研究机构和海洋综合调查机构。

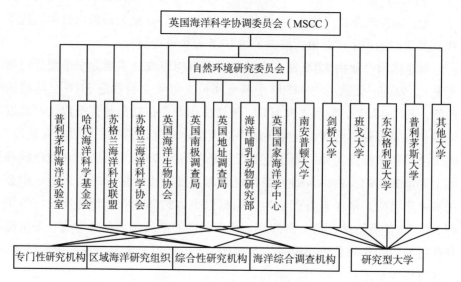

图4-1 英国主要海洋研究主体

资料来源：王金平，张志强，高峰，等. 英国海洋科技计划重点布局及对我国的启示 [J]. 地球科学进展，2014，29（7）：865-873.

1. 南安普顿国家海洋中心

南安普顿国家海洋中心成立于2005年5月1日，前身为南安普顿大学海洋与地球科学学院和英国环境调查委员会（Nutural Environment Research Council，NERC）共同组建的南安普顿海洋中心（Southampton Oceanography

---

① Marine Science Co-ordination Committee（MSCC），https：//www.gov.uk/government/groups/marine-science-co-ordination-committee.

Centre，SOC)。南安普顿国家海洋中心在海洋和地球科学的科研、教学和技术革新方面是世界一流的研究机构。

南安普顿国家海洋中心由英国环境调查委员会和南安普顿大学共同负责管理英国调查船和主要设备的使用，制订英国环境调查委员会战略发展计划，支持大学在海洋和地球科学的科研和教学工作，还具体负责海洋技术革新、长期持续观测、国际交流项目管理和科研成果产业化，为政府、企业、团体提供相关信息和建议等方面的工作，指导和支持英国海洋及相关科学的发展。

2. 普利茅斯海洋实验室

普利茅斯海洋实验室是英国著名的海洋科研机构之一。位于英国西南部海岸，泰马河（Thama）的入海口，历史上著名的"五月花"号轮船就是从普利茅斯开赴美洲大陆的，该城市人口不多，20 余万人，但是风景美丽，气候宜人。

普利茅斯海洋实验室前身是英国海洋生物学会的海洋实验室。它成立于1884 年，第一届主席是英国著名的学者赫青黎。1980 年，普利茅斯海洋实验室和英国环境研究署的普利茅斯实验室合并，成了新的普利茅斯海洋实验室。现有工作人员 164 人，其中有物理学家、化学家、生物学家和数学家。协同进行着海洋科学各方面的研究。普利茅斯海洋生物实验室是世界著名的海洋实验室，许多世界著名的海洋科学家在这里工作过。从 1922～1970 年，这里曾经有 7 名科学家获得诺贝尔奖。

普利茅斯海洋生物实验室编辑出版着两种期刊，一是历史悠久的《英国海洋生物学会会志》（J Mar Biol Assoc UK），已经有百余年的历史（1887 年创刊，每年 4 期），二是有图书馆编辑出版的《海洋污染文摘》。该实验室拥有许多现代测试分析设备，也有高水平的计算机网络设备平台，这些仪器使用率都很高，经常处于运转之中。普利茅斯海洋实验室的图书馆有着世界上最完善的海洋生物方面的图书收藏，图书馆还建立了一个海洋情报中心，收集了全球几乎所有的有关海洋和河口污染的出版物。

3. 剑桥大学

剑桥大学（University of Cambridge），经常被简称为剑桥，是一所位于英国英格兰剑桥市的研究型大学，被誉为英国以及全世界最顶尖的大学之一。

始创于 1209 年，亦是英语世界里第二古老的大学。涉海院系以及涉海专业也是剑桥大学的特色办学优势，根据 2013 年世界大学学科学术排名前 200 强中，剑桥大学的自然科学与数学位于世界排名第五位，其中环境科学研究排名世界大学学科的第七位，地球与海洋科学排名第四位，由此可见剑桥大学突出的海洋科研能力和办学条件。

总体上看，英国海洋研究越来越注重整体统筹协调，这有利于使分属于各部门的海洋管理和研究力量形成合力，共同促进英国海洋愿景的实现。在不断增强综合性海洋研究机构（如国家海洋学中心）实力的同时，也持续注重一些特色研究机构的发展（如海洋哺乳动物研究部），同时支持研究型大学的自由探索式研究。

三、英国的海洋发展战略设计

英国早期海洋研究具有显著的分散管理和自由探索的特点。[①] 自 20 世纪中期以来，以美国主导成功实施的三大科学计划（阿波罗计划、人类基因组计划和曼哈顿计划）为标志，人类正式步入"大科学"时代，科学的系统化和组织性更加突出[②]。海洋科学研究的复杂性和多学科交叉的特点使其更加需要多部门多层次的联合，国家层面甚至全球性的规划和协调显得十分必要。

20 世纪八九十年代，英国采取了一系列促进统筹海洋研究的举措，包括制定海洋科技预测计划，建立政府、科研机构和产业部门联合开发机制，增加科研投入等措施。[③] 2008 年英国成立的海洋科学协调委员会（MSCC）提高了英国海洋科学发展的效率。这些措施有效促进了英国海洋研究活动的活跃。进入 21 世纪以来，英国更加重视海洋研究远景规划设计，鼓励引导科技力量关注对英国有战略意义的研究领域。2005 年，英国首相布朗承诺"建立新的法律框架，以便更好地管理和保护海洋"，标志着英国开始从国家战略层面

---

① 李景光，季惠．英国海洋事业的新篇章——谈 2009 年《英国海洋法》［J］．海洋开发与管理，2010，27（2）：87-91．

② 周志娟．科学时代科学家责任问题探析［J］．厦门理工学院学报，2012，20（4）：84-88．

③ 高战朝．英国海洋综合能力建设状况［J］．海洋信息，2004（3）：24，29-30．

综合布局海洋开发和研究。2009 年，英国发布《英国海洋法》，为其整体海洋经济、海洋研究和保护提供了法律保障。英国 2005 年以来推出了一系列国家级海洋战略和研究计划，这些计划和规划具有显著的国际视野，致力于"建设世界级的海洋科学"和领导欧洲海洋研究。

（一）英国"2025 年海洋计划"

英国自然环境研究委员会（NERC）是英国七大研究理事会之一，是英国最重要的海洋研究资助机构。2007 年，该委员会批准了英国海洋生物协会、英国国家海洋学中心、普利茅斯海洋实验室、普劳德曼海洋实验室、哈代海洋科学基金会、苏格兰海洋科技联盟和海洋哺乳动物研究部等七家海洋研究机构共同执行"2025 年海洋计划"，该计划是一个战略性海洋科学计划，旨在提升英国海洋环境知识，以便更好地保护海洋。NERC 在 2007 ~ 2012 年向该项计划提供大约 1.2 亿英镑的科研经费。①

"2025 年海洋计划"资助了 10 个研究领域：（1）气候、海洋环流和海平面：气候变化背景下的大西洋、南大洋和北极地区。（2）海洋生物地球化学循环：在高二氧化碳的环境中，海洋生物地球化学循环及其反馈；生物碳泵及其对气候变化的敏感性。（3）大陆架及海岸演化：海岸与陆架过程的相互作用；人类活动和气候变化对河口、近海和陆架海生态系统功能的影响。（4）生物多样性和生态系统功能：调节海洋生物多样性的机制，生态系统服务的恢复力及可预测性，海岸带生态系统的生存。（5）大陆边缘及深海研究。（6）可持续的海洋资源利用。（7）人类健康与海洋污染的关系。（8）技术开发：海岸带和海洋模拟系统，生物地球化学传感器。（9）下一代海洋预报：海洋生态模拟系统及其不确定性研究。（10）海洋环境综合观测系统集成：公海和近海观测，海洋动物和浮游生物监测。

该项研究计划有利于解决英国主要海洋研究单元的协作问题，探索消除"海洋研究部门之间的壁垒"的方法。计划资助的 10 个研究领域，既有全球性的海洋问题（如海洋生物多样性），又有侧重解决英国所面临海洋问题的研究方向（如海岸带和海洋模拟系统）是一个兼具国际视野和国家特色的海

---

① Natural Environment Research Council. Oceans 2025［R］. 2008.

洋研究计划。

（二）《英国海洋战略（2010～2025）》

2010年，英国政府发布《英国海洋战略（2010～2025）》（*UK Marine Science Strategy*）战略框架报告。[①] 该战略是一个旨在促进通过政府、企业、非政府组织以及其他部门的力量支持英国海洋科学发展海洋部门相互合作的战略框架。MSCC负责该战略的具体操作，该委员会由政府部门和主要的海洋科学机构组成。该战略相对于"2025年海洋计划"更加完善、层次更加清晰、目标更加具体。该计划指出了英国海洋研究的主要问题：食品安全问题，能源安全问题，全球变化和海洋酸化问题，人类活动对海洋的影响。从英国对海洋的需求出发，设计了英国海洋战略的目标、实施和运行机制，指出了3个高级优先领域及其需要解决的主要问题：

（1）海洋生态系统的运作机制。生物多样性在特定生态系统功能中的角色？油气开采破坏的海底在多长时间内可以恢复？如何利用自然科学、社会和经济科学为可靠的"良好环境状态"指标建立一个基础？

（2）气候变化及与海洋环境之间的相互作用。气候变化导致的海洋环境的变化如何影响整个社会？由全球二氧化碳浓度增加带来的海洋酸化如何影响浮游生物生产力及其他的海洋生态系统？英国周边海域在未来几十年中将会升高多少？将会带来何种影响？应采用何种管理方法应对气候变化对海洋环境的影响？如何保护人类的生存？自然环境的自身变化规律是怎样的？如何从人为活动导致的变化中区分自然环境自发的变化？

（3）维持和提高海洋生态系统的经济利益。海洋环境为人类提供了怎样的服务？如何影响人类与海洋环境相关的行为和选择？相对于传统能源，新的可再生能源（如波浪能）对环境造成怎样的影响？在建立海洋保护区与采取其他保护措施之间如何选择？在适合建立海洋保护区的情况下，应在哪些海域建立保护区以及建立多大的保护区才能有效保护生物多样性、提高渔业产量？如何评估多种人类活动的积累效应及其对生态系统的影响？如何将这些评估转化成管理行动？我们能够以怎样的精度预测不同的政策选择的生态

[①] HM Government. UK Marine Science Strategy［EB/OL］. London：Department for Environment Food and Rural Affairs on Behalf of the Marine Science Co-ordination Com-mittee，2010.

影响以及不同管理行动带来的生态后果？

四、对我国的借鉴

中国的海洋研究经历了半个多世纪的发展已经具有一定的规模优势，研究人员及每年的研究论文数量都在全球范围内占有较大的比重，已经成为一个名副其实的"海洋研究大国"。然而我国研究成果的质量相对不高，与我国建设"海洋科技强国"的目标并不相符。因此不断向海洋研究强国学习先进的经验，结合我国自身特点，可为建设海洋强国提供持久动力。从英国近年来的海洋研究计划中可以学习以下几条经验：

（一）制定国家中长期海洋科技战略规划

中国拥有漫长的海岸线，海洋经济一直以来是我国国民经济的重要组成部分。近年来，海洋科技对于经济的拉动作用日益增强。对于中国这样一个海洋大国，提振本国海洋科技实力是增强我国整体海洋竞争力的关键。在大科学和大数据背景下，海洋科技的发展将更加依靠多部门和多学科之间的紧密协作。应适时成立国家层面的"海洋科技协调委员会"，统一协调和引导全国海洋研究力量，并尽快以《全国科技兴海规划纲要（2008～2015年)》、《国家"十二五"海洋科学和技术发展规划纲要》和《中国至2050年海洋科技发展路线图》为基础，建立一套可操作性的国家级战略规划，以明确国家层面的海洋科技愿景、战略优先领域和实施路线图等。国家层面的顶层设计有利于明确重点方向、凝聚科研力量和引导科研投入，对我国的海洋科技长远发展具有战略意义。

（二）加强海洋科研基础设施建设

英国对于海洋研究基础设施的极大关注代表了近年来国际海洋研究的整体趋势，包括美国在内的许多主要海洋国家在深远海海洋调查船、海洋底基观测系统和深海潜水器方面都长期给予了大量的投入。海洋数据的获取能力直接决定了海洋科学研究的水平，先进的海洋科研基础设施是保障高质量的海洋数据获取和样品采集的必要手段。作为一个海洋大国，我们在海洋研究中的海洋设备仅仅依靠进口国外产品是远远不够的。从海洋研究长远战略方面考虑，应该加大对自主知识产权的海洋设备的研发投入，特别是一些具有战略意义的海洋基础设施，如海洋底基观测系统技术设备、深远海采样设备、海洋深潜器技术等。

（三）科学规划我国海洋科技研究重点

中国目前已经建立起了较为完善的海洋研究体系，各研究领域已基本实现全覆盖。但是我国海洋研究的重点方向应有所侧重。根据国际海洋形势及我国面临的海洋挑战，研究重点可以首先聚焦以下四个方面：以期有所突破，建设立体海洋综合观测系统；海洋环境保护及生态恢复研究；海底资源勘探开发技术；重点加强深海大洋科学考察能力的建设。①

第二节　瑞典国家海洋创新体系

一、瑞典国家创新体系概述

瑞典一直走在世界创新的前沿，是创新能力极强的国家。瑞典以诺贝尔起源地而闻名，同时，安立信、沃尔沃、宜家、ABB、伊莱克斯等世界知名的大企业，人造心脏、伽马刀、鼠标、心电图仪等也诞生于此。欧洲工商管理学院和世界知识产权组织在日内瓦发布的"2011 年全球创新指数"显示，瑞典仅次于瑞士，位列第二。2012 年 9 月第六届夏季达沃斯论坛发布的《全球竞争力报告》的排名中，瑞典排列第四。根据欧盟综合创新指数测算，瑞典、德国、芬兰和丹麦是欧盟 27 国中的创新引领国。欧盟从人力资本、研发体系、经济效应等八个方面来分析欧盟各国的创新能力，瑞典各项指标表现突出：其拥有丰富的人力资本，多渠道的创新资金来源，较高的企业研发投

---

① 王金平，鲁景亮. 以载人深潜器为标志的深海探测勘查技术将实现跨越发展［J］. 中国科学院院刊，2013，28（5）：645－648.

资，完善的知识产权体系，以及联系紧密的创新主体。①

瑞典为了提升创新能力，增强国家的竞争力，政府出台了一系列措施。2001 年，成立国家创新署（VINNOVA），2002 年发布《创新系统中的研发和合作》（*R&D and Collaboration in the Innovation System*）的研发法案。VINNOVA 的建立和研发法案的出台标志着瑞典政府开始通过制定和运用战略政策来促进国家创新体系的形成。2004 年，《创新的瑞典》（*Innovative Sweden—A strategy for growth through renewal*）白皮书的发布，为瑞典国家创新系统的建立和完善奠定了坚实的基础，可以看成瑞典国家创新体系成形的里程碑。2008 年，瑞典政府出台《研发与创新议案：2009~2012》（*A research and innovation bill for the period 2009–2012*），在此议案中，瑞典的研发投入到 2012 年增长到 50 亿瑞典克朗，明确主要投向战略性行业。同时，政府将通过增加公共风险资本等措施促进研发成果的使用和商业化。2010 年出台《服务创新战略》（*A strategy for more service innovation*），瑞典将创新的重点从制造等相关行业转向服务行业，是国家创新战略的重要转变。2011 年瑞典政府开始起草展望至 2020 年的国家创新战略。由此可见，瑞典政府制定的创新战略在指引瑞典国家创新体系完善方向和未来实施重点中发挥着重要作用。

企业、高校和研究机构是瑞典研究开发活动的主要执行者。政府层面偏向于的研发和科技创新政策，研发处 FORMAS 主要是为了推动和支持基础研究，侧重于需求驱动研究，而研发处 FAS 侧重于推动社会研究和人力资本研究。瑞典国家创新署（VINNOVA）自从成立来，为瑞典研发提供了大量的资金支持，自 2008~2010 年，每年研发投入大约为 21 亿瑞典克朗。此外，瑞典国家创新署为满足企业和公众的需求，开展市场驱动型研究工作，将大学和科研机构的基础科学研究与商业化项目连接在一起，在高校从事基础研究时，使这些研究成果在进一步产业化和商品化时具有充足资金。瑞典高校除了注重基础研究外，还注重研究成果的转化。高校内部建立专门的创新创业部，鼓励学生进行自主创新。另外，采取各种鼓励措施，以需求为导向促进科技创新成果转化。在瑞典仍有很多企业会设有单独的研发机构，以满足市场创新需求。截至 2011 年，瑞典已存在 42 个科技园和国家级孵化园，在很

---

① 张银银. 瑞典国家创新体系探析与启示 [J]. 当代经济管理, 2013 (11): 86–91.

大程度上降低了创新风险和成本，并保证了科技成果转化。这样政府、研究机构、高校和企业之间形成了紧密的合作和交流，政府制定既定的创新政策，研发机构获得企业和政府的资金支持，以及孵化园保证创新着利益同时促进创新成果转化，这样创新者既得到了足够的资金支持，又满足了需求者的相关的利益，组成了瑞典的国家创新系统。下面以人力资本和瑞典国家创新系统的研究机构为重点，阐述瑞典国家创新系统的特色之处。①

（一）瑞典国家创新研究机构和政策

瑞典政策的创新和研究主要由企业能源通讯部和教育部负责，其中企业资源通讯部主要负责制定工业创新政策，而教育部主要负责科研创新。高水平的国防基础科研，确保了国防部在瑞典国家创新系统中的重要作用。同时，还有两个重要的政府机构，即擅长基础研究的瑞典研究理事会和主张供给需求驱动型创新体系的创新机构。在瑞典，约有 GDP 的 3.9% 投资于研发。研发支出的部门分布严重偏向商业部门。图 4-2 概述了瑞典不同部门所占总研究支出的比例，企业占所有研发活动的 73.8%，紧随其后的是占 21.3% 高等教育投入。

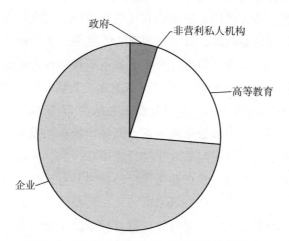

图 4-2　瑞典不同部门所占总研究支出的比例

---

① Johansson Åke, Ottosson Mats Ola. A national Current Research Information System for Sweden ［J］. Sweden Science Net. 2012.

瑞典有研究体系与各融资机构，其中很多都有自己的重点放在基础研究。

瑞典研究理事会是隶属教育部。瑞典研究理事会的预算约 27 亿瑞典克朗，所有的科学学科的研究人员可以竞争这些资金。高质量的研究使得瑞典成为一个领先的国家科学研究中心。瑞典研究理事会的董事会有个规定，在科学界选举八名成员和另外四名成员由政府任命。瑞典研究理事会有三个科学委员会：人文社会科学、医药和自然与工程科学。理事会的总体框架是由国会经法案研究决定。[①]

瑞典战略研究基金会的目标是支持研究和在科学、工程和医学领域进行研究生教育，来创造有利的最高科学效用的科研环境，以国际化的视野加强瑞典的未来竞争力。社保基金理事会由瑞典政府任命的 11 名理事会成员所领导，秘书处由大约 15 位负责人组成。社保基金的项目方案有战略研究中心、战略框架资助和个人的资助。

瑞典国家创新署是代表瑞典政府构建创新体制的具体执行者。作为瑞典的政府机构，其宗旨是通过建立有效的创新体系，资助能够推动商业、社会和职工生活可持续发展为背景的研究活动。瑞典政府通过瑞典创新署为瑞典建构了成熟有效的创新环境，瑞典国家创新署在一定程度上就是这个创新环境的"缔造者"。

瑞典能源署的任务是努力通过引导国有资本流向，使瑞典能源系统发展为一个可持续发展的生态和经济系统。该机构推广使能源使用更加有效的新能源技术，能源生产和维护的综合性研究基金，尤其是在工业。除了用于基础研究和应用研究项目，也有示范和商业化计划。

环境，农业科学和空间规划研究委员会为可持续发展部下的一个机构。该委员会可从农业部得到财政拨款。该委员会鼓励和支持科学效用性研究与可持续发展。这包括环境、农业科学、林业、空间规划，包括建筑科学和社会制度等。该项目支持的覆盖范围广泛，包含了从基础的研究到实用研究各个层面。委员会资助的三个主要研究领域是环境与自然，农业科学，动物食物和空间规划。

---

① Andersen P. D. , Borup M. , Borch K. , et al. Foresight in Nordic innovation systems ［Z］. Nordic Innovation Centre, 2007.

（二）瑞典人力资本分析

虽然高学历的人在瑞典的比例很高，但在经济合作与发展组织的排名中，瑞典教育程度较高的人占总人口的比例并不是最高的。表4-2中总结了瑞典2006年受过高等教育的学生总人数和其中年龄为20~29岁的学生所占的比例。

表4-2　接受高等教育（全部阶段）的学生人数和毕业生人数（2006年）

领域	受过高等教育的学生人数		毕业生人数（2006年）	
	总数（人）	20~29岁所占的比例（%）	总数（人）	20~29岁所占的比例（%）
在任何领域	422614	39.1	60762	5.6
在科学、数学和计算机领域	43910	3.8	—	—
在工程、制造及建筑领域	68846	6.4	—	—

资料来源：Eurostat（2009）.

自2008年以来，高等教育在瑞典被分为三个阶段：学士、硕士和博士阶段。这三个阶段的人数随着时间的推移呈现不同的趋势。对于任何企业来说创新的最重要来源是其员工，而且在企业内部创新的人力资本最常规的指标之一是员工拥有大学学位的比例。在瑞典拥有高等教育学位的人主要分布在高科技制造业集团（通常是瑞典占主导地位的大型跨国企业）、一些知识密集型服务机构和大学，这些体现在创新体系的两极结构中。科学家和工程师，目前在知识密集型服务业的比重相比过去迅速增加，而且目前雇用数量比高于制造业。

在这些形势下，人力资本在企业的重要性凸显出来。人力资本是知识经济的主要支柱，因此是创新的一个主要问题。下面几点突出展现人力资本激励创新的许多方法，并指出一组广泛的知识和技能超出了科学和工程的重要性。这些广泛的人力资本是可以建立的，并通过教育和培训、工作场所的经验，以及国际移民积累。现有的人力资本，尤其是妇女，也常常能更好地研究和创新利用。

人力资本创新有利于企业的发展和社会的进步。主要在以下三个方面体现人力资本创新的特点：

第一，人力资本创新可以采用和适应现有创新特色。对于很多国家，在修改和改进现有产品的过程，系统的增量创新可以代表大部分创新活动，并且对生产率具有重要意义。更高的技能水平能提高经济体的吸收能力，并让人们在应用于其他领域时获得渐进式创新能力。创新不仅在研发团队，更重要的是，人们如何在将创新转化，以促进经济增长。

第二，人力资本创新可以产生溢出效应。人力资本可以通过技能的学习所产生的"溢出效应"间接促进创新。举例来说，即技术工人处在知识的环境中，通过示范、模仿和传播，更快地促进人力资本积累，可以通过思想的传播和能力的提升刺激创新。也有人认为，企业家的"溢出"的知识可商业化，否则将不会体现在现有企业的组织结构中。

第三，人力资本创新可以促进社会资本的积累。更高水平的人力资本提升社会资本。社会资本可以支持创新多种方式，主要是通过其信任，共同规范和网络，提高了工作效率和知识交流的效果。一些研究表明，信任水平的提高可以促进风险项目的资本融资成功率，可降低监督成本。行动者之间密切的关系可以促进信息交流并且巩固其关系，与此同时社交网络或许使企业工作中的问题更容易得到信息的反馈，继而提升学习能力和发现其中新的联系。拥有更高水平的社会资本的公司更加可能从事专业知识研究，如基础性公共科学，以增加其内部的创新活动。社会资本也是具有一种"无形结构"的特点，这种特点将跨越地域空间的研究人员联系起来共同追求研究兴趣。①

二、瑞典海洋创新体系分析

瑞典地处欧洲的北部，位于斯堪的纳维亚半岛的东南方向，总面积约为45万平方公里（不包括领海面积），是北欧最大的国家，也是世界上拥有跨国公司最多的国家之一。这是一个高收入、高税收、高福利国家，2012年总

---

① Loet Leydesdorfføs. The Swedish System of Innovation：Regional Synergies in a Knowledge-Based Economy［J］. Journal of the American Society for Information Science and Technology（in press），2011.

人口 950 多万，国内生产总值（GDP）5257 亿美元，人均 GDP 为 5.62 万美元。① 在瑞典的东北部是芬兰，西部是挪威，北部的尼亚湾、波罗的海和北海环绕，由此可见海洋资源的丰富。瑞典的海岸线较长，约 2181 公里，而且境内的湖泊众多，约 9.2 万个，其中的最大的湖为唯纳恩湖，面积约为 585 平方公里，属于欧洲第三大湖，主要的河流有约塔河、达尔河、翁厄曼河。

由于瑞典具有非常优越的地理条件，如漫长的海岸线、众多的湖泊与河流，所以给水产业生产发展带来了十分有利的条件。瑞典国民当中从事捕鱼为生的约有 6000 人，其中专业渔民 4000 人，捕捞业主要集中在西海岸。在政府的支持下渔民都拥有设备先进的船队和技术先进的助渔导航系统还有必要的冷藏保鲜设施，保障了瑞典渔民可以去其他国家的渔区（如波罗的海、北海和大西洋）进行捕鱼的成功性和安全性。② 目前，瑞典每年的渔获量为 25 万吨，价值约为 5 亿克朗，对瑞典的经济发展起着极为重要的影响。在海洋中蕴藏着大量的能量。当海风吹过平静的海面时，产生了大大小小的海浪，这些海浪随即产生无穷无尽的能量，这就是波浪能，它是一种最易于直接利用、取之不竭的可再生清洁能源。尤其是在能源消耗较大的冬季，可以利用的波浪能能量也最大。20 世纪 70 年代瑞典就可研发波浪能技术。当时瑞典西海岸的科技大学对波浪能进行相关研究。在技术逐渐商业化时，同时出现了两种不同的概念——瑞典软管泵和瑞典 IPS 浮标。这两种概念都是在海浪的冲击作用下，通过压缩水推动相互连接的涡轮和发电机，此时可以用来发电，为瑞典全国用电提供了充足的供给。③

（一）瑞典海洋研究机构和设施

瑞典没有综合的海洋管理机构，其管理体制为多元化、分散化和地方化。瑞典的海洋研究和技术开发工作主要在一些大学和有关政府和企业部门进行，其中哥德堡大学和斯德哥尔摩大学研究海洋的专业人员比较多。1989 年瑞典议会决定在哥德堡大学、斯德哥尔摩大学和于默奥大学分别建立三个海洋研

---

① Pålsson C. M. Biotechnology and Innovation Systems ［J］. The Role of Public Policy. 2011.

② 王衍亮. 瑞典的水产业 ［J］. 世界农业，1986（6）：48－49.

③ 芒努斯·拉姆. 来自海洋的馈赠——波浪能在瑞典的发展 ［J］. 海洋世界，2009（5）：46－49.

究中心，以协助国家和地方政府检测海洋环境。① 其中，哥德堡大学海洋研究中心（GMF）主要负责瑞典西南部海域，斯德哥尔摩海洋研究中心（SMF）主要负责波罗的海的监测和研究，于默奥海洋研究中心（UMF）主要进行从波的尼亚湾的最顶端到奥兰群岛海区的研究。除了这三个海洋研究中心外，沿着瑞典海岸还有 16 个海洋研究站和实验室。瑞典目前共有 6 艘较大的船只从事近海研究，它们分别归属国家渔业局、瑞典地质技术研究所、哥德堡大学、瑞典皇家科学院、瑞典海岸警备队和瑞典海事管理局所有。②

　　瑞典海洋科研机构的资金来源呈现多元化趋势，一部分来源于政府拨款，一部分来源于企业和私人提供。政府对海洋研究机构的资金支持呈现递减趋势，并且这种变化还会增强。瑞典在财政上对海洋研究和技术进行资金支持的主要部门有：国家渔业局（FIV）、国家工业和技术发展局（NUTEK）、国家地质研究局（SGU）、瑞典国际发展署（SIDA）、瑞典环境保护署（SEPA）、瑞典气象和水文研究所（SMHI）、瑞典自然科学研究委员会（NFR）、瑞典林学和农业研究委员会、瑞典建筑研究委员会（BFR）。其中，国家渔业局主要研究渔业生物学、渔业技术和海洋水产养殖，瑞典气象和水文研究所提供水文学、气象学和海洋学仪器系统的研究，它为海上各种海洋学检测系统提供方法和仪器。③

　　瑞典的海洋管理机构虽然比较多元化和地方化，但是各个海洋研究中心在各自职权范围内还是能够综合协调发展、共同促进海洋创新，推动海洋产业的快速发展。

（二）瑞典港口创新活动

　　瑞典地处高纬度地区，物产比较匮乏，且与欧洲大陆之间由波罗的海分隔，维持社会经济发展和居民生活的大部分物资的供应需要依赖海运贸易完成。瑞典共有 52 个开放商港，2009 年挂靠船舶总计 8.7 万艘次，全

① Lundvall B. National Innovation System: Analytical Focusing Device and Policy Learning Tool [R]. Working Paper, 2007.

② Ramstad E. Benchmarking innovation systems and policies in European countries-An organizational innovation viewpoint [J]. Tekes-Finnish Funding Agency for Technology and Innovation, 2006.

③ 潘学良. 瑞典的海洋研究与技术开发 [J]. 海洋信息, 1998 (5): 23 – 25.

年总吞吐量 1.6 亿吨（内贸货约占 11%），约占瑞典所有港口总吞吐量的80%。

瑞典最大的港口为哥德堡港，其余各港口根据所服务的区域经济和港口定位的不同，在功能和规模上均有所差异。以货物吞吐量计，2009 年瑞典最大的港口是哥德堡港。① 以处理货物集装箱和车辆的数量计，排名前五的港口依次为哥德堡港、特雷勒堡港、赫尔辛堡港、马尔默港、斯德哥尔摩港。前十位港口所占份额约为全国商港的 94%。2009 年瑞典港口旅客吞吐量总计2870 万人次，最大的客运港口为赫尔辛堡港和斯德哥尔摩港。前十位客运港口所占份额约为全国商港的 93%。

表 4-3 提供了瑞典最重要的出口产品的相关数据。瑞典最重要的出口是锅炉、机械、核反应堆等。这一类产品占瑞典出口的 14.45%，它们主要由自动数据处理设备、机械等行业组成。电器出口项目占的比重也很突出，尤其是为线路电话设计的电器产品。瑞典的纸和纸板行业在世界上具有强大的竞争优势，占世界出口总量的 6.43%。大部分出口从 2006~2010 年都有所增长，但是在汽车出口方面遭受了 8% 的损失。②

表 4-3　　　　　　　　　　瑞典的 10 个最重要的出口项目（2010 年）

项目	出口 （万美元）	占本国出口总额 的比例（%）	占世界出口总额 的比例（%）	2006~2010 年出口 每年增长比例（%）
锅炉、机械、核反应堆等	22846.0	14.45	1.25	2
电气、电子设备	21524.5	13.62	1.06	2
车辆以外的铁路、电车	13400.2	8.48	1.25	-8
矿物燃料、油、蒸馏产品等	11055.7	6.99	0.48	8
纸和纸板，纸浆、纸和纸板的 文章	10820.5	6.85	6.43	2
未列名的项目	9052.8	5.73	1.14	2
医药产品	8543.5	5.4	2	0

---

① 张成，吴文正. 瑞典港口概况及发展特征 [J]. 中国港口，2011（3）：58-61.
② Hallonsten O. Erawatch Country Reports：2012：Sweden [R]. 2012.

续表

项目	出口 （万美元）	占本国出口总额 的比例（%）	占世界出口总额 的比例（%）	2006～2010 年出口 每年增长比例（%）
钢铁	6925.1	4.38	1.8	0
塑料及其制品	5263.3	3.33	1.09	4
光学、照相、技术、医疗等方面的设备	4924.3	3.12	1.01	5

资料来源：OECD 数据统计。

瑞典主要港口有哥德堡港（Göteborg）、马尔默港（哥本哈根－马尔默港，Copenhagen Malmö Port）、特雷勒堡港（Trelleborg）、赫尔辛堡港（Helsingborg）和卡尔斯港（Karlshamn）。瑞典的区域海洋创新体系建设，突出了在构成船只所有者的网络中（银行、航运代理等）经营者之间紧密合作的重要性，也强调了港口的重要性，海洋中心的发展大部分设在较大的港口地区，在瑞典的案例中也显示港口的发展在很大程度上影响航运地区的发展，分析显示港口经营组织在海洋创新体系中起着重要的作用。瑞典港口的发展在很大程度上影响航运地区的发展，其发展取决于地方海洋产业群之间的竞争，大区域产业群之间更复杂的竞争可以创造良好的创新环境。①

（三）瑞典海洋创新体系案例——TIS 创新体系

由于哥德堡港的重要性，瑞典的 TIS 创新体系（Tjärnö Innovation System）于 2005 年成立，它以瑞典哥德堡大学和斯德哥尔摩大学联合海洋生物实验室（TMBL）为基础，实际上是一个基于研究和开发，面向国际的应用型海洋创新体系，而实验室扮演着产业和科学研究中介和门户的角色，该体系拥有瑞典甚至欧盟国家在科技、人才、项目等方面的关联。瑞典政府研究报告指出：哥德堡大学是最好的协调海事部门研究和研究工作者的国家主办机构。正是基于此，哥德堡大学，包括海洋生物实验室（TMBL）和查尔姆斯理工大学（也是在哥德堡）这些高校集中了大量的有关瑞典海洋的研究。这也因此将

---

① 刘曙光，朱翠玲. 国际及区域创新体系建设：理论进展与海洋创新体系实证 [J]. 中国海洋经济评论，2008，2（1）：183－195.

TIS 创新体系和哥德堡大学通过战略选择的方式连接起来。①

瑞典西海岸不是一个人口稠密的地区，传统上该地区渔业为主。如今旅游业在该地区成为一个重要的、占主导地位的经济产业。TIS 创新体系研究为渔业和水产提供了更多的环境友好型养殖管理计划，提供了开发船只和海底观测技术的新方法。然而，在这一地区的海上专业知识发展不足，导致不能产生适应市场的产品。这是 TIS 创新体系战略问题所在。

TIS 创新体系还曾具有企业预孵化器的作用。TIS 创新体系是瑞典目前唯一对海洋创新比较重视的研究机构。作为学术界的一部分，TIS 创新体系也符合大学的任务之一，即分散的结果，并与民间团体沟通。该中心已成功地促进产品的商业化，并支持一些新公司的创建。尽管如此，像 TIS 创新体系组织与开拓领域的活动应被视为长期项目，它们需要时间来商化结果。因此，对 TIS 创新体系进行后续行评估和改进，其研究的经济效应会增大。

合作伙伴通过哥德堡大学和卓越中心进行合作。与此同时在 TIS 创新体系下这种合作伙伴关系变得更加紧密并且有更进一步的深入发展。该方法获得的资金是不同于哥德堡大学支持机构正常情况下获得的，这样使得机构更接近项目时不存在任何资金问题。这是创新行动者和风险投资家之间的紧密联系。政治家，研究中心等政府机构，区域组织和专家会被邀请参加研讨会来一起讨论研究结果，并且以商业化的形式满足企业家的要求。这样传播研究结果的方式可以使 TIS 创新体系吸引更多新企业家、研究人员及其创新理念。这就是 TIS 创新体系未来走向成功的先决条件。如今在瑞典没有其他研究工作者能有这样一个平台或者可能性进行海洋研究。

瑞典 TIS 创新体系具有可持续性和可转移性的特点。② 瑞典可持续性即要进一步将有关的基础研究经营理念商业化的问题需要很长一段时间，并在这段时间内需不断寻求新的思路。哥德堡大学在这方面发挥了重要的作用。可转移性即存在在欧盟内部转让成果到其他地区的可能性。这些给彼此接触的机会，宣传工作和成果的方法，能够促进基础研究商业化。但在对海洋学科中的应用研究、知识和创博仍然缺乏方法和技术。

---

① 刘曙光，赵明，张泳. 国家海洋创新体系建设的国际经验及借鉴：中国海洋学会 2007 年学术年会 [Z]. 广东湛江：2007，6.

② Rödström E. M. Tjärnö Innovation System [R]. Tjärnö Marine Biology Laboratory, 2007.

（四）瑞典海洋创新体系的 SWOT 分析

瑞典海洋创新表现是世界上最好的国家之一。在国际上比较常用的许多创新的指标，瑞典海洋创新水平代表了顶级或者接近顶级。总的来说，瑞典是一个领先的创新水平，为了维持其高的生活标准和生活质量需要保持这样的水平，这使得瑞典海洋创新面临一定的挑战，但可以依靠其长处和能力去克服劣势迎接这些挑战。①

1. 瑞典海洋创新体系的优势

（1）瑞典海洋创新体系使得瑞典社会成功将经济与平等和高质量的生活相结合，并且同步发展。

（2）良好的海洋创新体系框架条件，包括稳定的海洋创新宏观经济基本制度、健全的海洋创新金融体系和支持性的海洋创新基金环境。

（3）拥有强大的海洋创新研究人力资源基础。

（4）高投入的海洋创新研究研发，具备以知识为基础的海洋资本和强大的海洋信息、通信和技术基础设施。

（5）高质量的海洋创新研究，尤其在研究型大学中具备完善的海洋科学研究基地和发表很多具有世界性的高质量海洋科学研究出版物。

（6）多次成功参与欧盟国际海洋科学研究计划，与多国开展海洋研究国际合作。

2. 瑞典海洋创新体系的机会

（1）具有从全球化的海洋创新体系当中进一步受益的先决优势条件。

（2）在社会和经济发展中不断增加海洋学术研究机构，进一步对海洋核心学术研究做出贡献。

（3）拥有发展世界卓越的从事海洋研究大学，成为一流海洋创新研究中心能力。

（4）逐步确立全面的海洋创新战略发展方向，加强各部门与政府之间合作。

（5）以各种方式加强中小企业的海洋创新能力。

---

① OECD. OECD Review of Innovation in Sweden［R］. 2012.

（6）新的海洋创新研究方法和创新理论实践适应世界全球化环境。①

3. 瑞典海洋创新体系的劣势

（1）在中小型企业海洋创新研究活动中出现资金问题。

（2）研究型大学中教育水准下降（国际学生评估项目的结果）。

（3）海洋学术研究中知识产权存在次优制度，不利于海洋创新的发展。

（4）从事海洋创新研究的传统大学与中小企业之间缺乏联系，不利于海洋创新付诸实践。

4. 瑞典海洋创新体系的威胁

（1）不能保持海洋创新体系高生产力的增长水平。

（2）随着全球化经济的变化，其他国家海洋创新体系的优势使得瑞典海洋创新体系失去原有的竞争力。

（3）还未能充分利用国家海洋创新体系中丰富的资源，从而失去具有竞争优势的海洋创新地位。

（4）在瑞典国家海洋创新体系中国际顶尖人才的加入使得瑞典大学生之间的竞争日趋激烈。

（5）在国家海洋创新中过分强调快速达成共识忽略了海洋创新的本质，不利于产生新的海洋创新想法。②

三、瑞典海洋创新体系对我国的启示

第一，加大海洋创新资金投入，为构建中国海洋创新体系提供资金支撑。瑞典作为一个拥有海洋资源的国家加大资金投入，并且以此作为提高创新能力的必要条件，在资金来源方面主要来源于企业。我国拥有青岛、天津等丰富的海洋资源，如此大量的海洋能源，更应增加对海洋创新研究资金的投入。

第二，优化海洋创新体系管理体系，形成具有中国特色的国家海洋创新管理机制。瑞典的海洋创新管理体系是从政府—产业—大学这三个机构，由每一方都表现出另外两个的一些能力，同时每一方都保持自己的独立身份。

① Zabala-Iturriagagoitia J M. Entrepreneurial propensity of innovation systems: comparing knowledge-intensive entrepreneurship in the machine tools and ICT in Sweden, 2011.

② Stennett A. EU Innovation Policy-Best Practice [J]. Research and Information Service, 2011.

政府通过提供研发资金、支持中小企业研发创新、制定保护创新者利益的法律法规和制度等成为产业创新的引领者。科研院所参与研发项目、联合企业研发、培养创新人才，是研发创新活动的直接和间接执行者。企业，其中主要是竞争性企业，通过带动具有全球领先技术优势的产业集群的形成、发展以及创新活动，保持其研发创新活动的主体地位。

第三，明确国家海洋创新体系各要素之间的相互关系，构建完善、协调的国家海洋创新体系。在瑞典海洋创新体系中大学和研发机构是创新体系的核心，政府是创新过程的重要推手，企业和集群是支撑，创新服务及中介组织是桥梁。大学和研发机构是研发海洋创新技术的主体，也是创新成果转化的基地；政府营造创新环境、引导创新的方向、提供创新资金、促进创新主体间的密切联系；创新服务及中介组织扫清创新环节中的障碍，整个国家创新体系围绕着创新过程形成了缜密的有机整体。我国在海洋创新体系中可以借鉴这些成功经验，重视以海洋为基础研究大学的发展，与从事海洋类企业相联系，政府给予政策支持和必要的帮助，进一步实现我国海洋创新能力的提升。

第四，重视研究机构在国家海洋创新体系建设中的作用。瑞典的研究机构不但积极参与国家科技计划、欧盟重大计划的有关项目，还以承担有偿的共性技术研究任务、开展合同研究、提供产品开发与咨询服务、生产小批量产品等多种方式获得收益，支持研究工作的持续发展。我国许多科研院所进行企业化转制后，由于各种原因自身很难维持，仍然希望依赖国家的大量投入。政府部门应逐步完善政策环境，鼓励科研院所多渠道、多方式获得经费来源。

第三节　挪威国家海洋创新体系

一、挪威的国家创新体系

一项经济合作与发展组织（OECD）在挪威的研究发现，六个水平的政策体系组织映射在国家创新系统中，分别为：组织、制定政策框架；技术和创新政策制定机构（包括资金、协调、监测和评价）；研究和创新促进机构和调制；创新、研发公司；促进技术传播的组织；商品和服务的生产者。①但随着时间的推移，挪威的国家创新体系也发生了一些变化。

在挪威研究和创新系统中，特别强调地质、生物和农业研究。在某种程度上，这个重点与石油和天然气、鱼和矿物质等自然资源在挪威经济的重要性有关。石油相关产业活动在工程和服务业部门的发展对挪威的经济和研发的专业化模式影响重大。此外，按照一般的大学基金（GUF）的目标，卫生、农业和工业生产和技术领域占政府分配很大一部分。

（一）国家创新系统参与者

1. 政府及相关部门

国家政府在挪威的研究和创新系统中扮演着一个重要的角色。在研究中，政府责任是根据"部门原则"组织，一些部门根据各自的职责分配大量资源与社会研究。因此，研究拨款广泛分布在几个部门，而教育和研究部是较大的政府研究基金来源和国家研究政策和政府的整体研究经费的部际协调。

挪威议会有三个审议科学和创新政策问题的委员会，分别为教育、研究和教会事务常务委员会，工商业常务委员会和能源与环境问题常务委员会。这些委员会处理特定部门的研究政策相关问题。教育、研究和教会事务委员会负责一般的研究政策事务。在政府层面，教育与研究部负责总体的研究政策以及行业研究的协调。此外，贸易与工业部开发和管理国家创新政策，地方政府和区域发展部门负责区域层面的创新政策。在挪威，有一些协调研究和创新政策的政府委员会，如在部级层面的政府研究委员会和专为部级成员讨论和协调设置的政府官员的研究论坛。②

2. 中介机构

挪威科研理事会（Research Council of Norway，RCN），由教育与研究部

---

① Seyedreza Haghi. Lessons from Korea, Switzerland and Norway：Improvement in innovation management in Iran ［J］. Management Science Letters, 2013, 3（9）：2443－2454.

② Country Profile：Norway. Private Sector Interaction in the Decision Making Processes of Public Research Policies Norway.

管理，推动所有科学领域的基础和应用研究，并为在科研中尽可能更好地使用全部资源而工作，是执行政策的研究机构。其主要目标是加强和提高社会的全面知识水平并为挪威各部门和工业的科技改革创新和发展做出贡献。它负责资源在自然科学与技术、医药与健康、工业与能源、文化与社会、生物生产与加工和环境与开发等六个方面的分配。除了对基础科学研究的投入资金外，挪威科研理事会应该发起研究促进挪威工业和社会的发展，同时也支持由国家、行业和社会开发研究的结果（见 RCN 法规）。这个机构的任务是建立和实现研究方案的融资，为政府提供对科学和研究政策问题的战略建议并确定在这些领域中的优先领域，为研究人员、研究资助者和研究用户提供合作交流的平台。① 它鼓励大学和研究机构协作发展科研工作，并支持其提高研究水平和研究效果，积极参与基于总目标的国际研究协作。大约 1/3 的公共研究机构资金是通过挪威科研理事会渠道投资，其余部分是由其科研的主管部门直接拨款。科研理事会董事会包括来自学术界和私人部门的代表。

创新挪威署（Innovation Norway）和挪威工业发展公司（SIVA）是为创新提供支持的主要公共机构，二者都是归贸易与工业部管理的国有企业。挪威贸易、工业和渔业部和各郡政府各持有创新挪威署 51% 和 49% 的股份，创新挪威署是在国家和地区层面上发展和管理面向企业创新的政策措施的政府机构。通过在挪威所有的县和超过三十个国家的派出机构，创新挪威署为挪威企业在创新和国际化领域提供支持，并在研究、创新和国际化领域提供协调和容易获得支持的政策措施。私人部门是创新挪威署董事会的代表。挪威工业发展公司（SIVA）也在研究和创新政策的实施方面扮演一个重要的角色。它服务于科学和工业园区，参与提供科技园区、孵化器和服务，其主要面向创业公司。它为中小企业提供投资资本、能力和网络，是许多科学研究园区、孵化器和投资公司的共同拥有者。不同于其他组织，挪威工业发展公司努力关注空间集群研究，而这方面的研究是现存的且可认为是一个潜在增长节点。②

① Stefan Kuhlmann, Erik Arnold. RCN in the Norwegian Research and Innovation System ［J］. Journal of Homeland Security & Emergency Management, 2001, 6（1）.

② Oxana Bulanova, Einar Lier Madsen. ERAWATCH Country Reports 2012：Norway ［R］. JRC Scientific and Polcy Report, 2012.

其他中介机构。挪威工业和区域发展基金（SND），归挪威工业能源部管理，是为挪威工业和区域发展提供资金的公共机构。其宗旨是通过提供产权资本、低风险贷款、赠款和担保，促进全挪威企业的创新、利润提高和经贸发展。该基金主要针对急需风险资金和长期贷款的中小企业，并且可用于除保险、金融、航运、油气开发、公共管理事业等行业以外的所有领域的投资活动。挪威设计理事会（NDC）是一个基金组织，其目的是在挪威的工商业中，在产品的开放和销售环节中促进设计的运用。

在形式上，这些机构之间在研究和创新界面有共同责任与尊重。然而，通过采访许多相关机构和其反馈，得知在实质上面向创新之间的交互等方面，这些机构还有很大的发展空间。

3. 研究执行机构

挪威的资源型产业，如铝、石油和天然气、渔业等，几十年来一直高度创新。其创新的来源主要是挪威的大学与科研机构和对大量国外技术转让的成功的挪威自主"吸收能力"。

挪威的高等教育系统包括八所大学和许多专注于特定科研项目的学院。它们多由教育与研究部管理和资助。大多数高等教育机构都是国有的，负责自己的教学质量、科研和知识的传播。大学主要在工程、管理、卫生保健、社会科学和教育等领域提供教育和开展研究和开发。大学靠其规模和质量影响着科学技术政策的实际实施。现有的法规鼓励大学加强对研究成果的开发利用，如把技术转移应用到办公中等。

挪威科学工业研究院（SINTEF）是挪威应用研究方面主要的公共研究机构。其宗旨是通过运用知识、研究和创新创造价值，致力于创造更多的新公司以及工作岗位。它基于其在技术、自然科学、药学以及社会科学方面的研发，有偿提供以研究为基础的知识及相关技术服务，其超过90%的预算来自于外部研究合同和其他私人部门的相关活动。挪威科学工业研究院日益成为国际化的工业技术研究中心，其研究领域包括建筑结构、信息与通信技术、海洋工程与水产、材料与化学、石油与能源以及通用制造技术，而其海洋研究中心在石油平台、海底管线、造船技术等领域在国际上享有很高声誉。挪威科学工业研究院的董事会包括来自学术界和私人部门的代表。

挪威有很多科研机构，这些大多是独立的公共和私人科研机构，在许多重要的科学和技术领域提供面向用户的研究。作为过去在挪威不同的权威研究委员会的重要组成部分，科研机构是很重要的。在金融业务方面，企业研发约占总研发工作的一半。创业创新项目和实现创新方面，它在商品和服务的生产部门起决定性作用。①

根据挪威科研理事会对研究机构的分类，科研机构分为主要部门机构、社会科学、环境与发展和科技四个类型。挪威的科研机构是公共研究系统的一个完整的部分，与企业、高等教育系统和知识体系的其他参与者相互影响，为它们传送和提供研究成果、科研服务和有价值的网络等。此外，研究所对业务合作伙伴提供大量的小型服务，跨度从小型课程到咨询和联系业务代表。而这些由研究人员和研究机构提供服务通常不正式属于研发，但可以视为研发的重要副产品和互补服务。

科研机构不仅仅为工业和其他用户提供知识和学习，还在研究和创新体系中扮演一个更为复杂的角色。来自挪威研究理事会的数据表明，2002 年，研究机构的近 700 名研究人员（大约占此部门总劳动力的 10%）是大学和学院中的学生的监管者（Kaloudis & Koch，2004）②。同年，450 名获得硕士或博士学位的毕业生工作被一个研究所正式雇用。2004 年，技术工业研究机构与大约有 1600 人次的外部组织基于项目的协作。总量的 26% 涉及挪威国内和国外的大学和学院，63% 涉及企业（Norges forskningsråd，2005）。③

科研机构与企业的关系。企业由于其内部的研发知识不足，缺乏技术、设备和研发能力，再加上一些研究机构的地理距离的接近和可达性，所以选择向科研机构购买研发服务，以提高本企业的研发能力和质量。在研发动机上，油气部门的动机较大；在企业缺少设备或测试设施的条件下，传统制造业公司的可达性动机较强。科研机构为企业探求创新做了重要贡献，但可能是由于对其提供的公共资金较少，导致其服务相当昂贵，收取"市场咨询"价格。然而，很多科研机构在市场上有强大的地位，保证其能在至少是

① Seyedreza Haghi, Ahmad Sabahi, Ashot Salnazaryan. Institutions and functions of national innovation system in Norway and Iran [J]. African Journal of Business Management, 2011, 5 (24)：10108 – 10116.

② Kaloudis A, P. Koch. The role of the business-oriented Norwegian Research Institutes in the national innovation system [R]. NIFU STEP Report, 2004.

③ Forskningsråd N. Forskningsbehov innen dyrevelferd i Norge [J]. Rapport fra Styringsgruppen for Dyrevelferd-forsknings-og kunnskapsbehov, 2005：82 – 112.

全国垄断的情况下运转。2002年，为了揭示研究机构的研发对工业研究的影响，挪威统计局从工商部门登记的30个研发密集的NACE产业中提取了一个含986个企业的样本进行了一项调查。反馈的调查结果为460份，反馈率约为47%。调查结果显示，在参与调查的企业中，约22%从科研机构购买研发服务，只有大约7%从大学或学院购买研发服务。这表明，对所选的研发密集型的公司而言，相比于高等教育系统，科研机构是一个更广泛应用的研发来源。Brofoss和Nerdrum（2002）从调查中发现，企业从研究机构购买的最重要的服务项目是产品开发，其次是过程开发，此外，测试和咨询服务也受很多企业重视。

科研机构与高等教育系统的关系。科研机构和高等教育系统的界限比较模糊，且二者之间有着紧密的联系。科研机构拥有博士生，且参与教学和基础研究活动。而且，在过去的几年中，大学和公立学院扩大其与地理距离相近的科研机构的所有权，并逐渐视它们为其加强与外部联系的一个重要环节。研究机构和高等教育系统相互作用和影响。来自研发抵免计划的数据表明，2005年，挪威最大的研究机构——挪威科技工业研究院参与的413项活跃的合作项目中，其中有131个项目是与挪威第二大大学——挪威科技大学（NTNU）合作完成。Kaloudis和Koch（2004）表明，在1999～2002年期间来自技术工业研究所的57%的科学出版物至少有一个合作者来自大学和学院。①

在研究和创新系统中，科研机构是一个灵活的存储库，在高等教育系统与企业之间充当缓冲地带的角色，起着润滑或中介的作用。一方面，研究前沿的最新发展能够通过其伙伴机构以一种接近企业日常生产的方式迅速传达到企业。科研机构凭借其对产业把控的灵活性帮助企业增强其研发能力。另一方面，科研机构与高等教育系统在人员兼职和临时职位，联合实验室和产业参与的项目等方面具有紧密联系。大学能够通过科研机构了解技术发展和基础研究的新思路，同时避免最不专业的研究要求。②

① Kaloudis Aris, Per Koch. De næringsrettede forskningsinstituttenes rolle i det fremtidige innovasjonssystemet, NIFU STEP Rapport 4/2004, Oslo, 2004.

② Nerdrum L., Gulbrandsen M. The Technical-Industrial Research Institutes in the Norwegian Innovation System [R]. Working Papers on Innovation Studies, 2007: 327–349.

4. 私人部门

私人部门执行挪威最大份额的研究。大多数的私人部门研究资助来源于行业资金，少数企业研发支出是由公共资金提供。中小企业中长期研发强度低，代表挪威产业结构的一个重要组成部分。

作为挪威的主要雇主协会与一些部门雇主协会和联合会分支，挪威商业和工业联合会代表私人部门以多种方式参与研究和制定创新政策，如代表私人部门出席政府的创新论坛和准备自己的意见书/提议。

国家技术研究院（TI）是一个提供咨询和发展服务、培训、专业知识和技术、环境和安全技术、业务发展和国际化的私人基金会。它得到公众的支持以便能够为中小企业提供相关专业知识来提高公司技术、生产力和盈利能力。

挪威北部技术与创新协会（VINN）是一个咨询公司研究所，作为一个私人基金会和组织，接受公众对部分活动的支持。该协会负责向挪威北部的企业就不同的技术、金融和管理业务提供咨询和顾问服务。目的是通过提高生产力，提高盈利能力，强大的市场定位和盈利的环境和质量管理措施，提高企业的竞争力。此外，它还提供了广泛的信息服务业务。①

（二）研发状况

2010 年，研发支出总额 57.3 亿欧元（428 亿挪威克朗），大约占挪威的国内生产总值的 1.7%。这个数字在 2009 年低于欧盟平均水平的 2%。2010 年，挪威工业研发支出额占总额的 43%，约为 24.8 亿欧元（185 亿挪威克朗）。2011 年，挪威商业研发支出低于欧盟平均水平，分别占各自 GDP 的 0.86% 和 1.2%，即使挪威人均国内生产总值高于欧盟。

挪威的研发密集型企业相对较少。最大的研发表现在石油和天然气领域，与国有石油公司，挪威国家石油公司。在石油和天然气部门仅有一半的研发支出在内部执行。更为普遍的是，在挪威相对较大部分的研发执行在公司本身外，这反映了研究机构的关键作用在商业部门。在欧盟研发公司 1000 强中有 9 家挪威公司（2011 年欧盟工业研发记录）。

---

① Seyedreza Haghi, Ahmad Sabahi, Ashot Salnazaryan. Institutions and functions of national innovation system in Norway and Iran [J]. African Journal of Business Management, 2011, 5 (24): 10108 – 10116.

表 4 - 4 为挪威 2009 ~ 2011 年研发支出概况。由表 4 - 4 可知，挪威在这三年里 GDP 增长较快，增长率高于欧盟 27 国。国内研发支出占本国 GDP 的比重基本稳定在 1.7%，低于欧盟 27 国的 2.03%，但在人均国内研发支出上高于欧盟水平，且总研发预算拨款有增加的趋势，说明挪威比较重视研发支出来加强创新。另一方面，从数据结构可知，在研发支出的各部分中，商业部门的研发支出超过总研发支出的一半，但仍低于欧盟水平。企业和商业部门的研发支出所占比例相对较低，高等教育机构研发支出较多，表明挪威的创新活动集中在基础理论研究方面，而挪威的中小企业居多，所以要加强与中小企业密切相关的应用创新研究，加大企业部门研发支出。

表 4 - 4　　　　　　　　　　　挪威的资金投入趋势

项目	2009 年	2010 年	2011 年	欧盟 27 国
GDP 增长率（%）	- 1.6	0.5	1.2	- 0.3（2012 年）
国内研发支出占 GDP 百分比（%）	1.8	1.7	1.7	2.03（2011 年）*
人均国内研发支出（欧元）	999.9	1099.6	1204.8 **	510.5（2011 年）*
总研发预算拨款（百万欧元）	2.259	2.604	2.772	91277.1（2011 年）
企业研发支出占 GDP 百分比（%）	0.92	0.87	0.86	1.26（2011 年）
由高等教育机构研发支出占国内研发支出的比例（%）	32.0	32.3	—	24（2011 年）
由政府部门研发支出占国内研发支出的比例（%）	16.2	16.4	—	12.7（2011 年）
由商业部门研发支出占国内研发支出的比例（%）	51.6	51.3	—	62.4（2011 年）

注：*表示该数据是由欧盟统计局估计得到，**表示该数据是暂时性的。
资料来源：欧盟统计局，2013 年 3 月。

（三）人力资源

挪威有一个小型开放经济。它常住人口达 5051275 人（截止到 2013 年 1 月 1 日），这是欧盟 27 国人口的大约 1%。挪威通过欧洲经济区协议参加欧盟的单一市场。2011 年，挪威的人均购买力标准达到 46900 欧元，而欧盟 27

国为 25100 欧元。① 挪威是经济合作与发展组织国家中教育水平最高的国家之一，拥有非常高度的全职研究人员的劳动力和强大的动态新博士毕业生，且在人口与高等教育资格的员工在私人和公共部门稳步增加。人力资源是其主要优势。图 4－3 表示的是 2003～2012 年间挪威每年博士毕业生的数量，可以得知博士毕业生的数量总体呈增加的趋势，为创新研发活动奠定了人才基础。

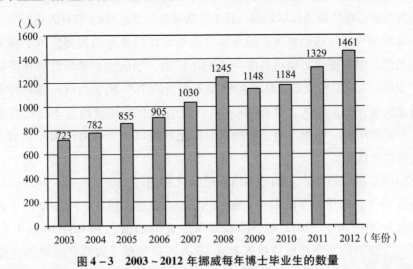

图 4－3　2003～2012 年挪威每年博士毕业生的数量

资料来源：欧盟统计局，2013。

二、挪威的海洋创新体系

挪威位于北欧斯堪的纳维亚半岛西北部，东邻瑞典，东北与芬兰和俄罗斯接壤，南同丹麦隔海相望，西濒挪威海。领土南北狭长，海岸线异常曲折，长 2.1 万公里（包括峡湾），近海岛屿达 15 万多个，既是优良港口，又是风景优美的游览区。

挪威的自然资源十分丰富，其主要表现在石油、水利、渔业、农业、森林和矿产等方面。渔业是重要的传统经济部门，2008 年捕鱼量为 210 万吨，占GDP 的 0.6%。鱼产品一半以上供出口，2007 年出口额达 293 亿克朗，占挪威商品出口总额的 4%。20 世纪 70 年代兴起的近海石油工业已成为国民经济重要

---

① 欧盟统计局，2013 年数据［DB/OL］. http：//ec. europa. eu/eurostat/.

支柱，挪威成为欧洲最大产油国、世界第三大石油出口国。挪威在海事产业和海洋油气集聚方面是全球的领导者，其油田多分布在北海海域，深海采油技术特别发达。作为世界第四位航运大国，挪威的船舶业发展势态极好，造船厂擅长建造先进的特殊用途船舶，特别是用于海洋油气开采的先进船舶。此外，挪威也为世界各地的船队提供零部件和各种相关服务。挪威海运业发达，主要港口有奥斯陆、特隆赫姆和卑尔根，其中奥斯陆港年吞吐量约1000万吨。

海洋油气业和造船航运业的高度发达给海洋服务业的发展提供了得天独厚的条件。根据挪威海事出口协会（NME）的一项研究，挪威的海洋产业供应了全球5%的船舶装备，且其船舶装备产量的70%用于出口。挪威海洋服务行业约雇佣2.2万人，其在2007年创造的产业增加值约为260亿挪威克朗。在船舶融资、船舶保险、船级社、经纪和港口服务等海洋服务领域，挪威占有绝对优势。

2013年挪威海洋产业的增加值规模预计将超过180亿欧元。其中，海洋装备占19%，海洋服务占23%，船坞占7%，船舶和钻井平台占51%（该结构数据为2010年）。2012年，挪威海洋产业增加值占其GNP略低于6%。2012年，挪威的海洋产业雇员人数达10万人，实现了海洋产业链的完整集聚。当前，挪威是世界上最多的船舶拥有国，是第二大海洋油气船舶拥有国。海洋油气产业在挪威海洋产业的地位日趋重要。①

（一）文件及提出

挪威皇家科学学会和挪威技术科学院（DKNVS and NTVA，2006）在题为《海洋生物资源开发：挪威专业技能的全球机遇》研究报告中提出海洋创新体系（marine innovation system）的概念，指出通过海洋领域的国家创新体系建设，实现海洋专业技能（marine expertise）的全球输出，是提升挪威的国际竞争力的战略举措。②

----

① 王永中，郑联盛. 挪威发展海洋经济金融有哪些妙招［N］. 上海证券报，2014 - 03 - 08（006）.

② Olafsen T., Sandberg M. G., Senneset G., et al. Exploitation of Marine Living Resources-Global Opportunities for Norwegian Expertise ［R］. Report from a Working Group Appointed by DKNVS and NTVA，2006.

（二）海洋创新体系简介

海洋产业在挪威的海洋技术发展中也起着很重要的作用，其海洋创新体系包括三个部分，分别为：技术供给者、科研机构和农业/渔业企业。传统水产养殖业创新体系显示直接供给者在产业和科研机构、其他知识传输服务和政府管理之间起着纽带的作用，供给者被看作是研究成果的购买者，企业可以自发地进行一些科研活动而不是通过供给者购买科研成果，但现在这种创新体系发生了变化，在产业结构中更依赖大的公司，更多的研究服务被产业购买。在此体系中，处于核心地位的是农业/渔业企业，其次是技术提供者，再次是科研机构（Olafsen and Sandberg，2007）。①

三、挪威的海洋创新体系的特色

（一）挪威的海洋创新体系的特色

挪威的经济程度基于其自然资源的开发，最重要的是石油和天然气行业。它对挪威的产业结构动态产生重大影响，很多主要行业由于石油重要性的增加而下降，导致整体下降，如制造业占 GDP 的比重减少，产生重要的区域效应。石油也受公共部门预算的影响，随着石油税收收入大幅增加，加快了其发展。挪威的公共部门通过扩大研发和高等教育，以维持高水平的地区政策活动，参与重大技术开发项目。与石油相关的领域的专业知识和科学技术（如地震学、流体动力学、固定和扁平化离岸撑等）和研发活动大幅增长。挪威大型企业相对较少，所以很大程度上依靠从事制造业和服务业的中小企业。中小企业部门的特点是研究和创新活动高度不对称分布的，显然关系到正式的科学和技术基础设施。挪威创新系统的特征是比较广泛，知识创造和科学研发要受公共部门、研发公司等的支持。故挪威的海洋创新体系具有产业应用导向型特征，海洋产业集群的关联度较大。

海洋产业的创新与升级得益于集群内部企业之间，以及企业与机构之间

①　刘曙光，朱翠玲. 国际及区域创新体系建设：理论进展与海洋体系实证［J］. 中国海洋经济评论，2008：183－195.

的密切联系，尤其是领军企业与相关中小企业的创新关联。^① 挪威海洋产业集群具有企业、机构间的互相依赖，尤其是历史曾经的创新为和创业行为促进了集群发展，但近些年来的创新活动慢下来，海洋服务业与制造业也相对脱节，国际竞争力逐步受到影响（Benito，Berger and Forest，2003）。

（二）案例：挪威水产养殖行业的创新体系

一项研究关于挪威水产养殖行业的创新体系表明，直接供应商行业经常作为工业和研究或教育机构，其他知识密集型服务，政府和工业机构之间的连接，如图 4－4 所示（Aslesen，2004）。^② 供应商一直是研究和开发服务的买家，而行业已开始着手小的研发，而不是向供应商"买"知识。而今天该体系正在发生变化。随着产业结构向大公司的发展，越来越多的研发服务直接被行业购买或者订购。

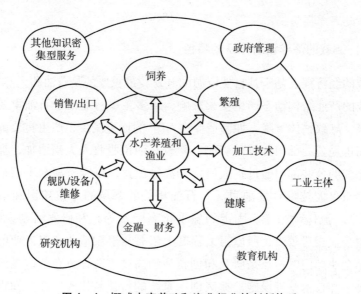

图 4－4　挪威水产养殖和渔业行业的创新体系

资料来源：Aslesen H. W. Knowledge intensive service activities and innovation in the Norwegian aquaculture industry – Part project report from the OECD KISA study，2004.

---

① 刘曙光，于谨凯. 海洋产业经济前沿问题探索 [M]. 北京：经济科学出版社，2006.

② Aslesen H. W. Knowledge intensive service activities and innovation in the Norwegian aquaculture industry [R]. STEP Report 5/2004. Oslo：STEP.

数家挪威水产养殖公司上市，吸引了市场资本加盟。该行业已经对专业知识具备了巨大吸引力，加上政府管理和工业机构，它们都更接近行业的核心活动（Sundnes Langfeldt et al.，2003），因此，产业集群成为近年来挪威海洋水产养殖行业主要的推动创新的力量。挪威的海洋研究和开发机构（包括大学和学院）总研发支出为70亿挪威克朗，研发支出在水产养殖是6.84亿挪威克朗。有1600名研究人员、科研人员和专业员工在研究部门、大专院校和行业内从事海洋研发工作。①

四、对中国的启示

创新是一个国家综合竞争力的有力体现。我国的国家创新能力虽居于发展中国家前列，但与发达国家相比，还有很大差距。在科学发展观的指导下，我国要建设海洋强国的战略背景下，国家创新体系正在深入进行。我国要出台国家海洋法规或政策，并积极维持政策在实施过程中的衔接和时序衔接。另外，在海洋创新资金投入上，广泛吸纳社会投资，并良好的为其服务。重视海洋创新基础设施和信息建设，健全与完善海洋创新管理体制，以推动海洋资源环境的协调发展。在加快陆海统筹的步伐中，要加强国家海洋创新体系的建设，注重与挪威、澳大利亚等海洋强国的合作，取长补短，更注重促进双方共同的发展。

（一）加强企业自主创新能力

相比于挪威的企业研发在总研发中的大比重，我国的企业创新能力较弱，尚未真正成为创新主体。首先，企业研究开发强度较低。大中型工业企业平均研发投入占销售收入0.7%，规模以上工业企业不到0.6%。有研究开发机构的企业数量下降。1990年大中型企业设立科技机构的占54%，2006年仅占23%。其次，企业缺少拥有知识产权的核心技术。在申请专利和商标方面缺乏相关意识及能力。再次，现有融资体系难以满足高技术公司融资需求，导致企业的资金实力较弱。特别是在一些低价竞争的行业，企业缺乏研究开

---

① Sundnes S. L.，Langfeldt L. Marin FoU og havbruksforskning 2003 [J]. Skriftserie，2005，3.

发和创新的投入积累。竞争可以促进创新，但恶性低价竞争导致企业丧失创新能力。最后，由于福利待遇和发展空间方面存在劣势，企业在引进高质量的科技人才方面优势不大，而且企业与大学和研究机构的合作相对薄弱。

（二）协调科研机构和大学的运行机制

我国各方面科研力量自成体系、重复分散，整体运行效率不高，社会公益领域科技创新能力尤其薄弱。具体表现为：大学、科研院所与企业的合作不够，各自为战，创新链条上的各个环节衔接不够。一些企业化经营的共性技术研究开发机构的科研成果倾向于内部产业化，而不是向外转移和扩散，难以发挥技术扩散的平台作用；科技资源不能共享，如重大科研基础设施重复购置、闲置和短缺并存。例如，在信息方面，特别是海洋信息方面，由于部门和地域的不同职能，导致信息不能完全获得，势必对海洋资源的开发和利用造成一定障碍；研究项目简单重复，浪费有限资源。结合挪威的高等教育系统与研究机构的协同共进局面，我国要加强二者之间的相互交流与协作，将大学的基础理论应用于面向企业的科研机构的研发中去，理论应用于实践，使"产、学、研"更好的结合，以"学、研"带"产"的方式提高企业的创新能力，推动企业和经济的发展。

（三）拓宽研发资金的融资渠道

一些独立科研院所和企业由于缺乏研究资金来源，导致其研究的自由度降低，研究能力下降。目前，我国以银行贷款为主的间接融资体系，不能满足企业创新和创业的需求。虽然我国风险投资总量居世界前列，但以外国机构为主。外资风险投资机构投资规模是国内机构的三倍，且受其投资的企业容易到海外上市，金融工具较多，具有融资、咨询和市场开拓能力。内资风险机构大都有政府和国有企业背景，不少是以各地区科技部门为主体出资成立的，具有准政府部门特征，缺少科学合理的激励机制、用人机制、监督机制，无法适应风险投资业高度市场化、高度竞争性、快速反应的特点。同时，缺乏风险投资的生成机制，融资渠道少，对风险投资业的税收优惠政策不到位，退出通道不畅。

（四）创新人才培养和引进机制

挪威是世界上拥有高质量教育水平的国家之一，其人才培养机制对我国有一定的借鉴。首先，我国的教育体系和人才结构不能满足建设创新型国家的需要。中小学以应试教育为主，学生缺乏创新思维；大学教育缺少实践性教学课程和专业，设置不能根据需求及时调整，大学毕业生的就业适应性不强；在职培训针对性和质量不够，专业技术工人的供应缺口较大。海外留学人员回国参加建设的人数增加，但是高层领军人物不多。所以在教育方面要加强创新能力的培养，提高人才结构中高层次人才的比例，结合社会需要培养实践型人才。其次，缺乏有效的发现、使用和激励人才的机制，没有充分调动人的创新积极性。例如，职务发明人的激励政策不到位；企业家的激励和约束制度不健全。最后，建立保障创新文化的体制和社会保障机制，多方面引进高层次人才。全社会的社会保障体系的不健全，使大部分研究院所的人员进得来、出不去。国内大部分研究机构还是靠退休和课题组聘任等方式自我消化。由于事业体制与企业体制在工资和福利方面的差别较大，事业单位的科研院所不愿意进入企业，导致应用技术研究机构进入企业的障碍。特别是在一些欠发达地区，人员流动更为困难。

（五）政府管理及建立健全配套设施

第一，优化资源配置，提高资金利用效率。各种所有制企业在资源获得和政策方面尚存在不同的待遇。如政府资源和社会资源倾向于国有企业，我国国有企业的数量不到5%，获得银行企业贷款的70%左右；外资企业在税收比例和土地获得方面通常比内企业享有优惠政策；在部分领域还存在垄断经营权，缺乏竞争。

第二，适度的投资激励，保障措施实施的有效性。过度采取投资激励措施，使得企业倾向于从优惠政策中获利，缺乏创新动力。目前各级政府掌控资源，如税收、土地、劳动力价格等，许多地方的政策以鼓励投资为主。创新有风险，如果不需要创新就能获得支持和超额利润，企业是不愿意费力搞创新的。

第三，鼓励国内创新产品的出口，参与国际竞争。现行政策大都是支持技术供应方，重点鼓励增加科技投入，对创新技术和产品的市场培育明显不足。企业和政府都不愿为创新承担风险，宁愿花高价购买外国技术和产品，甚至宁愿使用国外不成熟的技术，也不愿意使用国内企业开发的技术和产品，国内创新产品和技术缺乏市场出口。例如，进口高技术设备可以减免增值税，购买进口设备可用外国政府的优惠买方信贷，而买国内设备没有这些政策。在一定程度上，国产装备不能与进口装备公平竞争。政府采购政策没有充分体现鼓励自主创新的原则。

第四，建立与时俱进的项目审批、评价制度，适应创新发展新形势。做好战略规划，科技项目立项标准不仅要注重技术先进性，更要考虑市场因素。避免科技与经济脱节、研究开发与成果产业化脱节、自主研发与引进技术消化吸收脱节、引进技术与消化吸收脱节的现象，提高我国科技项目成果实施率。

第五，提高创新服务意识和办事效率。创新服务机构以公益性为主，社会化和市场化程度较低。各类高新技术园区的孵化器、各级生产力中心、中小企业创新服务中心、技术产权交易所等，大部分是根据各级政府文件精神成立的，具有官办和半官办色彩；有些则是从政府部门剥离出来的外设机构，代行部分政府的职能。

（六）加强国际合作

我国在传统海洋产业（如海洋渔业，海洋工程技术等）上发展比较好，但在战略性新兴产业（海洋工程装备制造业，海洋生物医药产业，海水综合利用业等）上起步较晚，相关的研究也较少。而这些产业对中国建设海洋强国有很大的促进作用，所以要加强与挪威在海洋产业方面的合作，特别是在船舶制造业和远洋航运方面。

第五章　我国海洋部门创新体系建设评价

第一节　我国海洋高等教育发展

一、我国海洋高等教育的发展过程

海洋经济的快速崛起，为我国海洋高等教育事业带来了强大的动力，提供了广阔的发展空间和十分有利的发展条件。特别是进入 21 世纪以来，相关高等院校借国民经济高涨，高等教育快速发展的机遇，面向海洋经济主战场，以海洋产业构造变化为目标，适时调整学科和专业教育资源，扩大投资领域，使海洋高等教育在规模、层次、结构、质量等方面都得到了全方面地扩张、优化和提升。[①]

（一）萌芽和兴起阶段

从总体看，我国历史上是一个大陆国家，不重视海洋，尽管曾经有过郑和七下西洋的壮举，但从根本上，不论是发展还是管理，直到今天还是局限在大陆。这就使得我国海洋教育直到今天也没有得到足够的重视。当然，这不是说我国就没有海洋教育的历史与发展。我国古代文化教育比较忽视海洋，从总体看，没有进行过真正的海洋教育。从时间上看，我国正式以学校为单位进行海洋教育开始于 20 世纪初叶。张謇是我国最早开办海洋教育的教育家，他在 1910 年左右先后开设了河海工程专门学校（今河海大学）、江苏省立水产学校（今上海海洋大学）、邮传部上海高等实业学堂船政科（今上海海事大学）等进行海洋教育，开启了我国正式进行海洋教育的道路。新中国成立以后，由于国内外政治、经济、社会变化剧烈等各种原因，海洋教育也时断时续，直到改革开放之后，我国海洋教育才走上稳步发展的道路。

新中国成立前，我国海洋高等院校设有海洋学、气象学、生物学系科的

---

① 高艳，潘鲁青. 经济全球化背景下海洋高等教育的改革与发展 ［J］. 高等理科教育，2002
（5）：7－10.

仅有山东大学（中国海洋大学前身）、厦门大学等几所，海洋高等教育基础十分薄弱。新中国成立后，国家就着手发展海洋高等教育，成立海洋教育科研机构，首先把国民党政府的中央水产试验所改建为黄海水产研究所，恢复海洋水产教育机构。随后，国家建立了一大批的海洋类高等院校，海洋高等教育的办学规模得以扩大。1952年，先后建立了上海水产学院、山东大学水产系（原厦门大学海洋系北迁和山东大学海洋研究所合并）、河北水专三个高等水产教育院校，建立了大连、烟台、集美、广东、汕尾等中等水产学校和中国科学院青岛海洋生物研究室。1952年全国高等院校调整时还建立了华东水利学院、大连海运学院等。

虽然海洋高等教育的办学规模得到了发展，但办学点过于分散且发展不平衡等问题不久就显露出来。为此，1954年，教育部拟就全国海洋高等教育系科按集中办学的原则进行调整。新调整的海洋高等教育系科分为如下四种类型：第一类为合并建校，由上海交通大学、同济大学、武汉交通学院三所高校及上海工业专科学校造船科合并组成上海交通大学的船舶及海洋工程系，由厦门大学海洋系的理化组与山东大学合并组成山东大学海洋学系。第二类为新设建校。这一时期我国沿海相继成立了山东海洋学院、上海海运学院、广东水产学校、舟山水产学院等高等海洋学校。第三类为维持原状。河海大学、天津大学的海洋类专业基本不动，仍在原校继续办学。第四类为撤分学校。1953年，撤销河北省水产专科学校，该校师生分别并入山东大学和上海水产学院。

应该说，这个"调整方案"收获很大。新组建成的山东海洋学院成为新中国成立后第一所综合性的理工科高等海洋教育机构。大连理工大学、上海交通大学、哈尔滨工程学院等重点院校形成了舰船工业的教育体系。随着一大批水产学院、海运学院的建立，水产、海运学科的高等教育学科也逐步建立形成。这一时期，经过"加速发展""调整结构"等一系列的改革，海洋高等教育发展规模得到了恢复与发展。但由于海洋教育系科办学条件较差、教师资源严重缺失、没有制订统一教学大纲，教学质量整体比较落后，但其在国家海洋事业发展的基础作用是应该得到肯定的。[①]

---

① 勾维民. 海洋经济崛起与我国海洋高等教育发展 [J]. 高等农业教育，2005（5）.

（二）徘徊前进和恢复阶段

1977 年，我国恢复高考制度，各校海洋学系陆续恢复招生，海洋高等院校学科建设有了新的发展。经过几年的调整和充实，全国海洋院校学科建设逐步恢复发展。如山东海洋学院在 20 世纪 80 年代初就建有物理海洋与海洋气象系、海洋物理系、海洋化学系、海洋生物系、海洋地质系、水产系、海洋工程系等 9 个系，15 个专业。大连海运学院和上海海运学院也有新的发展。大连海运学院已有航海系、轮机系等 4 个系，7 个专业；上海海运学院已有航海系、轮机系、起重运输系、远洋系、水运管理系等 6 个系，10 个专业。1978 年 10 月，大连水产专科学校升格为大连水产学院。1979 年 9 月，湛江水产专科学校升格为湛江水产学院。1978 年舟山水产学院改称浙江水产学院。1980 年，重建厦门大学海洋研究所。1988 年山东海洋学院更名为青岛海洋大学①。这一系列的体制改革大大提升了我国海洋高等教育的办学规模和办学质量。

20 世纪 80 年代，我国海洋高等教育在高层次教育上有了新的突破。自 1981 年建立学位制度以来，山东海洋学院、上海水产学院、厦门大学等高校开始招收水产类专业研究生，实行全学分制，学期 3 年。在留学生培养上，1980 年以后，厦门大学先后接受来自德国、墨西哥、乌干达、突尼斯、索马里、几内亚、摩洛哥、朝鲜、巴基斯坦、澳大利亚、俄罗斯等国家留学生（包括进修生、本科生、硕士生和博士生）的培养任务。我国海洋类专家赴国外讲学和请国外专家来国内讲学及互派留学生的规模不断扩大。这一时期，海洋高等教育事业有了很大发展，全面招生、专业扩充、学校升格等措施在一定程度上促进了我国海洋高等教育的整体质量的提升。1978 年山东海洋学院由国家海洋局划为教育部领导，进一步理顺了教育管理体制。与此同时，3 所大学升格，在一定程度上也促进了海洋学科的完善。

（三）初步发展和成长阶段

20 世纪 90 年代，我国海洋高等教育迎来第二个快速发展期，海洋科学教育进一步得到发展。1993 年和 1997 年的两次专业结构调整规范了我国海

---

① 林年冬.海洋高等教育教学改革与创新［M］.北京：海洋出版社，2012.

洋学科体系。

1992年青岛海洋大学其海洋系扩建为海洋环境学院；1995年成立全国第一届海洋科学教学指导委员会；厦门大学重组海洋系，并于1996年扩建为海洋与环境学院；1997年成立湛江海洋大学，1998年成立浙江海洋学院；有些大学设置海洋学院或增设涉海的系科专业，海洋科学教育事业进入稳步发展的新时期。[①]

为了改变高等学校存在的本科专业划分过细，专业范围过窄的状况，1997年集中对1993年颁布的《普通高等学校本科专业目录》进行了修订。调整后，海洋生物学、海洋化学、海洋物理学不再单独招生，分别设立海洋科学和海洋技术专业；船舶与海洋工程、船舶工程、海岸与海洋工程合归船舶与海洋工程；水产养殖学、淡水渔业、海水养殖合为水产养殖学，海洋渔业科学与技术、海洋渔业、渔业资源与渔政管理合为海洋渔业科学与技术；航海技术、海洋船舶驾驶合为航海技术；轮机工程、轮机管理合为轮机工程；海洋地质学归入地质类学科专业，海洋气象归入大气类学科专业。本次调整由原来20个专业调整为8个，减缩60%。[②]

这一时期，高等海洋教育事业进入了稳步发展时期，高等海洋教育体制有了很大改革。海洋局原直属海洋类院校或转教育部管理，或转地方政府领导；农业细分，海洋单列，专业院校增多，如浙江农业大学分为浙江林学院和浙江海洋学院；院校合并，强强联合，全国先后有9所院校之间通过合并组建新高等海洋院校3所，有14所高等院校合并组成新的海洋高等院校，或并入综合性海洋大学，2所学校升格（湛江水产学院升格为湛江海洋大学，浙江水产学院升格为浙江海洋学院）。[③]

（四）较快发展和跨越式发展

随着海洋开发的加快，我国海洋高等教育服务经济、服务地方的功能也在加快，海洋经济成为各沿海地方经济发展的新增长点，海洋科学专业取得了很大发展。目前，开展海洋科学专业教育的国内大学由原来的中国海洋大

---

① 刘邦凡. 论我国高校海洋教育发展及其研究 [J]. 教学研究，2013，36 (3).
② 李百齐. 建设和谐海洋，实现海洋经济又好又快地发展 [J]. 管理世界，2007 (11).
③ 冯士笮，王修林，高艳. 适应新形势加快海洋科学教育的发展 [J]. 中国大学教学，2002 (3)：23 – 25.

学、厦门大学、同济大学等少数院校，发展到河海大学、宁波大学、浙江海洋学院、上海海洋大学、淮海工学院、广东海洋大学、河北工业大学等院校也先后开设了海洋科学或海洋技术专业，浙江大学成立了浙江大学海洋学院。海洋经济学科也成为热门，很多涉海类高校都增设了海洋经济学或经济学专业海洋方向等，海洋物流、海洋管理、海洋旅游等学科也纷纷建立。此外，在 2006 年由教育部和国家海洋局共建，设立在中国海洋大学的中国海洋发展研究中心也正式成立。

刚进入 21 世纪，我国海洋高等教育就出现了繁荣的景象，海洋高等教育层次不断提升。1998 年广东海洋大学获得了硕士学位授予权，目前学校共有硕士点 14 个，农业推广硕士学位点 1 个，2008 年学校还正式启动了申博项目；2005 年浙江海洋学院也获得了硕士学位授予权，目前学校共有硕士点 2 个，农业推广硕士学位点 5 个。

这一时期，海洋高等教育在内涵式和外延式都有了发展。内涵式发展主要体现在办学质量和办学效益的提升。到目前为止，全国共有"211 工程"和"985 工程"涉海类院校 20 余所，海洋专业学科由自然科学单独发展到自然与人文学科齐头并进，海洋经济成为 21 世纪新的产业亮点。外延式发展主要体现在办学规模的扩充。10 年内有 3 所学校更名（青岛海洋大学更名为中国海洋大学、湛江海洋大学更名为广东海洋大学、上海水产大学更名为上海海洋大学），全国 4 所海洋类院校共有在校学生 78000 余人。

二、我国海洋高等教育发展成就

（一）海洋高等院校布局日趋合理

1949 年我国仅有为数不多的高校建有海洋学系，这严重阻碍了我国海洋事业的进步。改革开放以后，海洋高等教育得到重视，海洋高等院校如雨后春笋般地发展起来。据不完全统计，到 2013 年初，我国独立开展海洋教育的高等学校或校设海洋学院主要包括：中国海洋大学、大连海洋大学、上海海洋大学、广东海洋大学、大连海事大学、上海海事大学、浙江海洋学院、厦门海洋职业技术学院、威海海洋职业学院（筹建）、广州航海学院、中国地质大学（北京）海洋学院、河北农业大学海洋学院、中山大学海洋学院、浙江大学海洋学院、宁波大学海洋学院、同济大学海洋学院、淮海工学院海洋学院、厦门大学海洋与地球学院、南京大学地理与海洋科学学院、江苏科技大学船舶与海洋工程学院、山东大学（威海）海洋学院等。21 世纪以来，我国更加重视海洋教育。2010 年 9 月 16 日教育部和国家海洋局在北京举行签字仪式，共建 17 所高校：清华大学、北京大学、北京师范大学、中山大学、天津大学、浙江大学、厦门大学、大连理工大学、上海交通大学、同济大学、中国海洋大学、南京大学、河海大学、武汉大学、中国地质大学（北京）、中国地质大学（武汉）、武汉理工大学。根据共建协议，教育部将进一步推进共建高校大力发展海洋教育，支持共建高校涉海学科及相关重点学科、重点实验室和研究平台建设，促进涉海及相关学科专业交叉融合和新兴学科发展。

（二）学科体系日趋完整

我国早期的海洋教育局限于理科范畴，主要设置了从事海洋调查和研究的基本学科，如海洋学、气象学和海洋生物学。由于海洋具有开放性、复杂性、特殊的生态性，以及稳定性与适应性相协调等特性，由此注定了海洋科学研究的多学科交叉、渗透和综合的特征。这种特征随海洋科学自身的发展日益明显，在海洋高等教育发展中得到了充分反映。目前，海洋高等教育已形成了以海洋科学为主体，海洋学科为特色，理、工、农、医、文、管等门类比较齐全的学科体系。现在，海洋科学学科体系已成熟，航海、造船、海洋工程及电子信息等海洋工程教育也取得了很大成绩，海洋经济、海洋文化、海洋管理、海洋政治、海洋军事和海洋史学等人文社会学科也已经提上日程。经过 60 多年的发展，我国海洋类专、本科专业、硕士专业、博士专业逐步建立起来，学科体系日趋完整。据统计，目前全国共有海洋专业领域博士后流动站 11 个，海洋类博士点 46 个，涉海类博士点 69 个，博士点共计 115 个。此外，还有硕士点 68 个，本科专业 93 个，其中，国家重点学科 19 个，国家级、省部级本科重点专业 9 个，国家级、省部级重点实验室 13 个。

（三）教育层次日趋健全

从 1978 年部分院校开始招收研究生以来，我国海洋高等教育业跃入多层次教育体系。在校生数量稳步提升，如1959年山东海洋学院（现中国海洋大学）在校生人数仅481人，1984年发展到1643人，是1959的3.4倍；2008年在校学生30000余人，是1959年的62倍，是1984年的18倍。同时，海洋高等教育布局也日趋合理。1997年我国海洋各类专业在校生规模：本、专科6974人、硕士726人、博士512人，结构比例为849∶88∶62；2007年我国海洋各类专业在校生规模：本、专科63834人、硕士4234人、博士1841人，结构比例为913∶61∶26，至此，我国形成了研究生教育、本科教育和专科教育组成的金字塔式结构的海洋专业人才培养体系。

（四）海洋科技科技成果显著

在新中国成立初期，我国海洋科技仅停留在近海海洋调查研究上，如1954年南海渔业资源调查、1956年带鱼渔场调查等。中共十一届三中全会后，我国海洋科技研究成果显著。1980年我国两名科学工作者，与澳大利亚科学工作者，首次进行南极和南大洋考察。此外，水产养殖、海洋石油勘探开发、海洋能源发电、海水淡化和海洋工程技术等方面，也都取得不错的成绩。我国海洋科技工作者每年都要承担国家高科技研究发展计划、国家科技攻关计划、国家重大基础研究发展计划和国家自然科学基金等海洋科技项目，产出了大量的研究成果。科技成果年产出数也在逐步提升。1999～2005年，我国海洋科技研究课题共24526项，年均3503.7项，其中基础研究3178项，应用研究6171项。[①]

第二节　我国海洋研究机构发展过程

一、发展过程概括

中国近代海洋科学始于20世纪初，30年代中国开始筹建海洋研究机构。

---

① 马勇. 何谓海洋教育：人海关系视角的确认 [J]. 中国海洋大学学报（社科版），2012 (6).

1946 年以后，在厦门大学和山东大学曾分别建立海洋研究所，但规模很小。中华人民共和国成立后，海洋研究事业进入了新的发展阶段。1950 年 8 月，中国科学院水生生物研究所青岛海洋生物研究室成立。以后，陆续建立起一批新的研究机构。到 1983 年，海洋研究机构已达 100 多个，分别隶属于中国科学院、国家海洋局、农牧渔业部、地质矿产部、石油部、交通部等部局，以及沿海各省、直辖市、自治区和一些高等院校。这些研究机构按其性质和专业方向，大致可归纳为 5 类：第一，从事海洋基础科学研究和应用科学研究的综合性海洋研究机构，专业性海洋研究机构。如中国科学院海洋研究所，中国科学院南海海洋研究所，国家海洋局第一、第二、第三海洋研究所，中国海洋大学物理海洋学研究所，厦门大学亚热带海洋研究所，福建海洋研究所，华东师范大学河口海岸研究所等。第二，从事海洋资源调查、勘探、评价和开发技术研究的专业性研究机构。如农业部的各海洋水产研究所，地质矿产部的海洋地质研究所和各海洋地质调查大队，国家海洋局海水淡化与综合利用研究所，轻工部的制盐研究所等。第三，从事海洋仪器、设备研制和海洋技术开发的研究机构。如国家海洋局海洋技术研究所，中国科学院声学研究所，山东省海洋仪器仪表研究所等。第四，从事海洋工程技术的研究机构。如各船舶工程、海港工程、海运部门的研究所，华东水利学院海洋工程研究所，大连理工大学海洋工程研究所等。第五，从事海洋环境科学和科学技术服务的研究机构。如国家海洋局海洋环境保护研究所，海洋环境预报中心，海洋科技情报研究所等。[①]

主要的海洋研究机构有：第一，中国科学院海洋研究所，为中国最大的综合性海洋研究机构。第二，中国科学院南海海洋研究所，以研究热带海洋为主的综合性海洋研究机构。第三，国家海洋局的第一、第二、第三海洋研究所，海洋技术研究所，海洋环境保护研究所，海洋科技情报研究所。第四，地质矿产部的海洋地质研究所（青岛），成立于 1976 年。其任务以地质找矿为中心，海底油气勘查为重点，研究中国海洋石油地质理论和方法；开展中国近海海域地质构造、地球物理场特征以及油气远景的研究；开展国际合作，进行沉积动力学研究和深海大洋调查。第五，农牧渔业部的研究所，有黄海

---

① 钟凯凯，应业炬. 我国海洋高等教育现状分析与发展思考 [J]. 高等农业教育，2004（11）.

水产研究所（青岛）；东海水产研究所（上海）；南海水产研究所（广州）。分别负责黄海、东海、南海以及邻近洋区的海洋生物生产力和海洋水产资源的调查和评价；研究各海区鱼类形态、分类区系；海洋鱼、虾、贝、藻的养殖和增殖技术；海洋渔业与海洋环境条件的关系；海洋经济鱼类的分布、洄游规律以及渔情预报方法。同时还研究海洋污染对水质的影响，水产品受毒特征和消失规律，海洋渔业遥感等新技术的应用。3 个研究所都拥有一定规模的渔业调查船队。

我国台湾地区的台湾大学海洋研究所 1968 年成立，位于台北市。该所研究内容包括黑潮、风暴潮、台湾附近水域海洋水文、海洋地质和地球物理、海洋化学、台湾北部沿岸海水污染、海洋初级生产力及浮游生物、鱼类资源、珊瑚礁生物、经济海藻等方面。1973 年成立的中国文化学院海洋研究所，位于台北市，主要从事海洋资源开发和航运的研究。

二、高等教育系统涉海研究发展过程

我国高等教育系统涉海研究从 20 世纪初叶开始萌芽兴起，缓慢发展，直到改革开放之后，才得以稳步发展，尤其 21 世纪以来，我国开始非常重视海洋教育。总体而论，目前我国高校海洋教育及涉海研究体系已经初步建立。

专科生层次的海洋教育专业设置。到 2013 年初，我国高校开设海洋教育类专科专业 26 个，即：畜牧兽医（水产方向）、税务（海关报关方向）、水政水资源管理、水运管理、水信息技术、水利水电建筑工程（港口）、水环境监测与分析、水环境监测与保护、水产养殖技术、水产养殖、商务英语（航运英语）、商务英语（海事）、轮机工程技术、金融管理与实务（航运金融）、环境监测与治理技术、航海技术、海水养殖、海事管理、海关管理、国际航运业务管理、港口与航运管理、港口业务管理、港口物流设备与自动控制、港口机械应用技术、港口航道与治河工程、城市水净化技术；这些专业分属 9 个学科门类，即管理学、财经、公共事业、文化教育、水利、农林牧渔、交通运输、工学、环保气象与安全。[①]

---

① 刘邦凡. 论我国高校海洋教育发展及其研究 [J]. 教学研究, 2013, 36（3）: 9-14.

海洋教育类的本科专业设置。到 2013 年初，我国现有高校涉海本科专业主要涵盖：英语（水产贸易英语）、日语（水产贸易日语）、水族科学与技术、水资源与海洋工程、水环境监测与保护、水产养殖学、水产养殖教育、水产类、社会工作（航海社工）、轮机工程、军事海洋学、航运管理、航海技术、海洋渔业科学与技术、海洋油气工程、海洋药学、海洋生物资源与环境、海洋科学类、海洋科学、海洋经济学、海洋技术、海洋管理、海洋工程与技术、海洋工程、海事管理、港口航道与海岸工程、船舶与海洋工程、边防指挥、边防管理；涉及学科门类 9 个，即医学、文学、农学、理学、经济学、教育学、管理学、工学、法学。[①]

硕士和博士研究生层次海洋教育专业设置。《授予博士、硕士学位和培养研究生的学科、专业目录》（1997 年颁布）中有关海洋教育的学科设置情况是：在"理学（07）"中设"海洋科学 0707"一级学科，含"物理海洋学（070701）、海洋化学（070702）、海洋生物学（070703）、海洋地质（070704）"4 个二级学科。在"工学（08）"中设有 2 个与海洋教育紧密相关的学科，一是"水利工程（0815）"，含"水文学及水资源（081501）、水力学及河流动力学（081502）、水工结构工程（081503）、水利水电工程（081504）和港口、海岸及近海工程（081505）"5 个二级学科；二是"船舶与海洋工程（0824）"，含"船舶与海洋结构物设计制造（082401）、轮机工程（082402）、水声工程（082403）"3 个二级学科。在农学（09）中设"水产（0908）"，含"水产养殖（090801）、捕捞学（090802）、渔业资源（090803）"3 个二级学科。2011 年修订后学科专业目录对这 3 个二级学科没有修改。在 2012 年研究生学科评估中，各高校学科整体水平排序：中国海洋大学、厦门大学、同济大学、中山大学、浙江海洋学院、中国地质大学、河海大学、上海海洋大学、天津科技大学、大连海洋大学、宁波大学；在"船舶与海洋工程"学科评估中，各高校得分排序：上海交通大学、哈尔滨工程大学、海军工程大学、天津大学、西北工业大学、大连理工大学、大连海事大学、武汉理工大学、华中科技大学、江苏科技大学、浙江大学、浙江海洋学院、宁波大学；根据 2012 年的学科评估，排"海洋科学"前两名的分别

---

① 刘邦凡. 论我国高校海洋教育发展及其研究 [J]. 教学研究，2013，36（3）：9-14.

是中国海洋大学和厦门大学，排"船舶与海洋工程"前两名的分别是上海交通大学和哈尔滨工程大学，排"水产"前两名的分别是中国海洋大学和上海海洋大学。

由上可知，我国开展海洋教育与科研的学科、专业、教学科研活动主要集中在少数海洋类院校，甚至很多临海高校（如秦皇岛、唐山、天津等地高校）也没有开展相关的教育教学活动和科研活动。因此，总体上看，我国高校关注"海洋教育"的学者很少，而且缺乏长期关注这一主题的学者，更缺乏深入细致的研究成果。总之，在我国，海洋教育与科研有待于大力加强，尤其是在临海高校要大力推进海洋教育与科研。

三、中国科学院海洋研究所系统

（一）历史沿革及现状

1950 年 8 月 1 日，中国科学院水生生物研究所青岛海洋生物研究室成立。有工作人员 30 人，主任童第周，副主任曾呈奎、张玺。

1954 年 1 月 1 日中国科学院水生生物研究所青岛海洋生物研究室更名为中国科学院海洋生物研究室，直属中国科学院。有工作人员 220 人；主任童第周，副主任曾呈奎、张玺。

1957 年 1 月 1 日中国科学院海洋生物研究室扩大建制为中国科学院海洋生物研究所。有工作人员 500 人；所长童第周，副所长曾呈奎、张玺、孙自平。

1959 年 1 月 1 日中国科学院海洋生物研究所扩大建制为中国科学院海洋研究所。有工作人员 750 人；所长童第周，副所长曾呈奎、张玺、孙自平等。

研究所现有在职职工 700 余人，其中专业技术人员近 500 人；中科院院士 4 人、工程院院士 2 人，博士生导师 101 人，硕士生导师 58 人。作为中国科学院博士研究生重点培养基地，研究所设有海洋科学、环境科学与工程、水产 3 个一级博士点、9 个二级博士点和 10 个硕士点，以及海洋科学博士后流动站。①

---

① 徐质斌，牛福增. 海洋经济学教程［M］. 北京：经济科学出版社，2003.

建所 60 多年来，研究所面向国家需求和国际海洋科学前沿，不断调整学科方向，重点在蓝色农业优质、高效、持续发展的理论基础与关键技术，海洋环境与生态系统动力过程，海洋环流与浅海动力过程，以及大陆边缘地质演化与资源环境效应等领域开展了许多开创性和奠基性工作，为我国国民经济建设、国家安全和海洋科学技术的发展做出了重大创新性贡献。共取得 900 余项科研成果，其中国家一等奖 6 项，国家二等奖 24 项，全国科学大会奖 15 项，山东省科技最高奖 3 项，中科院和省部委重大成果奖、科技一等奖 127 项，国际奖 16 项。共发表论文 9400 余篇（其中 SCI/EI 收录论文 2600 余篇），出版专著 210 余部；共获国际发明专利授权 7 件，国家发明专利授权 270 余件，实用新型专利授权 140 余件，外观设计专利 50 余件。

"十二五"期间，研究所将紧紧围绕"十三五"发展规划目标，致力于综合性海洋科学基础研究和技术研发，立足近海环境演变与生物资源可持续利用的理论创新与关键技术的综合交叉与系统集成，拓展深海环境与战略性资源探索的先导性研究，重点在我国海洋生物资源的新认知、新品种和新生产体系，中国近海环境演变机理与生态灾害发生的预测和防控，热带西太平洋环流变异及其对气候、环境的影响方面研究取得重大突破，同时重点培育西太平洋地质演化与沉积记录、深海环境综合探测研究、海洋生物多样性与分子系统演化、海洋生物活性物质与生物能源发掘利用、海洋环境腐蚀与生物污损防护技术等学科方向，在我国海洋科技领域发挥了不可替代的作用，成为有国际影响力的海洋科学和技术研究机构。

（二）中国科学院海洋研究所下属科研部门[①]

1. 中国科学院南海海洋研究所

重点研究"热带边缘海海洋水圈—地圈—生物圈"圈层结构及其相互作用特征与演变规律，探讨其对资源形成和环境变化的控制和影响，发展具有南海特色的热带海洋资源与环境过程理论体系和应用技术。热带海洋环境动力与生态过程、边缘海地质演化与油气资源、热带海洋生物资源可持续利用和海洋环境观测体系及其关键技术。

---

① 本部分内容的原始资料来自中科院分支机构各自相关官方网站介绍，特此说明。

2. 中国科学院烟台海岸带研究所

研究全球气候变化和人类活动影响下海岸带陆海相互作用、资源环境演变规律和可持续发展，创建海岸科学理论、方法与技术体系，建成海岸科技研发与成果转化中心和高级人才培养基地。

3. 中国科学院青岛生物能源与过程研究所

拥有生物能源、先进生物基材料、先进能源应用技术的自主创新研发平台。提出了"秸秆基百万立方生物天然气产业化系统""含能材料生物合成关键技术与工程示范"两个重大突破项目，"微藻光合固碳与资源化利用""生物质气化合成液体燃料"等若干个重点培育方向。

4. 中国科学院实验海洋生物学重点实验室

主要针对海洋农业中海洋生物资源开发和可持续利用的关键问题，在海水养殖核心种质筛选和保存、重要养殖生物生长发育调控、海洋动物繁殖生物学、海洋生物基因组学和生物信息学、海洋生物技术、病害防治与天然产物利用等方面开展研究。

5. 中国科学院海洋生态与环境科学重点实验室

针对海洋生态系统关键生物生产过程，海洋生态系统关键生物地球化学过程，海洋环境演变及其对海洋生态系统的影响等方面，开展中国近海浮游植物、浮游动物与海洋微生物种类组成与数量变动，中国近海海洋生态系统关键种种群动力学，重要渔业资源种群补充机制，南大洋海洋生态系统关键种群动态学，海水化学要素对海洋生态环境演变的调控作用，海洋中碳的生物地球化学循环机制及效应，海洋沉积物在生源要素生物地球化学循环中的作用，海洋污染对近海环境质量的影响及其生态效应，有害赤潮形成的海洋学与生态学机理及其预测与防治，近海富营养化形成过程、机制及对策，海水养殖系统生态调控原理与环境控制等研究。

6. 中国科学院海洋环流与波动重点实验室

针对海洋环流动力学过程及其气候环境效应，海洋环境的遥感探测与数值预测方法，海洋波动及其对其他海洋过程的影响等方面，开展西太平洋—东印度洋环流变异及其对气候变化的影响，中国近海关键环流动力学过程及其环境生态效应，海洋中尺度现象探测、分析与预测，海洋波动与混合的非线性机理，多尺度海洋波动相互作用理论及预测方法，我国沿海重大海洋灾害机理、预测方法和风险评估，海洋遥感机理和海洋要素遥感探测方法，海洋遥感应用，海洋数据同化与数值预报方法等研究。

7. 中国科学院海洋地质与环境重点实验室

主要针对大陆边缘地质演化与资源潜力，全球变化的海洋记录与沉积过程，深海环境探测与生命过程等方面，开展大陆边缘岩石圈动力学与地球深部过程、深水油气地质与资源潜力、太平洋西部边界流演化及其对全球变化的响应、沉积扩散系统的形成过程、海底热液（冷泉）系统研究、海生物圈的地质微生物学研究、深海探测的若干关键技术研究。

8. 中国科学院海洋生物技术研发中心

针对制约我国海水养殖产业发展的种质、环境等瓶颈因素，开展海洋贝类、鱼类、藻类健康养殖技术、海洋药物研究与开发、海洋生物资源在农业上的应用技术、海水养殖病害防治与饵料开发技术、海洋环保技术等研究。

9. 中国科学院实验海洋环境工程技术研究发展中心

针对海洋环境监测、海洋腐蚀防护技术、环境评价技术开展海洋气象水文，工程地质，海洋仪器与系统集成，海洋腐蚀防护技术、污染状态的探测与研究，环保评估以及环境评价技术、防腐涂料等方面的研究。

四、国家海洋局系统海洋研究机构[①]

（一）国家海洋局第一海洋研究所

国家海洋局第一海洋研究所隶属于国家海洋局，作为独立法人单位，第一海洋研究所下设有 5 个研究室、3 个国家海洋局重点实验室（海洋环境科学与数值模拟重点实验室、海洋生物活性物质重点实验室、海洋生态环境科学与工程重点实验室）、3 个技术中心（海岸带开发管理研究中心、海洋工程勘察设计研究中心、高新技术中心）和专门从事海洋工程勘察设计研究工作的"青岛海洋工程勘察设计研究院"。第一海洋一所在海湾自然环境与海岸工程调查研究、海洋工程环境调查及其参数数值模拟和统计分析、环境影响

---

① 本部分内容的原始资料来自海洋局所属研究机构自相关官方网站介绍，特此说明。

评价、海域使用论证及海洋环境保护、核电站工程可行性调查研究、海底管线路由勘察、海洋油气勘探开发工程勘察等海域使用和海洋开发领域，已完成了一大批项目的调查研究工作。

（二）国家海洋局第二海洋研究所

国家海洋局第二海洋研究所主要从事中国海、大洋和极地海洋科学研究；海洋环境与资源探测、勘查的高新技术研发与应用。作为国内从事海洋调查与研究的主要单位之一，建有卫星海洋环境动力学国家重点实验室和3个国家海洋局开放实验室（国家海洋局海底科学重点实验室、海洋动力过程与卫星海洋学重点实验室、国家海洋局海洋生态系统与生物地球化学重点实验室），1个所级重点实验室（工程海洋学重点实验室），包含海洋工程勘测设计研究中心、检测中心、海洋标准物质中心、海洋科技信息中心等技术服务机构和技术支撑体系。近年来通过科技体制改革对原有的学科结构进行了调整，整合为海底科学与深海勘测技术、海洋动力过程与数值模拟技术、卫星海洋学与海洋遥感、海洋生态系统与生物地球化学、工程海洋学5个重大研究领域和19个重点研究方向，基本形成了适应国家需求和立足海洋科技发展前沿的科技创新体系和科研群体。

（三）国家海洋局第三海洋研究所

国家海洋局第三海洋研究所主要从事海洋生物技术应用基础研究；海洋自然生态和实验生态研究；海洋大气化学与全球变化研究；海洋环境动力学和军事海洋学研究；海洋声学技术研究；海洋环境评价与海岸带管理技术研究；海洋环境监测技术与海洋标准研究；海洋环境数值预报；海洋微波遥感及海洋污染光学遥感研究；台湾海峡、南中国海域及周边海域环境调查；南北极海洋环境调查；放射性同位素海洋学研究及核技术应用；海洋工程勘察设计；环境工程设计等。工作海区涉及台湾海峡、南海、东海、大洋、南北两极等海域。

（四）中国极地研究中心

中国极地研究中心是国家海洋局直属公益性事业单位，也是我国唯一专门从事极地考察的科学研究和保障业务中心。中国极地研究中心是我国极地科学的研究中心，"国家海洋局极地科学重点实验室"的依托单位，主要开展极地雪冰—海洋与全球变化、极区电离层—磁层耦合与空间天气、极地生态环境及其生命过程以及极地科学基础平台技术等领域的研究；建有极地雪冰与全球变化实验室、电离层物理实验室、极光和磁层物理实验室、极地生物分析实验室、微生物与分子生物学分析实验室、生化分析实验室、极地微生物菌种保藏库和船载实验室等实验分析设施；在南极长城站、中山站建有国家野外科学观测研究站，是开展南极雪冰和空间环境研究的重要依托平台。中国极地研究中心是我国极地考察的业务中心。负责"雪龙"号极地科学考察船、南极长城站、中山站以及国内基地的运行与管理；负责中国南北极考察队的后勤保障工作；开展极地考察条件保障的国际交流与合作。中国极地研究中心是我国极地科学的信息中心。负责中国极地科学数据库、极地信息网络、极地档案馆、极地图书馆、样品样本库的建设与管理并提供公益服务。

（五）天津海水淡化与综合利用研究所

国家海洋局天津海水淡化与综合利用研究所系国家海洋局直属的我国唯一专门从事海水（苦咸水）淡化、纯水超纯水制备和膜分离等技术研究、设备生产、工程服务的专业性国家级研究所，全面推行 ISO9001 国际质量管理体系，是国家水处理工程的甲级设计单位。作为国内颇具实力、信誉卓著的国家级水处理技术研究单位与水处理设备供应商，专门从事膜法、蒸馏法海水淡化，苦咸水脱盐；反渗透、电渗析法纯水超纯水制备和工业用水脱盐；工业冷却水处理、污水处理等水处理技术和化工物料分离技术的研究开发、相应设备的研制生产、工程咨询、工程设计，并提供全方位、高水平的水处理和化工物料分离工程服务。同时进行海水化学资源综合利用、海洋防腐涂料技术等领域的技术研究和应用开发。

五、国家海洋局系统海洋科研服务机构[①]

（一）国家海洋信息中心

国家海洋信息中心是国家海洋局直属的财政补助事业单位，主要职能是

---

① 本部分内容的原始资料来自海洋局系统相关分支机构的官方网站介绍，特此说明。

管理国家海洋信息资源，指导、协调全国海洋信息化业务工作，为海洋经济、海洋管理、公益服务和海洋安全提供海洋信息的业务保障、技术支撑与服务。其主要职责是：拟订国家海洋信息发展规划、管理制度、标准和规范，开展国家海洋政策、法规及海洋事务对策研究；负责海洋资料收集、管理、处理和服务，承担海洋环境与地理信息服务平台和中国 Argo 资料中心的运行与管理；承担中国海洋档案馆和文献馆的建设与管理，提供档案和文献服务，对全国海洋档案工作实施业务指导；负责国家海洋经济运行监测评估业务化系统的建设和运行，承担海洋经济和社会发展的统计与核算等相关工作；编制《中国海洋事业发展公报》和统计公报；承担海洋行政管理和执法的业务化信息支撑工作；承担海岛监视监测系统的运行和管理；开展海洋规划、海洋功能区划研究和编制工作；承担业务化潮汐（流）预报、海平面变化预测和评价，制作发布海洋环境再分析产品，编制《中国海平面公报》；承担数字海洋系统开发与运行，承担海洋信息业务网络规划与建设的技术支撑工作；承担海洋环境信息保障体系的建设，开发专项海洋信息产品并维护信息网络；承担海洋信息安全体系规划与建设；负责海洋资料国际交换业务工作；承担国际组织有关海洋信息工作的国家义务和国际海洋学院西太平洋区域中心工作。

（二）国家海洋技术中心

国家海洋技术中心基本任务主要职能是负责全国海洋技术的行业管理，承担国家海洋技术发展规划、计划和标准的拟定；承担国家海洋高新技术研发及其成果的转化；承担国防建设所需的军事海洋观测技术研究和海洋技术装备及监测系统的研制与开发，并代表国家开展国际海洋技术的合作与交流，为海洋行政管理、资源开发、环境保护、国防建设和海洋科学研究提供技术支撑。主要职能：拟定国家海洋技术的发展规划、计划、标准和管理规定；承担国家海洋技术业务体系建设，提供业务指导。提供国家海洋调查、观测、监测监视业务体系运行的技术支持；承担国家海洋技术研究、海洋仪器设备和系统的研制、成果检测以及成果转换方法的研究与开发；负责国家大型或关键海洋仪器设备和集成系统的登记、技术经济评估、引进大型仪器设备的技术咨询服务和海洋技术人员的业务培训；负责国内外海洋技术信息和资料的收集研究，提供行业服务；承担国防建设所需的海洋环境保障技术研究和仪器设备及集成系统的研制，为军事海洋环境业务系统提供技术支持和服务；承担国家海洋技术体系重大质量事故的调查，编制事故的技术报告，为质量事故仲裁提供技术依据；开展海洋技术的国际合作和交流，承担国家（地区）及国际海洋组织委托的海洋技术业务。

（三）国家海洋标准计量中心

国家海洋标准计量中心直属国家海洋局领导，同时接受国家质量监督检验检疫总局业务指导，实施全国海洋标准化、计量和质量的管理与监督；兼为国家海洋计量站，是国家质量监督检验检疫总局授权的法定计量检定机构，也是国家科技部和国家质量监督检验检疫总局联合授权的科技成果检测鉴定国家级检测机构。主要职能：宣传并贯彻执行国家有关质量技术监督工作的方针、政策和法律法规；拟订全国海洋质量技术监督工作的法规、管理制度和规划、计划，并对全国海洋质量技术监督工作实施业务指导和协调；负责全国海洋标准化技术归口工作，开展全国海洋标准化方针、政策和标准体系等有关技术的研究；组织全国海洋标准化采标技术和标准化效果评价技术的研究工作；组织或承担海洋国家标准、行业标准的制（修）订工作；负责全国海洋标准的标准化技术审查和标准宣传贯彻工作，负责标准复审和标准实施情况的监督检查；负责研究建立和保存海洋学特殊量值的计量基准、标准，制定计量检定体系；负责海洋计量检定、检测和校准方法的研究，制定计量检定规程；开展量值传递、计量检定和测试工作；开展海洋学特殊量值的计量管理、检定、仲裁及监督工作；承担对海洋产品质量检验机构和向社会提供公证数据单位的计量认证和实验室认可；负责对海洋调查、观测、监测、监视等项目的仪器设备、实施过程和资料产品产出各个环节的质量进行监督检查；负责海洋仪器设备、苦咸水处理设备和标准物质等产品的检测、环境试验及海洋专用产品命名、型号管理、海洋工作计量器具的注册登记和使用许可证的发放工作；负责对授权范围内全国海洋科技成果的检测鉴定；负责国内外有关海洋标准、计量和质量信息资料的收集、处理、储存；负责全国海洋质量技术监督工作的技术培训、咨询、服务和考核认证的技术工作。

（四）国家海洋环境预报中心

国家海洋环境预报中心是国家海洋局直属的财政补助事业单位，主要职能是从事国家海洋环境、海洋灾害的预报和警报工作，为海洋经济、海洋管理、公益服务及海洋安全提供保障和服务。其基本任务是：拟订全国海洋环境预报业务发展规划、计划和管理制度，对全国海洋环境预报工作实施业务指导和协调；负责国家海洋环境预报业务系统建设与运行管理，拟订相关技术标准和规范；负责业务化海洋观测实时资料的收集、处理和分发；负责制作和发布海洋环境、海洋灾害的预报警报及分析和预测产品，为公共和应急管理提供相关服务及技术支持；组织全国海洋预报、灾害预测会商及远程视频会商系统建设，开展重大海洋灾害的调查、评估，编制《中国海洋灾害公报》；开展海洋预报、海气相互作用、海洋应对气候变化、海洋遥感和地理信息系统的理论和应用研究，制作和发布海洋气候预测产品；负责科考航线预报保障，开展极地、大洋海洋水文、气象的观测、预报及研究工作；开展专题海洋环境预报系统建设和服务，以及专项海洋环境、海洋气象预报及环境评价和技术服务；开展海洋环境预报的国际交流与合作。

（五）国家海洋环境监测中心

国家海洋环境监测中心是国家海洋局直属的公益性事业单位，主要职能是负责全国海洋环境监测的业务管理、海洋环境保护科学技术研究、海域使用管理技术支持。其基本任务是：拟订全国海洋环境污染监测和生态监测规划、计划及监测技术规范、技术标准、技术管理政策和规章制度；对全国海洋环境监测系统实施业务指导与协调；负责全国海洋环境监测网的组织管理、技术管理和信息管理，承担全国海洋环境监测网办公室的工作；负责海洋环境质量评价和预测工作，编制国家海洋环境质量公报；负责海洋环境监测、污染监测、生态监测及陆源入海污染物监测等的业务组织、管理和技术支持；组织承担国家重大海洋环境调查项目和业务化监测试点工作；研究拟订全国海洋环境保护、海洋生态保护与建设的规划和海洋环境标准；拟订全国重点海域排污总量控制标准和实施方案、全国海洋石油勘探开发重大海上溢油应急计划、海洋倾废评价程序和标准；开展赤潮、海冰等灾害的监测与评估；承担全国海域使用管理的技术支撑；承担编制全国海洋功能区划与海洋开发规划有关内容；拟订海域使用技术规范、标准，提供海域使用论证技术咨询与服务；建立并管理全国海洋环境监测数据库，对监测数据资料进行审核与管理；建立海洋环境监测、海域使用管理信息系统（纳入国家海洋综合信息业务系统）；负责海洋环境和海洋生态监视、执法监察的技术支持、溢油指纹库和污损事件数据资料库的管理；承担重大海洋污损事件监测调查工作，编制重大海洋污损事件技术报告，为海洋污损事件的仲裁提供科学依据；开展海洋环境保护、海洋环境监测和海域开发使用等方面的科学技术研究和有关的国际合作。

（六）国家卫星海洋应用中心

国家卫星海洋应用中心主要职责与任务：拟订海洋系列卫星及其应用研究规划。负责对全国重大海洋卫星遥感应用项目与系列海洋卫星发展进行综合论证；管理海洋卫星遥感业务及其应用的技术工作，组织开展海洋卫星遥感应用技术研究；拟订海洋卫星遥感应用业务化系统的建设规划，组织实施海洋卫星遥感应用业务；负责海洋卫星地面应用系统及海洋卫星地面接收站的建设和管理；负责海洋卫星专用软件研制及其系统的更新、升级；负责我国海洋卫星数据的实时接收、处理、产品存档与分发服务及海洋卫星信息产品的发布；建设和管理海洋卫星数据库和信息系统；负责数据和系统的更新、升级；负责制订海洋卫星数据格式、数据处理及产品形式的标准、规范；负责海上辐射校正场和真实性检验场的规划、建立和维护管理；负责海上和陆地试验场工作任务的组织实施；组织开展海洋卫星遥感的国际技术合作和学术交流。

（七）国家深海基地管理中心

国家深海基地管理中心，是国家海洋局直属的财政补助事业单位，主要职能是从事国家深海调查，装备管理和业务平台建设，为深海活动提供服务和保障。主要职能：承担深海资源勘探、科学考察、环境观测等工作；负责深海基地调查船舶、重大装备等的运行和管理；承担深海装备的购置和改造，开展深海技术装备的研发和试验；负责潜航员和重大装备操作人员的选拔、培训和管理；承担深海科学与技术的宣传、教育和普及工作；开展深海技术成果的产业转化与服务；开展深海科学考察的国际合作与交流。

（八）国家海洋局海洋咨询中心

国家海洋局海洋咨询中心是国家海洋局直属的经费自理事业单位，主要职能是从事项目用海的技术评审、海洋行业资质资格认证和海洋管理相关的评审、评估工作，为海洋行政管理提供决策依据和技术保障。咨询中心主要职责是：开展海洋政策、法规、规划、区划和有关标准制定的前期咨询和调查研究等工作；承担国家海洋局组织实施的国家重大海洋（岸）工程、重大专项、预算内项目的咨询评估，以及有关招投标工作；承担国家审批用海项目的海域使用论证、海洋环境影响评价、海洋倾倒区选划等报告书的技术评审工作；承担海底电缆管道路由勘测、海砂开采监测和海洋工程项目环保设施竣工验收等报告书的专家评审工作；开展海域、海岛评估工作；承担相关评审评估专家库建设与管理工作；负责海洋行业单位资质和个人职业资格相关工作。咨询中心加挂"国家海洋局职业技能鉴定指导中心"的牌子，承担中国海洋工程咨询协会办事机构的职责。

第三节 我国海洋产业发展轨迹

一、我国海洋经济活动历史概括

我国海陆经济发展的历史经验表明，沿海经济发展及涉海产业工程建设，与当时国际、国内政治经济形势存在密切关系，海岸带的经济发展经常受陆域经济、海外经济联系强化（海外贸易、出口、海外投资）和海外经济进入（古代海外袭扰、近代殖民等）的影响，沿海工程设施在政治统一和经济繁荣上升时期成为支持和推进经济外向发展的桥头堡；在内部纷争和外部袭扰时期又成为国际冲突的"挡箭牌"和"牺牲品"。我国区域经济发展与沿海开发活动概略回顾，见表5－1。

表 5-1 我国区域经济发展与沿海开发活动概略回顾

时间阶段	国际背景	国内经济	海洋经济	海洋开发布局
先秦 （公元前 2100~ 公元前 221 年）	世界原始文明形成，但是缺乏交流	内陆沿河部落经济形成融合	人类活动到达沿海，利用滨海资源	开始煮海为盐；以海贝为币
秦汉 （公元前 221~ 280 年）	实现华夏一统，早于恺撒大帝统一地中海	建立统一的经济运行与布局体系	经济活动达到甚至超越现今岸线（设立南海郡）	兴鱼盐之利，行舟楫之便（汉朝开辟至印度航线）
隋唐 （581~979 年）	建立广泛的国际经济联系	经济空前繁荣，海陆国际交流频繁	"海上丝绸之路"促进国际贸易发展	沿海港口及造船产业建设
宋元 （960~1368 年）	中亚游牧民族崛起，国际关系紧张	南北政治经济格局冲突	北部沿海活动衰退，南方沿海经济出现繁荣	南部沿海港口、贸易栈（设有多个市舶司）建设
明 （1368~1644 年）	奥斯曼帝国兴起，阻断丝绸之路；倭寇袭扰	初期疆土统一和经济开放，促进经济发展	初期郑和拓展海外交流；后期倭寇袭扰迁界禁海	前期沿海港口及出口加工业发达；后期沿海防卫工程强化
清 （1644~1911 年）	西方国家开始大航海时代的对外扩张和殖民	初期实现统一疆土后的繁荣；后期闭关锁国	为巩固自身统治，禁止海上经济交流	强化海防设施；被迫建设通商口岸；沿海近代工业兴起
民国 （1911~1949 年）	国际经历两次世界大战，政治经济格局出现巨变	内战和外来侵略导致经济活动的极端不稳定	近代沿海买办工业发展；战争导致沿海产业破坏	沿海防卫工程遭受破坏；沿海产业内迁和受损

二、新中国成立初期海洋产业发展与布局

1949 年，中华人民共和国成立，美国对我国实行军事和经济的海上封锁。而旧中国作为半殖民地经济，其近代工业设施的 70% 集中在沿海一带。工业过于集中于东部沿海一隅，不仅不利于资源的合理配置，而且对于国家

的经济安全也是极为不利的。为了改变这种状况，第一个五年计划和第二个五年计划，中国政府把苏联援建的工程和其他限额以上项目中的相当大的一部分摆在了工业基础相对薄弱的内陆地区。将东北地区确定为新中国工业建设的基地。① 这使我国初步建立了一个比较完整的国民经济体系和工业体系。1959 年中苏关系破裂，苏联撤销对华援助。1959～1961 年连续三年发生大规模饥荒，也称"三年困难时期"。"三五"期间，我国经济立足于战争，从准备大打、早打出发，积极备战，把国防建设放在第一位，加快了"三线"建设。"三线"建设虽然对于促进内地经济发展、改善经济布局起了很大的作用，但是无论在纵向上与新中国成立以来的各个历史时期比，还是在横向上与同时期的东部地区比，是当时国际、国内形势下的无奈之举，其低下的经济效益也是显而易见的。因此，新中国成立以后的这段时期，我国的沿海产业布局并没有成为国家的重点，以至于出现了上海、青岛、天津等近代港口工商业中心城市"蜕变"为全国轻纺工业城市。同时，沿海防卫设施和工程（包括海防林等）的建设，客观地上起到了沿海岸线遭受过度破坏的作用。此阶段的涉海工程，在围填海方面以潮滩造田、建设海防设施等为主，建设规模和增加幅度并不太大。②

三、改革开放以来海洋产业发展

1978 年中共十一届三中全会召开，确立以经济建设为中心，实行改革开放的政策。从根本上促进了我国区域经济建设的重心向沿海区域的战略转移。1979 年，党中央、国务院批准广东、福建在对外经济活动中实行"特殊政策、灵活措施"，并决定在深圳、珠海、厦门、汕头试办经济特区。1984 年，党中央和国务院决定又进一步开放大连、秦皇岛、天津、烟台、青岛、连云港、南通、上海、宁波、温州、福州、广州、湛江、北海这 14 个港口城市，并逐步兴办起经济技术开发区。1988 年增辟了海南经济特区，海南成为我国面积最大的经济特区，导致海南沿海设施建设急剧

---

① 张红智，张静. 论我国的海洋产业结构及其优化 [J]. 海洋科学进展，2005，23（2）：243–247.

② 马仁峰，李加林，赵建吉，庄佩君. 中国海洋产业的结构与布局研究展望 [J]. 地理研究，2013，32（5）：902–914.

升温。1990 年，党中央和国务院从我国经济发展的长远战略着眼，又做出了开发与开放上海浦东新区的决定。我国的对外开放出现了一个新局面。1992 年，邓小平同志南方谈话之后，中国改变了过去建立有计划的商品经济的提法正式提出建立和发展社会主义市场经济，使改革掀起了新一轮的以沿海城市为重要载体的高新区和开发区建设高潮。至此，我国发展政策倾向于沿海地区，引起了新一轮的产业活动的"孔雀东南飞"。我国改革开放以后的沿海工程开发与建设出现以下特征：开发时空变化表现为 20 世纪 80 年代以珠三角沿海地区为重点和热点，90 年代以长三角地区为重点和热点，2000 年以后以环渤海地区为重点和热点；从临海产业区域经济功能类型划分，其主要建设内容涵盖沿海城市（城区）综合开发建设、区域港口群（综合性港口、专业性港口）建设，临港工业区（临港加工出口型、内陆向海搬迁型、外资登陆桥头型、转口贸易口岸性等）；海岸带利用模式由临海向海岸线改造与利用、围海及填海、海岛开发及陆岛工程建设等方面扩展，海岸带开发规模和速度明显加大。

四、金融危机及其后期海洋产业发展与建设

我国应对 2008 年全球金融危机所采取的启动内需刺激政策，稳定了传统产业的发展，与此同时，我国在寻求战略性新兴产业的发展和新的地区经济增长空间。海洋产业作为国家战略受到空前的重视，沿海省市区的地区发展战略也逐步上升为国家级战略，使得海岸带开发与建设迎来一个空前的热潮。作为直接开发利用海岸带和海洋资源的海洋产业，在近年来实现稳步发展，大部分海洋产业增长率一般高于全国平均水平。2010 年我国海洋产业活动情况见表 5 – 2，2010 年全国海洋生产总值 38439 亿元，比上年增长 12.8%。同时，海洋产业生产总值占 GDP 的比重持续上升，从 2001 年的 8.58% 上升至 2010 年的 9.7%。海洋经济已经成为国民经济的重要组成部分。[①]

---

① 韩立民，任新君. 海域承载力与海洋产业布局关系初探 [J]. 太平洋学报，2009（2）：80 – 84.

表 5 –2 　　　　　　　　2010 年我国海洋产业活动概况

产业分类	产业活动内容	同比增长率 （%）	增加值构成 （%）
海洋油气业	继续加大海洋油气勘探开发力度，海洋石油天然气产量首次超过 5000 万吨	+53.9	8.4
海洋电力业	海洋风电陆续进入规模开发阶段，海洋电力业继续保持快速增长态势	+30.1	0.2
海洋生物医药业	随着国家相关政策的有力实施，海洋生物医药业继续保持较快增长态势	+25	0.4
海洋船舶工业	我国造船完工量及新承接船舶订单量大幅增长	+19.5	7.6
海水利用业	我国海水淡化能力不断增强，海水直接利用规模持续扩大，产业化水平进一步提升，海水利用业继续保持较快发展	+18.4	0.1
海洋交通运输业	随着国际贸易形势趋好和航运价格恢复性增长，海洋交通运输业迅速回暖	+16.7	24.6
海洋盐业	受不利天气以及盐田面积减小等因素影响，海盐产量有所下降，但由于价格持续上行，海洋盐业仍实现了良好的经济增长	+15.3	0.3
海洋工程建筑业	海洋工程建筑业保持稳步发展	+14.5	5.2
海洋化工业	海洋化工业稳步增长	+12.4	3.6
滨海旅游业	沿海地区依托特色旅游资源，发展多样化旅游产品，滨海旅游业保持平稳增长	+7.9	31.2
海洋渔业	全国海洋渔业保持平缓增长，海水养殖产量稳步提高	+4.4	18.1
海洋矿业	随着管理力度的加强，我国海砂开采活动更加规范有序	–0.5	0.3

资料来源：根据国家海洋局 2010 年海洋经济公报整理。

　　另外，与海洋产业在国家产业体系中的比重依然有限（10% 左右）相对应，我国大型央企在国家大型企业地位也十分微妙。根据国务院国资委所管理的 100 多家央企的整体表现（见表 5-3），我们发现涉海央企相对较少，除了中石油、中石化、中海油等三家开发企业盈利能力较强以外，中船、中船重工都属于盈亏平衡或者微利。中远集团则长期处于亏损状态。①

表 5-3　　　　　我国主要涉海央企及其经营状况（2013 年）

序号	企业（集团）名称	总部所在地	经营情况
1	中国船舶工业集团公司	北京市	盈亏平衡
2	中国船舶重工集团公司	北京市	盈利
3	中国石油天然气集团公司	北京市	巨额盈利
4	中国石油化工集团公司	北京市	盈利
5	中国海洋石油总公司	北京市	盈利
6	中国远洋运输（集团）总公司	北京市	亏损
7	中国海运（集团）总公司	上海市	盈利

近年来国家海洋经济发展战略在空间上表现为几乎所有的沿海省市区都成为各种称谓的"国家级"海洋经济或沿海经济区，并且还有如横琴、平潭、舟山等副省级国家战略新区，使得海洋经济发展日益上升为"国家行为"，但是，这已经导致沿海经济与海洋环境的关系变得日趋紧张。

按照国家海洋局的统计口径，我国的主要海洋经济分为环渤海经济区、长三角洲经济区、珠江三角洲经济区。根据分布情况，我们分别分析海洋环境影响（见表 5-4）。其中，环渤海经济区的海洋经济总体规模最大，而且近年增长依然比较强劲，在全国海洋经济的比重略有上升。其中，环渤海区的海洋经济活动以资源密集型和劳动力密集型的传统产业为主，对岸线空间和海域生态环境产生较大的压力。加之未进入海洋产业活动统计口径的一些大型滨海产业园区和工程建设，甚至是诸多"滨海新城"建设，占用和破坏了宝贵的自然岸线及近海空间，更带来长远时期的海域环境水体污染威胁。再考虑到我国长时期内陆经济发展所带来的排海陆源污染的历史累积效应影

---

① 刘容子，刘堃，张平. 我国海洋产业发展现状及对策建议 [J]. 科技促进发展，2013（5）：45-50.

响，渤海海洋环境对于今后的滨海及海洋经济开发可谓已经"不堪重负"，需要海洋经济可持续发展与环境治理方面的"特别关照"。

表5-4　　　　　　　我国主要海洋经济活动分布及环境影响

海洋经济区	海洋环境影响
环渤海经济区	陆源污染较重；岸线及海域产业活动密度高，海洋环境压力大
长江三角洲经济区	陆源污染中等；岸线及海域产业活动密度较高，海洋环境压力较大
珠江三角洲经济区	陆源污染较轻；岸线及海域产业活动密度较高，海洋环境压力较大

第四节　我国政府海洋管理体制沿革

一、新中国成立前中国的政府海洋管理体制

我国是一个陆地国家，由于我国古代生产力落后，人们对海洋和海岛的认识只能是鱼盐之利和舟楫之便，不可能充分开发和利用丰富的海洋资源。海岛的开发只能表现为简单的渔业、农业、畜牧业、盐业等几种模式。直到明中期以后，岛屿带的开发才由传统简单的模式向农业、渔业、畜牧业、盐业、工业、商业和贸易等多样并举的开发模式转变。① 古代中国的海洋开发以及由此产生的管理活动只能看作是农业社会的一个补充性的社会经济现象而存在。不仅如此，国家和朝廷因管理的不便等因素，自古以来不鼓励海岛开发，随着民间海洋力量不断增长，迫使朝廷不得不被动地适应当时的海洋社会经济形势，进而规范海洋社会经济行为，制定了相关的发展政策，建立了相应的管理机构，逐渐的中国也开始形成了朦胧的海洋权益意识。

从管理体制的演变来看，我国古代很早就围绕关乎国计民生的海洋资源开发设立了相应的管理机构。据考证，早在3000多年前的周王朝时期，古代

---

① Qiu Wanfei, Wang Bin, Jones J P. Challenges in developing China's marine protected area system [J]. Marine Policy, 2009, 33 (4): 599-605.

中国就设立了类似今天渔政管理的司职人员，周文王还对禁渔期发布了政令。海盐的生产管理也可以追溯到西汉时期，当时就设置了盐业管理机构，汉武帝时"笼天下盐铁"，在全国各地置盐铁官署，实行盐铁官营。特别是今江苏盐城一带"东有海盐之饶""煮海利兴，穿渠通运"。这里既是海滨的渔业集散地，又是淮东的盐产、盐政中心，农商也有所发展，为了加强对这一地区的管辖，并征收盐税，在此设置了盐铁官署，并于元狩四年（前119年）设置了盐渎县。唐代刘晏"就场专卖制"的创立，标志着中国古代盐政的成熟。明朝初期，郑和下西洋的壮举其关键并不在于真正的经济发展，而更应重视其中的政治和文化意义，并在基础上形成了华夏礼制的"朝贡秩序"，这是中国国内政治统治关系即地方分权在对外关系上的延续和应用，它强调"四夷顺而中国宁""修文德服远人""柔远人则四方归之，怀诸侯而天下畏之"，此后直到清代，朝廷的海洋政策开始"向内用力"，实行闭关锁国的政策。

总体来说，随着经济重心的南移，古代中国直到明代中后期，海洋社会经济在外来海洋势力的催动下开始在东南沿海地区应运而生了。明清海洋社会经济的生长发展，可以归纳为几个方面：东方海洋贸易网络形成，并与世界市场相连接，与西方海洋势力展开竞争；海外移民社会正逐步形成，并对沿海社会产生互动；近海渔业在海禁下衰落，远洋渔业和近海养殖业兴起；海洋社会组织在局部地区和海域形成和发展；沿海民间海洋意识增长。但是海洋社会经济的发展面对内部和外部的重重阻力受到严重的挤压和扭曲。

近现代以来，应该说，虽然鸦片战争中海洋强国打败了陆地大国，随后的海洋事业长期处于有海无防的境地，被迫打开国门，开始认识海洋，被动地处理和管理海洋事务，但近代中国的海洋事业也不能说一无是处，洋务运动在一定程度上也推动了海洋事业的发展和对新型国际秩序下海洋战略的深入认识。19世纪80年代以来，洋务派的重要人物左宗棠、李鸿章等人就开始在筹备洋务的时候发展海洋事业和海军力量。左宗棠还曾上书奏请清王朝在各省筹办渔业。1904年，南通实业家张謇奏请清政府设立海洋渔业公司，购置新式渔轮，发展海洋渔业。清政府诏令沿海各省筹办。

辛亥革命以后，为了发展海洋渔业，中央政府设立了渔业管理机构，公布了《渔轮护航缉盗奖励条例》《公海渔业奖励条例》等渔业法规，对于鼓励渔业发展起到了积极作用。此外，由于两次鸦片战争的失败，海洋战略思维和海权意识逐渐在部分士大夫阶层所认同，清廷朝野上下开始对海的危机有所觉醒。从知识分子阶层来看，魏源是最早研究海权的近代思想家，而李鸿章则是海权建设和海洋管理实践的集大成者，这主要表现在北洋海军建设、基地建设、领导中枢建设、人才培养及军工航运企业建设等方面。从根本上说，近代中国政府的腐败无能也导致了海权意识和相应的海权建设陷入困境甚至是崩溃的境况，中日甲午战争就是这一危机的总爆发。随之而来的就是帝国主义各类不平等条约强加于我国，通商口岸的开发，使我们港口和领海主权沦丧，沦为半殖民地半封建社会。帝国主义列强的船舶横行于我国领海和内水而无法管理，这种情况一直延续到民国。

清末以来的政府海洋事务管理主要体现在渔政建设方面，专门的政府渔政管理部门是随着现代渔业生产技术的发展而出现的。由于晚清的腐朽没落，我国于 1905 年才有了标志着现代渔业开端的蒸汽机渔船。在清末新政时期（1901～1911 年）设立了最早的现代中央渔政管理机关——商部。民国时期，渔业事务由实业部（后改为农林部、农商部、农工部、农矿部等）下设渔业局，1916 年改为渔牧司，归属农商部名下，1932 年 6 月当时的民国政府颁布了《海洋渔业管理条例》，1933 年为了加强对海洋渔业资源的管理和增加税收的需要，又修订了渔业法。当然，由于国力不强，加之中日甲午战争的爆发，这一领海管理并没有真正得到落实。战后，中国与苏联、朝鲜、印度、缅甸等国发生多起疆界认定争议。

总体来说，我国的海洋管理历史悠久，特别是渔政、盐政这类与国计民生密切相关的政府管理尤其发达。古代封建王朝以及近现代的统治者们和社会主流意识中始终强调"先陆后海""以陆为主"的发展思维，向外发展的海洋战略却始终未能成形。近代以来，中国的海洋意识总体上有所醒悟，但由于受到帝国主义列强的侵略和控制，各类管理机构和法律法规基本上形同虚设。历史和传统的潜能投射在我国当代的海洋管理实践上，传统农业社会的以高度集中、条块分割管理土地的方式管理海洋资源必将成为海洋社会经济继续发展的障碍，更为影响深远的体制机制因素造成了历史到今天的"路径依赖"，造成了当代政府海洋管理的多重困境，但与此同时也给我们改革创新提供了机遇。从中国沿海和领海的丰富海洋资源开发利用的政府管理方式来看，一方面要形成适合国情的海洋战略，转变海洋思维，另一方面国家主导型的海洋发展战略的着力点和思维方式要由海洋管理向海洋治理转变。这就要求合理规导和保护发展民间的开发组织，调动民间开发积极性，通过海洋发展促进内陆政治经济中心体制的转型。这也是中国由传统农业社会经济结构向现代社会变迁的必经之路。

二、新中国成立后到改革开放前的政府海洋管理体制

我国拥有漫长的大陆岸线，长达 1.8 万公里，岛屿海岸线 1.4 万公里，拥有 6536 个岛屿，约 300 万平方公里的主张管辖海域。新中国成立以来，特别是改革开放以来，由于党和国家的高度重视与正确领导，我国的海洋事业蓬勃发展，有力地推动了我国的国民经济和社会发展。具体表现为，其一，我国海洋战略、海洋政策以及指导思想由单纯偏重海洋科研调查向综合协调海洋事务转变，其二，管理领域由近岸海域向世界大洋和南北极延伸，管理方式由传统的行政指令性模式向行政、法律、经济、公众参与多种手段并举的治理格局演变。应该说，我国的海洋管理事业经历了从小到大，由弱到强，独立自主，艰苦奋斗的发展历程。早在 1958 年，为充分掌握我国海洋的基本情况，从而维护国家海上领土安全，国务院组织了"中国近海环境与资源综合调查"，1964 年，根据专家建议批准成立了海洋事务行政主管部门——国家海洋局。但在新中国成立后到改革开放前，我国的海洋管理体制仍然是根据自然资源的属性和开发产业的特点，这种以行业管理为主的管理体制适应了当时的计划经济体制的要求，并且延续了 40 多年。但由于当时社会经济发展的水平较低，开发能力较差，海洋资源的开发和利用整体上仍然是欠发达的，海洋自然资源所承受的人为压力较小，行业之间的矛盾相对不尖锐。作为计划经济体制的一部分，生产管理成了当时涉海行业部门行政管理的重要职能。

由于海洋管理体制尚不完善，自 1964～1978 年，我国海洋管理长期由海军代为统一管理。但随着我国政治经济建设日益成熟，海洋权益的维护和海洋资源的系统开发迫切需要正规的政府职能部门来进行专业化的管理。为此，1964 年 7 月 22 日，第二届全国人民代表大会常务委员会第 124 次会议批准成

立国家海洋局，直属国务院领导。国家海洋局的成立标志着我国从此有了专门的海洋工作领导部门，海洋工作体制开始走向一个新阶段。成立国家海洋局是我国海洋事业发展的需要，也是全国海洋形势发展的必然结果。

从此以后，我国有了专门负责海洋事务行政管理的领导协调部门，海洋事业从此进入了一个正规化、常态化和专业化发展的新时期。但中共中央批复的《关于建议成立国家海洋局的报告》中，国家海洋局的编制并不是行政编制，而是事业编制，基本职能定位在海洋事业性质，体制上与国家气象局和民航局类似，并不拥有海洋行政管理的职权。这一时期的海洋管理体制仍然是局部集中统一管理下的分散管理体制。①"文化大革命"期间，政府海洋管理机构也陷入了瘫痪状态。

三、改革开放以来的政府海洋管理体制

改革开放以来，从静态的制度规定上来考察，我国现行的海洋行政管理体制主要是以集中管理为主、集中管理和分散管理相结合的体制。但从实际的政府海洋管理运行过程来看，现行海洋管理体制仍然是分散型的管理模式，虽然经过了1998年政府机构改革，但变革总体上并未改变原有管理体制的主体框架和核心问题。具体表现为：

（一）综合管理职能逐步加强

国家海洋局职能的强化集中体现了这一点。1980年1月，中共中央根据聂荣臻元帅关于科学研究协调问题的来信以及中央科学研究协调委员会《关于科学研究协调问题中的几点意见》，批转了《中央科学研究协调委员会会议纪要（第一号）》，同年9月，国务院、中央军委批准《国防科委、海军关于改变国家海洋局领导体制有关问题的报告》，决定从1980年10月1日起，国家海洋局由海军代管改为国家科委代管。1983年国务院第一次机构改革方案对国家海洋局职能进行了重新定位，将国家海洋局列为国务院直属机构，主要负责管理全国的海洋工作。除了负责协调全国海洋工作之外，海洋局还

---

① 仲雯雯. 我国海洋管理体制的演进分析（1949~2009）[J]. 理论月刊, 2013（2）：121-122.

负责承担组织、实施海洋调查、海洋科研、海洋管理和海洋公益服务四个方面的具体职能。1988年，国家海洋局的综合管理开始由两个层级的管理拓展为四个层级的管理，形成了国家海洋局—海区海洋局—海洋管区—海洋监察站的管理体系。1989年，国家海洋局确立了北海、东海和南海分局10个海洋管区和50个海洋监察站的职权，明确规定海洋管区是所辖海区内的综合管理机构，负责领导和指挥所属海洋监察站完成维护海洋权益、协调海洋资源开发、保护海洋环境的执法管理责任。此外，海洋监察站还在分工辖区内开展海洋监视协调和管理，对违法违规行为进行调查取证，参与海洋倾废区的选择划分和管理，负责海洋生态环境保护。这一系统的设立有效地保护了海洋主管部门的直接管理职责及其任务的有序执行。1998年，根据国务院机构改革的"三定方案"，新一轮的国务院机构改革将国家海洋局定位为组织海洋科研研究的行政机关，海洋资源行政管理划归国土资源部。国家海洋局是国土资源部管理的监督管理海域使用和海洋环境保护、依法维护海洋权益、组织海洋科技研究、海洋国际合作、海洋减灾防灾的行政机构。

进入21世纪以来，为了适应社会主义市场经济发展和海洋事业迅速发展的战略形势，为转变政府职能，建设更加精干高效的服务型政府，在整合资源、提高效率，试行大部制改革的历史背景下，国家海洋局作为国家海洋行政主管部门予以保留并赋予了新的职能，新增加了"海洋战略研究和海洋事务综合协调"等多项职能。此后，国家海洋局职能不断加强与完善，海洋管理工作已逐步形成了包括发展海洋经济、维护国家海洋权益和海防安全、海域使用和海岛管理、海洋生态环境保护、海洋科研调查，以及拟订国家海洋发展战略、海洋政策和规划，管理海洋公共基础设施建设和公益性服务等多项内容的综合管理体系。新中国成立以来，我国的海洋管理工作经历了重大的发展与变革。在中央层面，国家海洋局作为国家海洋行政主管部门不断完善宏观综合管理，在地方层面，地方的海监机构作为国家海洋局的垂直管理的"条"从事微观事务的协调管理，形成了中央与地方有效互动的海洋管理格局和总体框架。①

总体来说，改革开放以来，为了促进中国海洋经济持续、稳定、协调、

---

① 朱坚真，孙鹏. 海洋产业演变路径特殊性问题探讨 [J]. 农业经济问题，2010（8）：97－103.

高速发展，实现海洋开发的经济效益、社会效益和环境效益的统一，实现对全国海洋开发进行指导和调控，我国相继出台了《全国海洋开发规划》《全国海洋功能区划》《中国海洋政策》《中国海洋 21 世纪议程》《全国海洋经济发展规划纲要》《国家海洋事业发展规划纲要》等一系列海洋事业发展的相关政策和文件。国家海洋局形成了"突出海域使用管理、海洋环境保护和维护海洋权益三项基本职能，完善规划、法规、管理三大体系，强化科研调查和公益服务两大支撑，做好为经济建设、行政管理、社会需求、国防建设和群众生活五项服务"。

（二）管理职能地方分权化

随着改革开放的逐步深入，沿海地区的经济迅速发展，在"先富"政策的刺激下，沿海地区的区位优势和资源优势逐渐凸显出来。为此，自 1980 年开始，由国家计委、国家科委、国家海洋局等五部委牵头组成联合调查委员会，在沿海各地展开大规模的海岸带和海洋资源综合调查。为了配合这一调查任务的顺利完成，全国各地省、市、区纷纷成立了"海洋带办公室"作为临时协调机构，构成了今大沿海地方海洋管理机构的雏形。为了调动地方开展海洋工作的积极性和主动性，在国家科委和国家海洋局的共同协调下，沿海地方的科委又相继成立了管理本辖区内海洋工作的海洋管理机构，接受科委和海洋局的双重领导，履行地方的海洋行政管理职能。

迄今为止，我国所有的沿海省、自治区、直辖市以及计划单列市和沿海市县都相继建立了政府海洋管理的职能部门，负责管理和执行当地的海洋综合管理任务，体现了双重领导，垂直领导，业务指导等相互交叉，综合管理和行业管理相结合的关系。地方海洋管理机构设置与海洋管理职能主要遵循三种形式：第一类是海洋与渔业相结合的管理形式，这类机构同时受到国家海洋局和农业部渔业局的双重领导。在海上履行执法任务时，既有海监管理的执法职责，又兼有渔政监督管理的职能。管理机构的名称时有变化，一般为海洋与渔业厅（局）。如辽宁省、福建省、浙江省、宁波市、厦门市、广东省、海南省都采用这种管理形式。第二类是国土资源管理机构整合形式。这一形式依据的是中央机构改革的思路，将国土、地矿和海洋合并在一起，成立国土资源厅（局）。其中，海洋部门负责海洋综合管理和海上执法职责。河北省、天津市和广西壮族自治区采用的都是这种管理形式。第三类管理形式是专职的海洋行政管理机构。最初一轮政府机构改革中，上海海洋局是挂靠国家海洋局东海分局，这种合署办公的模式也是国内首创。2009 年，上海市先行先试，在上海市新一轮机构改革中，上海市海洋局又进一步从挂靠国家海洋局东海分局调整为与上海市水务局合署办公。同年 9 月 10 日，新的上海市海洋局揭牌成立。这是上海市按照政府机构精简、高效、统一和探索大部门制的要求、结合水务和海洋管理相关性特点而做出的决策，即所谓的"江河海洋统筹协调、淡水咸水统一管理"。这一改革的目的是"发挥综合性体制优势，坚持依法、科学、规范管海，统筹海陆联动和区域协调发展，着力构建以规划为先导、以科技和体制创新为动力、以海域使用管理为主体、以海洋监察执法为保障、以社会公共服务为支撑的海洋综合管理体系，加强海域使用管理和海洋环境保护，加快海洋资源综合开发"。①

（三）涉海行业管理持续强化及模式创新

20 世纪 80 年代以来，在海洋渔业管理方面，我国渔政管理最高机构是中华人民共和国农业部下属的渔政渔港监督管理局，在东海、黄海、南海设有渔政分局。各省、直辖市、自治区分别设立相应的渔政管理机构、重点渔港设渔政管理站、一般渔港设渔港监督站，内陆重点水域设渔业管理委员会或渔政站。渔政管理机构配备渔政船，在海上和内陆水域执行渔政管理的任务。国家对渔业的监督管理实行"统一领导，分级管理"的原则。2008 年10 月 23 日，经国务院批准，中华人民共和国渔政渔港监督管理局更名为中华人民共和国渔政局。在海上航运和港口管理方面，交通部下设港务系统、航道系统和港务监督系统作为海上航运业的行政管理部门。分工上，港务系统负责航运生产，航道系统保障行道通畅，港务监督系统负责海上交通安全。20 世纪 50 年代，港务监督首先在各主要港口建立起来，后来在交通部设立了专门管理机构，称为水上安全监督管理局，对外称中华人民共和国港务监督局，代表政府统一行使航务行政管理。1998 年政府机构改革，从建立社会

---

① Zou Keyuan. Implementing marine environmental protection law in China: progress, problems and prospects [J]. Marine Policy, 1999, 23 (3): 207 – 225.

主义市场经济体制的要求出发，经国务院批准成立了中华人民共和国海事局，隶属于交通运输部。海事局是在原中华人民共和国港务监督局（交通安全监督局）和原中华人民共和国船舶检验局（交通部船舶检验局）的基础上，合并组建而成的。作为交通部直属机构，将我国沿海海域（包括岛屿）和港口、对外开放水域和重要跨省通航内河干线（长江等）和港口，划为中央管理水域，由交通部设置直属海事机构实施垂直管理；在中央管理水域以外的内河、湖泊和水库等水域，由省、自治区、直辖市人民政府设立地方海事机构实施管理。"一水一监，一港一监"的水上交通安全监督管理体制由此形成。据此，全国成立包括山东海事局、烟台海事局在内的20个交通部直属海事局。在海洋油气生产管理方面，中国海洋石油总公司、中国石油天然气总公司和地矿部的石油局是我国海上油气勘探和开发的三大生产和管理部门。每个部门又下设若干海区公司。同时，为了加强海洋石油勘探开发过程中的环境保护，各海上石油公司都设有相应的环境保护部门。[①] 在海盐生产管理方面，我国的盐业生产管理最初是由国家轻工业部主管，后来经过机构改革，实行政事分开、政企分开行业管理改革，成立了中国盐业协会和中国盐业总公司。

四、我国政府海洋管理体制现状

从构成上来看，政府海洋管理体制的核心内容是政府海洋管理职责和权力的划分，这里主要包括三个部分：其一，政府海洋管理机构内部各组成部门之间的关系；其二，政府海洋管理内部机构与政府海洋管理外部机构的关系；其三，政府海洋管理机构的行政职权在中央与地方层面的划分。我国现行的政府海洋管理体制基本上延续了新中国成立以来统分结合，综合管理与行业管理相结合的复合管理体制，即通常所说的"条块分割"的管理体制。[②]

从"条"来看，主要由以下几个部门组成：（1）以国家海洋局为主导的海监机构，承担综合协调海洋监测、科研、倾废、开发利用。负责建立和完

---

① 朱文强. 宪法视角下的我国海洋管理体制研究［D］. 青岛：中国海洋大学论文，2013.

② Koo M G. Island Disputes and Maritime Regime Building in East Asia：Between a rock and a hard place［M］. London：Springer，2010.

善海洋管理有关制度，起草海岸带、海岛和管辖海域的法律法规草案，会同有关部门拟订并监督实施极地、公海和国际海底等相关区域的国内配套政策和制度，处理国际涉海条约、法律方面的事务。负责海洋经济运行监测、评估及信息发布。组织对外合作与交流，参与全球和地区海洋事务，组织履行有关的国际海洋公约、条约，承担极地、公海和国际海底相关事务，监督管理涉外海洋科学调查研究活动，依法监督涉外的海洋设施建造、海底工程和其他开发活动。依法维护国家海洋权益，会同有关部门组织研究维护海洋权益的政策、措施，在我国管辖海域实施定期维权巡航执法制度，查处违法活动，管理中国海监队伍等责任。（2）交通部下设海事局，是在原中华人民共和国港务监督局和原中华人民共和国船舶检验局的基础上，合并组建而成的。海事局为交通部直属机构，实行垂直管理体制。根据法律、法规的授权，海事局负责行使国家水上安全监督和防止船舶污染、船舶及海上设施检验、航海保障管理和行政执法，并履行交通部安全生产等管理职能，等等。

从"块"来看，目前，我国每一个沿海的省、自治区、直辖市以及计划单列市和沿海县市都建立了专门的政府海洋管理职能部门，承担着地方政府的海洋综合管理职能。上述机构的设置在计划经济时代曾经发挥过积极作用，但随着市场经济体制的建立和全球化经济的迅速发展，已经暴露出严重的弊端，不能够适应政府海洋管理的复杂性、综合性和权变性。①

---

① 陈艳，赵晓宏. 我国海洋管理体制改革的方向及目标模式探讨［J］. 中国渔业经济，2006（3）：28－30.

第六章　我国海洋区域创新体系建设评价

第一节 沿海省区海洋创新能力评价

一、指标体系的构建

目前针对国家海洋区域创新能力的评价研究较少，本章在评价指标的构建上，参考区域创新能力评价指标体系的研究经验，因为海洋也是一个区域，具有区域的一些共性。但是海洋是一个特殊的区域，区域创新能力的指标体系不宜直接套用，需要进行必要的调整。客观科学的海洋创新能力评价指标既要体现海洋创新的能力和效果，又要反映创新的效率，因此要包括资源的投入、经济效益的产出等方面的指标。考虑到数据的可得性和分析方法对指标相关性的要求，本章选取 10 个指标进行评价体系的构建，见表 6－1。

表 6－1　　　　　　　海洋创新能力评价体系

目标层	指标层	变量
沿海省区海洋创新能力	海洋科研机构数量（个）	Z1
	海洋科研机构科技活动人员数（人）	Z2
	海洋科研机构经费收入总额（万元）	Z3
	科技课题数（项）	Z4
	发表科技论文数（篇）	Z5
	专利授权数（件）	Z6
	海洋第三产业增加值（亿元）	Z7
	海洋科研教育管理服务业增加值（亿元）	Z8
	人均海洋经济生产总值（除以区域总人口）（元）	Z9
	大专及大专以上人口占地区人口的比重（%）	Z10

二、模型的选择

因子分析的概念起源于 20 世纪初 Karl Pearson 和 Charles Spearmen 等人关于智力测验的统计分析，目前已经成功应用于经济学、医学、心理学等领域。因子分析的核心思想是用较少的相互独立的因子反映原有变量的绝大部分信息。因子模型假定观测到的每一个随机变量 X_i 线性的依赖于少数几个不可观测的随机变量 F_1，F_2，…，F_m（公共因子）和方差源 ε_i（特殊因子或误差），即：

$$x_i = a_{i1}F_1 + a_{i2}F_2 + \cdots + a_{im}F_m + \varepsilon_i$$

其中，a_{ij} 为第 i 个变量在第 j 个因子上的载荷，称为因子负载。同时对随机变量 F_i 和 ε_i 进行如下假定：

$$E(F_i) = 0, \ \text{cov}(F_i, \ F_j) = \begin{cases} 1(i=j) \\ 0(i \neq j) \end{cases}$$

$$E(\varepsilon_i) = 0, \ \text{cov}(\varepsilon_i, \ \varepsilon_j) = \begin{cases} \varphi_i(i=j) \\ 0(i \neq j) \end{cases}$$

$$\text{cov}(F_i, \ \varepsilon_j) = 0$$

该模型有以下三个特征：（1）各公共因子的均值为 0，方差为 1，且因子之间不相关；（2）各误差的均值为 0，具有不等方差，且误差之间不相关；（3）公共因子和误差间相互独立。

三、数据来源及处理

根据因子分析方法的原理，运用统计软件 SPSS 23，对 2013 年全国沿海 11 个省市海洋创新能力进行评价。各地区的原始指标来源于《中国海洋统计年鉴（2014）》。书中数据技术处理主要有：直接采用（如海洋科研机构科技活动人员数、海洋科研机构数量等），简单的比例处理（如人均海洋经济生产总值、大专及大专以上人口占地区人口的比重等）。为避免量纲不同带来数据间的无意义比较，对初始变量数据进行了标准化处理。

四、因子分析步骤

得到 10 个指标之间的相关系数，结果显示大部分相关系数都较高，线性关系较强，可以提取公共因子，适合因子分析。KMO 值为 0.562（大于0.5），而 Bartlett 球型检验拒绝了相关系数为单位矩阵的原假设（sig = 0.000）说明适合进行因子分析。将标准化后的原始数据建立变量的相关系数矩阵，得到海洋创新能力的因子特征根和方差贡献率（见表 6 - 2），由结果可知，此时所有变量绝大部分信息可被因子解释，各个变量的信息丢失都较少，因此，本次因子提取的总体效果较理想。

表 6 - 2　　　　　　　　　　　因子分析的初始解

因子	初始	提取
Z1：海洋科研机构数量（个）	1.000	0.755
Z2：科技活动人员（人）	1.000	0.983
Z3：海洋科研机构经费收入总额（万元）	1.000	0.893
Z4：科技课题数（项）	1.000	0.751
Z5：发表科技论文数（篇）	1.000	0.874
Z6：专利授权数（件）	1.000	0.598
Z7：海洋第三产业增加值（亿元）	1.000	0.900
Z8：海洋科研教育管理服务业增加值（亿元）	1.000	0.903
Z9：人均海洋经济生产总值（除以区域总人口）（元）	1.000	0.839
Z10：大专及以上人口占地区人口的比重（%）	1.000	0.863

注：提取方法：主成分分析法。

由表 6 - 3 可知，提取两个主成分量 F1 和 F2，变量的相关系数矩阵两大特征值 6.417 和 1.943 一起解释了 Z 的标准方差的 83.603%（累积方差贡献率为 83.603%）。前两个成分反映了原始数据所提供的足够信息。并且因子旋转后，并没有影响到原有变量的共同度，但是重新分配了各个因子解释原有变量的方差，改变了各因子的方差贡献，使得因子更易于解释。

表6-3　　　　　　　　　　因子解释原有变量总方差的情况

成分	初始特征值			提取载荷平方和			旋转载荷平方和		
	总计	方差 百分比 （%）	累积 百分比 （%）	总计	方差 百分比 （%）	累积 百分比 （%）	总计	方差 百分比 （%）	累积 百分比 （%）
1	6.417	64.169	64.169	6.417	64.169	64.169	6.155	61.550	61.550
2	1.943	19.434	83.603	1.943	19.434	83.603	2.205	22.053	83.603
3	0.651	6.513	90.116						
4	0.508	5.077	95.194						
5	0.251	2.506	97.699						
6	0.108	1.084	98.784						
7	0.073	0.730	99.513						
8	0.037	0.373	99.886						
9	0.008	0.080	99.967						
10	0.003	0.033	100.000						

注：提取方法：主成分分析法。

　　为了加强公共因子对实际问题的解释能力，对提取的两个主因子分量 F1、F2 建立原始因子载荷矩阵，然后运用方差最大化正交旋转后，得到旋转后因子载荷矩阵见表6-4。根据因子分析方法原则，变量与某一因子的联系系数绝对值越大，表示变量与该因子关系越近。由表6-4可知，公共因子 F1 在 Z1、Z2、Z3、Z4、Z5、Z6、Z7、Z8 上载荷值都很大，主要反映了海洋创新投入和产出情况，称之为海洋创新投入产出因子；而公共因子 F2 在 Z9、Z10 上载荷比较大，主要反映了海洋创新环境，称之为海洋创新环境因子。

表6-4　　　　　　　　　正交旋转后的因子载荷矩阵[*]

因子	成分	
	1	2
Z1：海洋科研机构数量（个）	0.869	0.012
Z2：科技活动人员（人）	0.891	0.436

因子	成分	
	1	2
Z3：海洋科研机构经费收入总额（万元）	0.851	0.410
Z4：科技课题数（项）	0.861	0.095
Z5：发表科技论文数（篇）	0.929	0.103
Z6：专利授权数（件）	0.674	0.379
Z7：海洋第三产业增加值（亿元）	0.947	−0.056
Z8：海洋科研教育管理服务业增加值（亿元）	0.935	−0.172
Z9：人均海洋经济生产总值（除以区域总人口）（元）	0.202	0.894
Z10：大专及以上人口占地区人口的比重（%）	−0.105	0.923

注：提取方法：主成分分析法。旋转方法：恺撒正态化最大方差法。＊表示旋转在3次迭代后已收敛。

采用回归法估计因子得分系数，并输出因子得分系数，见表6-5。根据表6-5可以写出以下因子得分函数：

$$F1 = 0.153Z1 + 0.121Z2 + 0.116Z3 + 0.144Z4 + 0.156Z5 + 0.087Z6$$
$$+ 0.172Z7 + 0.180Z8 - 0.039Z9 - 0.096Z10$$
$$F2 = -0.067Z1 + 0.140Z2 + 0.131Z3 - 0.026Z4 - 0.028Z5 + 0.131Z6$$
$$- 0.107Z7 - 0.164Z8 + 0.424Z9 + 0.464Z10$$

表6-5   **因子得分系数矩阵**

因子	成分	
	1	2
Z1：海洋科研机构数量（个）	0.153	−0.067
Z2：科技活动人员（人）	0.121	0.140
Z3：海洋科研机构经费收入总额（万元）	0.116	0.131
Z4：科技课题数（项）	0.144	−0.026
Z5：发表科技论文数（篇）	0.156	−0.028
Z6：专利授权数（件）	0.087	0.131

续表

因子	成分	
	1	2
Z7：海洋第三产业增加值（亿元）	0.172	−0.107
Z8：海洋科研教育管理服务业增加值（亿元）	0.180	−0.164
Z9：人均海洋经济生产总值（除以区域总人口）（元）	−0.039	0.424
Z10：大专及以上人口占地区人口的比重（%）	−0.096	0.464

注：提取方法：主成分分析法。旋转方法：恺撒正态化最大方差法。

得到沿海 11 省市在各主成分上的得分，最后将各主成分的方差贡献率占两成分的累积贡献率（83.603%）的比重作为权重，公式如下：F = 0.7362F1 + 0.2638F2。进行加权汇总得到各地区创新能力的综合得分，结果见表 6-6。

表 6-6　　　　　　　2013 年沿海地区海洋创新能力因子得分

地区	海洋创新投入产出	排序	海洋创新环境	排序	综合得分	排序
天津	−0.47999	8	2.24256	1	0.24	4
河北	−1.01982	10	−0.66719	9	−0.93	9
辽宁	−0.14672	6	0.11485	4	−0.08	6
上海	0.79401	3	1.34799	2	0.94	3
江苏	0.12044	4	0.11916	3	0.12	5
浙江	0.0163	5	−0.49304	8	−0.12	7
福建	−0.31398	7	−0.22137	7	−0.29	8
山东	1.47478	2	−0.06662	5	1.07	1
广东	1.79738	1	−1.08636	11	1.04	2
广西	−0.97202	9	−1.07661	10	−1	11
海南	−1.27038	11	−0.21337	6	−0.99	10

五、创新能力评价结果

利用 SPSS 23 软件进一步对已选定的第一主成分、第二主成分的综合得分进行聚类分析。此次聚类分析采用系统聚类过程，聚类方法采用类间 Ward 法，距离测度则采用平方欧式距离，最后得到 2013 年 11 个沿海省市海洋创新能力综合得分系统聚类分析的谱系图，如图 6-1 所示。

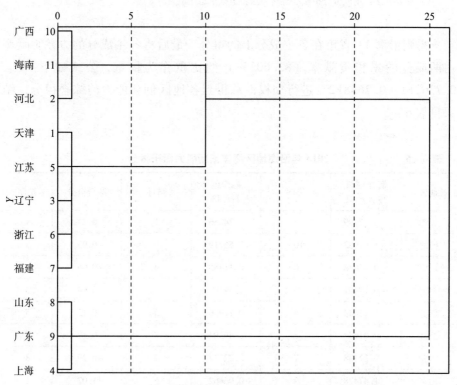

图 6-1　2013 年沿海地区海洋创新能力综合得分聚类分析结果

根据聚类分析谱系图（见图 6-1）以及因子分析的综合得分（见表 6-4），按照地区海洋创新能力强弱的先后顺序，将 11 个沿海省市大致分为三类。

第一类为山东、广东、上海。山东海洋创新能力综合实力最强，是我国海洋大省，在最重要的第一因子即海洋创新投入产出方面，仅次于广东，其海洋科研机构经费收入等投入水平和发表科技论文数等产出水平方面具有优势，在海洋创新环境方面高于沿海省市平均水平，各项指标分布平稳。广东海洋创新投入和产出能力位列第1位，作为我国改革开放的前沿窗口，毗邻港澳台，有着优越的区位条件和地缘优势，商品经济活跃，经济基础雄厚，在海洋科研机构数量等投入方面以及海洋第三产业增加值、海洋科研教育管理服务业增加值等产出方面具有优势，但是在海洋创新环境方面处于非常劣势，尤其大专及以上人口占地区人口的比重最少，需进一步提升高等教育水平。上海作为直辖市，其海洋创新投入和产出水平较强，在海洋创新环境方面位于第2位，人均海洋经济生产总值、大专及以上人口占地区人口的比重均居前列。三个地区在海洋创新环境方面差异较大，综合实力最靠前，因此均位列第一类。

第二类包括天津、江苏、辽宁、浙江和福建。对比分析这几个省市，虽被归为一类，但是在海洋创新能力方面差异较大。天津在海洋创新投入和产出方面处于落后位置，海洋第三产业增加值、海洋科研教育管理服务业增加值均落后于江苏、辽宁、浙江、福建。江苏在海洋创新投入和产出方面位于第4位，仅次于第一类3个省市。天津作为直辖市和著名港口，具有优越的海洋创新环境，拥有天津大学、南开大学等多所高等院校并可以依托北京众多高校，人才充足，海洋经济发展良好，江苏、辽宁在海洋创新环境方面排名分别为第3、第4位，而浙江、福建相比排名较为落后，但是由于第一因子方面的优势一定程度上弥补了不足，因此均位列第二类。

第三类是河北、海南和广西。对比数据发现，3个地区各项指标水平均靠后。广西属于经济落后地区，河北、海南与沿海发达地区相比也有很大差距，海洋创新投入水平低、产出较少，人均海洋经济生产总值低、人才不足，海洋创新能力综合实力落后，位列第三类。

第二节　沿海省区海洋创新能力动态分析

进一步利用2009～2013年沿海省区的数据进行因子分析，原始指标同样来源于2010～2014年《中国海洋统计年鉴》。并根据各省区市的综合得分进行排名，结果见表 6 - 7，其中括号内为名次。

表 6 - 7　　　　　　2009 ～ 2013 年沿海地区海洋创新能力动态得分

地区	2009 年	2010 年	2011 年	2012 年	2013 年
天津	0.228 (4)	0.167 (5)	0.125 (5)	0.240 (4)	0.238 (4)
河北	- 0.853 (9)	- 0.898 (9)	- 0.848 (9)	- 0.903 (9)	- 0.927 (9)
辽宁	- 0.093 (6)	- 0.160 (6)	- 0.068 (6)	- 0.116 (6)	- 0.078 (6)
上海	0.904 (3)	1.059 (1)	0.936 (3)	0.889 (3)	0.940 (3)
江苏	0.102 (5)	0.321 (4)	0.254 (4)	0.172 (5)	0.120 (5)
浙江	- 0.103 (7)	- 0.206 (7)	- 0.130 (7)	- 0.136 (7)	- 0.118 (7)
福建	- 0.305 (8)	- 0.339 (8)	- 0.321 (8)	- 0.360 (8)	- 0.290 (8)
山东	0.907 (2)	0.884 (3)	1.009 (1)	1.043 (2)	1.068 (1)
广东	1.001 (1)	1.007 (2)	0.989 (2)	1.126 (1)	1.037 (2)
广西	- 0.879 (10)	- 0.903 (10)	- 0.965 (10)	- 0.974 (10)	- 1.000 (11)
海南	- 0.909 (11)	- 0.933 (11)	- 0.981 (11)	- 0.982 (11)	- 0.992 (10)

　　可以发现，2009 ～ 2013 年，11 个沿海省市根据海洋创新能力高低可以划分为三类，其中山东、广东、上海三个省市稳居前 3 名，属于第一类；天津、江苏、辽宁、浙江、福建五个省市处于中间水平，属于第二类；河北、广西、海南三个省区稳居后 3 名，属于第三类。上述三类的划分在这五年间非常稳定，期间没有发生任何变化，但每类内部的排名则出现了一定的变化，各类之间的海洋创新水平差距明显。

　　第一类：从综合得分来看，山东与广东的差距一直很小，排名不分上下，在 2011 年和 2013 年山东分别超越广东成为第 1 名。广东的科技人员和科技经费的投入一直少于山东，但其在海洋创新产出水平上明显高于山东，尤其是科技课题数、科研教育管理服务业增加值等指标具有优势，说明广东创新效率明显高于山东。广东的海洋创新投入产出因子值一直高于山东，但是山东与广东在海洋创新投入和产出方面的差距逐渐减小，而且广东在海洋创新环境方面明显落后于山东，因此在 2013 年被山东超越。另外，山东海洋科研机构经费收入增长较快,由 2009 年的 184747 万元增长到 2013 年的 3247585 万元,增长速度达到 104.76%,高于同期广东的增长速度 95.54%,也高于同期 11 个沿海省市的平均水平 104.59%,因此,创新投入的较快增长是 2013 年山东海洋创新水平超越广东的重要原因。上海的排名除了在 2010 年超越广东、山东位列第 1 名外,其余年份一直稳定在第 3 名,上海的海洋创新环境水平一直优于广东和山东,但是海洋创新投入产出水平明显落后于广东和山东,在 2010 年上海海洋创新投入产出因子值达到最大值,其投入产出水平与广东、山东差距缩小,因此在 2010 年位列第 1 名。

第二类:天津综合得分排名有所下降后稳定在第 4 名,仅次于山东、广东、上海,其海洋创新能力不断增强。天津在海洋创新环境方面处于绝对优势,其海洋创新投入产出因子排名却较为落后,但是科技活动人员、科研机构经费收入情况处于较高水平,高于同期 11 个沿海省市的平均水平,与江苏差距逐渐减小,在 2012 年海洋创新投入产出因子值达到最大值,综合得分超越江苏稳定在第 4 名。江苏海洋创新能力在第 4 名和第 5 名之间徘徊,到 2012 年被天津超越下降为第 5 名,江苏海洋科研机构经费收入增长较快,2009～2013 年增长速度达到 138.97%,高于平均水平 104.59%,从 2012 年开始,江苏海洋创新投入产出能力逐渐下降。辽宁海洋创新能力排名一直稳定在第 6 名,辽宁的海洋创新投入产出水平较为落后,但是其专利授权数较高,一直仅次于上海、山东,与山东差距很小,这一方面得益于海洋创新投入的快速增长,2009～2013 年辽宁的海洋科研机构经费收入增长速度达到了 103.72%,另一方面从绝对数量来看,海洋创新投入明显落后于山东等海洋科技强省,2013 年其科技活动人员数量和海洋科研机构经费收入分别仅为山东的 53.63%、34.94%,这是辽宁排名靠后的主要原因,但同时也说明辽宁的海洋科技创新效率明显高于山东。辽宁在海洋创新环境方面,水平不断提高。浙江排名则一直稳定在第 7 名,浙江海洋创新投入产出因子值在 2009 年为最大值,但在海洋创新环境方面较为落后。福建排名始终位列第 8 名,海洋创新能力有待提高。

第三类:河北、广西、海南排名徘徊在第 9、第 10、第 11 名,海洋创新能力一直很落后,从整体上看,河北排名一直稳定在第 9 名,广西排名有所下降,海南在 2013 年海洋创新水平超过广西,由第 11 名上升至第 10 名,

2013 年海南海洋创新环境水平达到最优，而广西海洋创新投入产出能力降至最差。

第三节　国家海洋创新投入与区域创新能力匹配

　　我国的海洋强国战略依旧表现为从上到下的推进模式，会导致海洋创新体系建设的国家冲动与地方政府之间的矛盾。从国家创新体系建设机制分析，这种依托不同部门进行的创新要素投入和创新驱动，往往会造成按照既有纵向模式进行创新资源（重大工程，以及配套的资金、人才激励政策引导）进行垂直传导。

　　与此同时，国家出台的沿海及沿海重点城市的系列化国家级政策，往往因为地方综合发展的衡量或考虑，以及地方对于国家甚至国际海洋动态的掌控能力（有时候是出于海洋事务上的兴趣或好恶）不同，使得国家层面的海洋强国战略或者创新战略变成地方实现协同发展的"金字招牌"或者"挡箭牌"，使得国家海洋强国战略的推进进入曲折路径和低效区间。

　　从图 6-2 的初步分析我们发现，我国的国家海洋创新体系建设依然存在着部门垂直创新驱动与地方（区域）横向创新驱动的二元不整合结构。而且地方之间的海洋创新资源流动性偏弱，而部门内部流动的创新资源具有较强的惯性或刚性，难以适应真正的围绕国家重大工程实现的跨区域、跨部门创新资源整合。

　　稍有起色的动向是，教育部 2011 产学研创新工程，其中第一批和第二批分别有两项涉海产学研创新工程，有望在国家创新层面涉及国家海洋产学研协同创新工程战略。

　　其中，中国南海研究协同创新中心将依托南京大学地理信息、海洋海岛研究、边疆史学、国际关系、文献情报等方面的多学科优势，协同国内外相关研究力量，通过创新机制的改革，带动南海问题的研究，为国家有关部门提供基础信息与决策支持服务。中国科学院院士、南京大学地理与海洋科学学院教授王颖出任中心主任。中心下设：南海法律与国际关系研究平台、南海史地与文化研究平台、南海周边国家政治经济社会研究平台、南海环境资

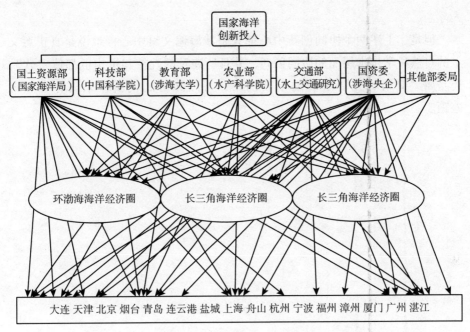

图 6-2 国家海洋创新体系的部门—区域之间互动机制

源研究平台、南海动态监测与形势推演平台、南海地区航行自由与安全合作研究平台、南海舆情监测与国际交流对话平台、南海问题政策与战略决策支持平台。

国家领土主权与海洋权益协同创新中心，由武汉大学牵头，联合复旦大学、中国政法大学、外交学院、郑州大学、中国社会科学院中国边疆史地研究中心、水利部国际经济技术合作交流中心共同组建。国家领土主权与海洋权益协同创新中心主任由武汉大学中国边界与海洋研究院院长胡德坤担任。中心针对国家领土主权与海洋权益的重大现实问题和国家战略需求，国家领土主权与海洋权益协同创新中心确立了九大研究领域：国家领土海洋政策、海洋争端解决与国际法、海洋权益的保障与拓展、民国时期钓鱼岛与南海诸岛档案资料整理与研究、中国极地政策与极地权益、中国疆域历史与文化、陆地边界争端与跨境合作、河流边界管理与跨境水资源争端、数字边海与空间信息技术应用。国家领土主权与海洋权益协同创新中心还将组建领土海洋国际学院，设立本、硕、博专业，面向全球招收留学生，培养多层次专门人才。

但是，上述两个协同创新中心都只是涉海偏文科中心，难说是真正意义上的自然科学技术层面的协同创新，并且所涉及的院校和机构也都偏"软"，还是属"应用研究"层面的创新网络，与国际协同创新体系尚存在较大差距。

第七章 国家海洋创新体系组织模式设计

第一节　国家创新体系建设的组织模式

以往创新仅仅被看作是一种经济活动，近些年创新过程的社会性质和地理性质越来越受到关注。这是因为孤立的创新性企业或高度专业化的研发机构需要在与其他企业或机构建立社会联系的基础上互动，其中起重要作用的是劳动力市场网络，它连接着需求者与供给者，从最低端的需求网络相互交流到产品和服务的产出，创新的过程由于历史发展的路径即区域间的经济环境不同，所提供的条件也不同，这些条件不是人为可以控制的，但是足以影响一个区域的生产能力（Charlie et al.，2007）。

基于现代经济增长理论，在区域创新系统过程中形成了依赖人力资本积累以及自主创新和模仿创新相结合的技术进步为基础的区域发展模式，从目前的研究成果来看，这些区域创新模式主要包括：区域创新环境、产业区、区域创新体系、新产业空间、地方生产体系、学习型区域等（Frank Moulaert and Farid Skeia，2003）。一个很突出的观点是重视区域间的"创业型大学"与产业和政府之间的联系，即所谓的"三重螺旋"，强调区域间的合作创新发展模式，在企业、高校、政府机构、服务机构这四种要素之间，更强调区域内的大学作为知识的传输起源的重要性作用。另外从区域创新系统模式中关于创新的性质出发强调区域知识能力，知识溢出作为其关键性的动态能力，这种动态能力促使知识升级进而产生创新，突出"创业型大学"与其他区域进行合作而实现的区域合作创新模式（Phil Cooke，2004）。汤尚颖等（2007）认为区域创新是要找到一种激发区域自身经济发展潜力的新模式。这种模式是一种关于区域内产品流（服务流）、资本流（资金和人力资本）、信息流及其整体发展动态过程的运作机制。进而提出基于区域空间因素的内生化以及区域空间组织结构的区域形态创新模式，即通过区域内经济单位结构及其相互关联的创新以实现区域经济动态发展的一种模式，并认为，区域的发展首先作用于其区域形态的改变，而后通过区域形态进一步强化区域的发展。一个具有创新能力的区域形态是其他创新模式和生产要素运作的空间，一切创新都孕育在区域形态的变化之中。

第二节 国家海洋创新体系的组织构造

一、国家海洋创新体系构成的要素

国家海洋创新体系是宏观层面的创新系统，是国家创新体系的一种。在《迎接知识经济时代，建设国家创新体系》的报告中对国家创新体系的概念定义如下："国家创新体系是由与知识创新和技术创新相关的机构和组织构成的网络系统，其主要组成部分是企业（大型企业集团和高技术企业为主）、科研机构（包括国立科研机构、地方科研机构和非营利科研机构）和高等院校等；广义的国家创新体系还包括政府部门、其他教育培训机构、中介机构和起支撑作用的基础设施等。"由国家创新体系的概念我们可以得知国家海洋创新体系是与海洋相关的各个组织和机构构成的综合的复杂的网络系统。与一般的创新体系一样，国家海洋创新体系也具备阶段性、层次性、系统性和风险性等特征。

构成国家海洋创新体系的基本要素指的是参与或作用于与海洋相关的创新活动的经济要素，它们是从投入到产出这个过程中必不可少的不可再分的基本要素。这类基本要素包括以下几个方面：海洋创新资金，指从事海洋创新活动所需要的资金；参与海洋创新的人员，指从事海洋研究与开发活动的人员；海洋创新资源与产品，包括参与海洋创新的机构从事创新活动的物资、人员、信息等所有投入要素；海洋创新技术，指的是用于海洋创新活动的各种技术，涉及诸多学科的多个方面；海洋创新管理，指对海洋创新活动进行组织、领导、规划、维持、保护等内容的活动。[①]

构成国家海洋创新体系的基本要素是不可再分的经济要素，它们直接构成并作用于海洋创新体系中的创新单元，这些创新单元包括：政府机构、与海洋相关的生产企业、高等院校、科研机构、服务机构等。这些海洋创

---

① 刘曙光. 区域创新系统——理论探讨与实证研究［M］. 北京：中国海洋大学出版社，2004.

新单元在基本经济要素的作用下彼此联系，相互作用，共同构成国家海洋创新体系。

二、海洋创新体系中各个单元的相互关系

在这个体系中，政府起着至关重要的作用：一方面政府参与海洋创新活动是通过资助资金、信息、政策等向其他创新主体提供有利于创新的条件，包括对科研机构、高校的资金、信息等资助以及向生产企业提供补贴、减税等优惠政策，促进其进行创新；另一方面，政府要提供有利于创新的制度，其中包含了政府对其他创新主体的激励因素，通过这种激励因素来保障海洋创新系统的运行。科研机构、高校是创新成果的直接创造者，负责"学"和"研"，它们利用政府、企业的政策、资金信息等资源，加之本身具备的知识、技术条件进行创新。生产企业的任务是"产"，要把科研机构、高校的创新成果转化为产品满足社会需要，此外，生产企业也有自己的研发机构，可以直接参与创新活动。服务机构在国家海洋创新体系中起到中介作用，参与创新要素的投入、交流以及负责创新产品的转让，促进各创新单元的合作。另外，高等院校还为生产企业、科研机构提供人才，满足创新、生产活动需要。

第三节　国家海洋创新体系的机制设计

国家海洋创新体系下，政府机构制定国家海洋创新方向，将创新任务委托于从事海洋科学研究的高校、科研机构或者企业，政府机构与它们之间是委托人与代理人的关系。委托人委托代理人按照其目标行动，而代理人则是根据自己的利益最大化选择行动。由于信息的不对称性，委托人不能直接观察到代理人是否按照既定目标进行海洋创新活动，委托人与代理人之间是一个不完全信息静态博弈。代理人要接受委托人的委托而进行海洋创新，需要满足两个约束条件：一是参与约束（participation constraint），又叫作个人理性约束（individual rationality constraint）。参与约束要求代理

人接受委托后所带来的效用不能小于其保留效用①；二是激励相容约束
（incentive compatibility constraint），指代理人接受委托后的行动要满足代理
人效用的最大化。

我们假设：委托人、代理人均为风险中立类型；a 代表代理人的工作努
力程度，为一维变量②；代理人从事海洋创新所得的收益属于委托人所有，
且海洋创新收益 π 是代理人努力程度 a 的函数，即 $\pi = ra$，其中，r 是已知的
投入—产出系数，代理人的创新努力成本为 $c(a) = \dfrac{ba^2}{2}$。

如果海洋创新代理人接受委托，可以获得收益 m，那么委托人、代理人
的期望效用分别为：

委托人期望效用：$E'_U = E[\pi(a) - m] = ra - m$

代理人期望效用：$E'_v = E[m - c(a)] = m - \dfrac{ba^2}{2}$

在没有任何激励因素下，海洋创新代理人的行为即使满足参与约束，
（收益 m 不小于其保留效用），代理人接受海洋创新任务后，在激励约束条件
下，由于无论代理人怎么努力，其能获得的收益 m 不变，则在效用最大化下
代理人会选择尽可能小的努力程度 a，从而委托人的海洋创新成果也会很小，
得到的很可能是代理人的敷衍，继而无法实现国家海洋创新目标。

在不完全信息下，海洋创新的委托人政府机构为了能够实现海洋创新目
标，要设定一个激励函数，即在满足代理人参与约束与激励约束条件下，通
过选择一个最优的激励函数，使得委托人的期望效用最优化。假设委托人设
定的激励函数为 $s(\pi) = m + n\pi$，即代理人获得的激励收益与其产出相关。

委托人的期望效用：$E_u = E[\pi - s(\pi)] = \pi - s(\pi) = (1 - n)ra - m$

代理人的期望效用：$E_v = E[s(\pi) - c(a)] = s(\pi) - c(a) = m + nra - \dfrac{ba^2}{2}$

代理人的参与约束：

$$(\text{IR}) \quad E_v \geqslant \bar{w}, \quad 即 \quad m + nra - \dfrac{ba^2}{2} \geqslant \bar{w}$$

---

① 保留效用指代理人不接受委托而选择其他市场机会时可以得到的最大效用。
② 可以是多维变量，为了模型的简单将 a 看作是一维变量。

只要满足 $m + nra - \dfrac{ba^2}{2} = \bar{w}$，代理人就会接受委托，所以 $m = \bar{w} - nra + \dfrac{ba^2}{2}$

$$(7.1)$$

代理人的激励相容约束：

$$（\text{IC}）\quad \max_a E_v = \max_a \left(m + nra - \frac{ba^2}{2} \right)$$

代理人效用最大化的一阶条件：

$$\frac{\mathrm{d}E_v}{\mathrm{d}a} = nr - ba = 0，得到 a = \frac{nr}{b} \tag{7.2}$$

将式（7.1）、式（7.2）两式代入委托人的效用函数得：

$$\max_n E_u = \frac{nr^2}{b} - \frac{n^2 r^2}{2b} - \bar{w}$$

委托人最优化的一阶条件为：

$$\frac{\mathrm{d}E_u}{\mathrm{d}n} = \frac{r^2}{b} - \frac{nr^2}{b} = 0，得到 n = 1$$

所以，由式（7.1）、式（7.2）两个式子分别得到 $m = \bar{w} - \dfrac{r^2}{2b}$，$a = \dfrac{r}{b}$，激励函数为：

$$s(\pi) = \pi - \left(\frac{r^2}{2b} - \bar{w} \right)$$

此时代理人的最优期望效用为：

$$E_v = E[s(\pi) - c(a)] = \pi - \left(\frac{r^2}{b} - \bar{w} \right)$$

委托人的最优期望效用为：

$$E_u = E[\pi - s(\pi)] = \frac{r^2}{2b} - \bar{w}$$

比较有激励因素和没有激励因素两种情况，可以明显地发现在激励条件下，代理人能够更好地进行海洋创新活动。根据机制设计理论，只要政府给予创新体系中的其他主体一定的激励水平，就可以使这些创新主体在满足自身利益最大化的情况下尽可能地满足政府目标，从而满足国家的经济发展需要。可以说激励条件是国家海洋创新体系正常运行的一个前提条件。只有有了激励刺激，再加上政府对于创新主体创新过程中各个环节的把握，才能保证国家海洋创新体系的正常运行，实现国家海洋创新体系的总目标。

第四节 海洋创新系统的运行机制

一、机制设计下的国家海洋创新体系的运行条件

由于国家海洋创新体系是一个复杂的大系统，其包含政府、企业、科研机构、高校、服务机构等多个主体，它的运行需要各个主体的相互配合。作为理性人，每个主体参与创新活动的目的是要实现自身效用的最大化，各自追求自身利益的最大化使创新系统难以运行，为了整个体系的正常运行，政府需要进行一个机制设计，通过激励因素使得在满足每个主体最大化效用的情况下，达到政府所需要的整个社会的效用最大化。政府的激励条件贯穿于整个国家海洋创新系统中，使得各个创新主体都能按照政府的需要，在满足其自身效用最大化的前提下进行创新活动。

与其他系统运行一样，国家海洋创新系统的运行需要一定的硬件和软件条件，硬件条件包括进行海洋创新需要的资金、设备以及创新制度、环境等，而软件条件包括创新人员、创新信息等。在构成国家海洋创新体系的基本要素中，资金要素是最基本的组成要素，它决定了创新活动的启动、运行和实现过程。在海洋创新体系中，创新研究的投入、创新成果的转化以及创新产品的运用都需要资金来运转。参与海洋创新人员是创新体系中的劳动力要素，负责知识创新、技术创新等创新的研究以及创新成果的转化等，创新人员利用海洋创新资源，运用各种技术进行创新。此外，一个创新体系的运行，离不开创新体系的管理，在国家海洋创新体系中，海洋创新管理是整个体系得以正常运行的保证，海洋创新管理主要依靠相关的政府机构来执行。

政府机构为国家海洋创新体系制定海洋创新目标，是海洋创新活动的参与者，向科研机构、高等院校提供创新目标、创新信息、资金、优惠政策等，给予他们一定的激励，促使他们更好地进行海洋创新活动，目的是通过新的

创新成果可以提高全社会的福利。因为国家海洋创新体系是国家创新体系的一种，所以政府机构的作用除了是创新活动的直接参与者之外还是创新活动规则的制定者，要建立完善的创新制度，包括法律制度、产权制度等，还要合理地对创新活动进行管理。科研机构、高校是海洋创新活动的主要力量，它们根据既定的目标进行研究，而生产企业则主要是将创新成果转化为产品，为社会提供产品。海洋创新体系下的服务机构指的是对于海洋创新活动提供各种服务的一系列机构的总称，其任务是为创新活动的正常进行提供所需要的各种服务。

二、激励条件下国家海洋创新体系的运行机制

国家海洋创新体系可以看成是由内部环境系统、外部环境系统两个部分组成。内部环境系统指的是科研机构、高校以及企业进行技术创新和知识创新的过程，还包括企业将创新成果转化为产品的过程。内部环境系统是创新体系运行的主要方面。外部环境系统包括政府机构、服务机构等，其为创新活动提供外部条件，构建良好的资源分配机制、提供良好的社会服务，减少创新活动的风险和成本。[①] 在外部环境系统中，政府机构的激励因素对于内部环境系统的运行起到重要作用，服务机构为创新活动服务，为创新成果的转换提供传播渠道。整个国家海洋创新体系的运行机制如图7-1所示。

国家海洋创新体系的运行离不开几个创新主体相互作用。首先是政府机构从总体上把握创新全局，制定创新的目标，围绕创新目标向高校、科研机构、生产企业提供资金、优惠政策、信息。政府机构的激励因素在高校、科研机构、生产企业中起作用，促使它们进行创新研究。高校、科研机构主要进行基础研究、应用研究，其中基础研究培养人才，而应用研究围绕国家海洋创新体系的目标展开，在政府的激励下，研究出新知识、新技术等创新成果。生产企业主要是将创新成果转化为产品，此外生产企业也具备研发能力，可以进行一定的创新。有了新技术、新知识，企业进行投资、生产、利润的转化，制造出新产品满足社会需要。服务机构在创新体系中起到桥梁作用，连

---

① 张苏梅等. 论国家创新体系的空间结构 [J]. 人文地理, 2001, 16 (1): 51-54.

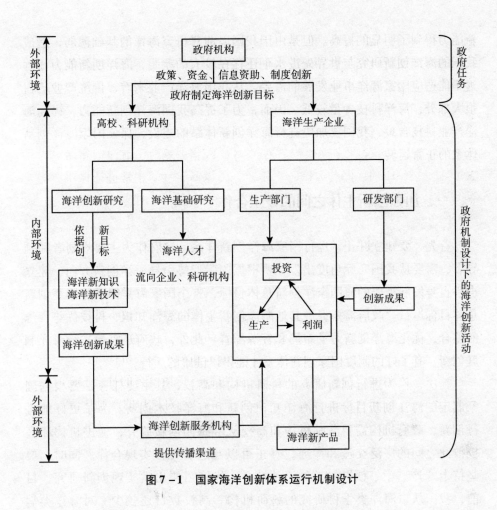

图 7 - 1 国家海洋创新体系运行机制设计

接高校、科研机构和生产企业，促进创新成果的转化。整个创新体系的核心部分在于内部环境系统，而外部环境系统则在体系的运行中起到了保障作用。

第五节 国家海洋创新体系建设对策

进入 21 世纪以来，越来越多的科研人员涉足海洋领域，我国的海洋科技工作也取得了显著的进步，在海洋科技体制改革初见成效的基础上，海洋创新能力得到了明显的提高。但是由于我国以前对研究海洋的基础薄弱，造成我国的海洋创新研究与世界先进水平还存在较大的差距，海洋创新能力还远远不能适应国家海洋事业发展的需要。从我国海洋产业来看，传统产业仍占很大部分，海洋科技含量较低。因而，为了提高我国海洋创新能力，提高海洋产业科技含量，我国要加快进行海洋创新体系的建设，保证国家海洋创新体系的正常运转。

一、加强创新主体之间的分工合作

首先，要建立并正常运行国家海洋创新体系，政府作为主要规划者和领导者，需要从我国实际角度出发，要根据国际形势引导海洋创新方向，建立合乎自身发展需要的海国家洋创新总体目标，整个国家海洋体系将围绕创新总体目标运行。政府需要促进其他海洋创新主体的海洋知识、科技优势资源的整合，优化海洋创新力量布局和资源配置。此外，政府还需要进行海洋制度创新，有了好的制度国家创新体系才能得以健康的运行。

其次，作为进行创新研究的科研机构和高校，其主要任务是要根据国家制定的海洋创新目标进行海洋知识创新和海洋技术创新。为了更好地进行创新，政府机构需要激励机构和高校从事海洋创新研究，促进机构和高校彼此之间的广泛交流和沟通，真正可以互通有无，实现合作。同时，要坚持走"产、学、研"的路线，从社会、经济需要出发实现创新研究。目前，我国从事海洋类学科研究的科研机构、高校数目还较少，对海洋类学科研究的也只是侧重于几个方向，对其他海洋学科研究的重视程度不够。对于高校而言，应该积极进行海洋类学科建设，培养海洋人才，将海洋类学科研究重视起来。

最后，海洋生产企业作为海洋创新成果的转换者，需要提高自身对创新成果转换的能力，更好地将海洋创新成果体现在新产品中。海洋生产企业不仅仅是利用海洋新知识，新技术生产新产品，同样也要进行海洋技术创新。因为海洋生产企业直接运用新技术生产产品，某种程度上更了解其需要的新技术，面对生产过程中的技术难题，海洋生产企业要利用企业内的研发机构进行技术创新，政府也可以联系高校、科研机构帮助企业解决难题，同时，政府机构也要解决企业在生产过程中面临的资金、信息等难题。海洋生产企业需要提高生产产品的科技含量，通过海洋科技创新加大高新技术在海洋产业中的比重。

二、建立完善海洋创新活动的制度环境

国家海洋创新体系由政府机构、高校、科研机构、生产企业以及服务机构等多个主体构成，因而这个体系要正常运行就需要这些主体之间的紧密合作，而各个主体之间的紧密合作则需要政府机构提供相应的制度环境，这些有利于创新的制度环境包括优惠的政策、政府激励等。良好的创新环境有利于紧密结合各个创新主体，使创新的各个环节彼此紧扣，是国家海洋创新体系运转的外部环境保证。此外，国家要保证创新资金、信息充足，为海洋创新提供良好的硬件条件。

政府的激励作用在创新体系的运行上起到决定性作用：首先，政府通过激励机制保证连接的各个主体环节的正常运行，通过政府机构的激励，其他创新主体可以更好地进行合作，有利于创新的进行；其次，政府机构的激励措施为国家海洋创新体系的运行提供良好的制度环境，例如，政府机构为科研机构、高校提供创新信息，给予充足的资金资助，可以刺激科研机构、高校的海洋创新研究；最后，政府通过激励措施鼓励海洋生产企业进行海洋技术创新，并帮助生产企业将海洋创新成果转化为产品满足社会需要。

三、建立有利于海洋创新活动的多层次公共服务平台体系

国家海洋创新体系是一个巨大系统，海洋创新活动涉及不同学科领域，因而无法按照某一领域的具体特点设置固定的服务平台，那么就需要建立一个涉及多个学科领域的多层次的公共服务平台系统，这样的公共服务平台系统包含多个海洋创新服务机构，可以为各个海洋创新主体提供服务，满足多个学科的海洋创新需要。

我国海洋创新体系中不可或缺的是海洋创新服务机构，海洋创新服务机

构并不直接参与创新活动,但是它可以为海洋创新成果的产生提供服务,海洋创新服务涉及从海洋创新目标的制定到海洋创新成果的产生整个创新系统的各个环节。建立多层次的公共服务平台体系,需要从不同海洋学科的各自特点入手,由海洋创新服务机构掌握不同学科海洋创新活动之所需,根据创新所需建立平台,从而更好地保证国家海洋创新体系的运行。

第八章　国家海洋创新体系建设的路径选择

第一节 路径依赖与创新理论探讨

一、路径依赖理论研究回顾

路径依赖最早是由生物学家纳入理论分析之中的。生物学家古尔德在研究生物进化中的间断均衡（punctuated equilibrium）和熊猫拇指进化问题时，提出了生物演进的机制以及路径可能非最优的性质，并明确了"路径依赖"（path dependence）概念。美国斯坦福大学教授 David（1985）与美国圣达菲研究所的 Arthur（1989）教授将路径依赖思想系统化，很快使之成为现代经济学中发展较快和应用较广泛的学说之一。① David（1985）将路径依赖定义为：经济变化过程中暂时的随机的事件对最终的结果有着重要的影响。其路径依赖思想来自于他对打字机史的研究。1936 年发明的效率更高的 ASK 键盘没有能取代 QWERTY 键盘独占市场，而是逐渐消失了。David 认为 QWERTY键盘之所以能在市场上占统治地位，不是因为它最好，而是因为它最早，这种情况被称为路径依赖，并认为造成了路径的锁定效应（lock-in effect）。

Arthur（1989）几乎同时形成了路径依赖的思想，认为路径依赖阐明了事件或方案如何受历史事件的约束。他对技术演变过程的自我增强和路径依赖性质作了开创性研究，指出新技术采用往往具有报酬递增的性质，由于某种原因首先发展起来的技术通常可以凭借先占的优势地位，通过规模经济效应、学习效应和协调效应在市场上流行，实现自我增强的良性循环。相反，一种品质更为优良的技术可能因为晚一步进入市场，没有获得足够的跟随者而陷入恶性循环，甚至锁定在某种无效状态之中。这一理论很好地解释了先

---

① Arthur W. B. Competing technologies, increasing returns, and lock-in by historical events [J]. *Economic Journal*, 1989, 99: 116 – 131; David P. A. Path dependence, its critics and the quest for "historical economics" [J] *Working paper*, All Souls College, Oxford & Stanford University, 1985; David P. A. Why are institutions the "carriers of history"? Path dependence and the evolution of conventions, organizations and institutions [J]. *Structural Change and Economic Dynamics*, 1994, 5 (2): 205 – 220.

发而次优的技术能明显占据市场空间的原因。

从 20 世纪 90 年代开始，North 和 David 等逐渐把路径依赖研究由技术变迁转向制度变迁，提出了制度上的路径依赖理论。North（1990）认为"人们过去的选择决定着他们现在可能的选择"，在制度变迁中，同样也存在着报酬递增和自我增强机制，一旦某一制度在外部偶然事件的影响下被采用，它的既定方向会在往后的发展中得到自我强化，而且很难为其他潜在的甚至更优的体系所替代，这就是制度中的路径依赖。① 而 David（1994）认为当制度逐渐演进并且不被看作是资源配置问题的有效解时，制度就是路径依赖的，制度路径依赖概念只包含了渐进式变迁（gradual break），很少涉及激进式变迁（radical break），因而他的分析没有引起制度经济学家们的注意。② 青木昌彦等（2001）试图用进化博弈论解释制度变迁中的路径依赖现象，认为系统变迁更可能由激发内部变迁的外部大冲击引起，而不是连续与逐渐的。在制度的关键转折时期和随后，主观博弈模型的重建会对未来可能发生的事情施加一定的约束，这就是路径依赖。③

随后的路径依赖研究相对深入，涉及结构、类型、动因和过程等方面。其中，Håkansson 和 Lundgren（1997）指出必定以一种方式与其他路径和结构相联系，④ Leibowiz 和 Margolis（1999, 2002）区分了三种不同程度的路径依赖：第一级是指路径依赖仅是决策的持久性或耐力的形成要素，与效率无关，不花费成本人们不会离开最初选择的路径，这条路径不一定是唯一最优的，但却是最优的；第二级路径依赖是指人们在没有良好信息的情况下决策，没有认识到所选路径的缺陷，最终会后悔这种选择，但要改变它，需要花费巨大的代价；第三级路径依赖是指有关无效选择的良好信息是具备的，但由于没有办法与别人协调集体选择更有效率的替代物，使缺乏效率的技术仍然

① North D. C. Institutions, Institutional Change, and Economic Performance ［M］. Cambridge：Cambridge University Press，1990.

② David P. A. Why are institutions the 'carriers of history'?：Path dependence and the evolution of conventions, organizations and institutions ［J］. Structural Change & Economic Dynamics, 1994, 5（2）：205 – 220.

③ Aoki M. Toward a Comparative Institutional Analysis ［M］. MIT Press, 2001.

④ Håkansson, Waluszewski, Path dependence：restricting or facilitating technical development? Journal of Business Research, 2002, 55：561 – 570.

被采用。① Roe（1997）将技术的路径依赖研究用于制度变迁分析，区分了三种形式的路径依赖，弱型路径依赖对作为最终结果的制度形式作了解释，但只说明了相对效率，它无须对过程（人们如何到达目前所在的位置）有太强的解释；半强型路径依赖引致了缺乏效率的路径，人们后悔这种结果，但不会出钱改变它；强型路径依赖虽然也导致了缺乏效率的路径，也值得花钱去改变，不过，由于公共选择和信息问题带来的行动的实际成本是如此之高，以致人们无法重建，只能维持现状。② North（1990）认为路径依赖的运行是由两种动力推动的，这就是收益递增和由交易费用确定的不完全市场，前者是由某一制度通过学习效应、协调效应等产生的，后者则进一步强化前一趋势；路径依赖的运行受到内部和外部因素共同影响和相互作用，包括偶然性事件、行为主体、制度、市场、政府、压力集团和意识形态等。

二、路径创新研究的主要进展

路径创新（path creation）研究渊源可以追溯到创新研究的鼻祖熊彼特，他认为任何系统都是在某一段时间内是有效的，而过了这一时期可能就是无效的，现行的有效系统是与"相关结构"密切联系的。熊彼特将此看作是创造性的破坏过程，时间是其中的重要因素。再者熊彼特还特别强调企业家在资本主义经济发展过程中的独特作用，并把企业家看作是创新、生产要素新组合以及经济发展的主要组织者和推动者，在《经济发展理论》等著作中将企业家看作是"革新者"，认为只有对经济环境做出创造性的反应并能推动生产力增长的经理才能称为是企业家。③ Dosi（1982）也在技术范式和技术轨迹的研究中提出了可能打破路径依赖的几种动力，包括新技术范式、成员异质性，社会共同进化的适应性特征，以及新组织形式的侵入。④

---

① Liebowitz S. J. , Margolis, S. E. Path dependence, lock-In, and history, *Journal of Law*, *Economics*, *and Organization*, 1995, 11：204 – 226.

② Roe M. J. Path dependence, political options, and governance systems Comparative corporate governance：essays and materials. -Berlin［M］：de Gruyter, 1997：165 – 184.

③ 熊彼特. 经济发展理论［M］. 北京：商务印书馆, 1990.

④ Dosi G. Technological paradigms and technological trajectories［J］. *Research Policy*, 1982, 11（3）：147 – 162.

Garud 和 Rappa（1994）在《技术演化的社会认知模型：人工耳蜗植入案例》一文中，建立了技术创新过程中创新者的主观信心（beliefs）、技术评价规范（evaluation routines）和技术创新成果（artifacts）三者之间互动概念模型，并认为创业者的信心是实现路径创新过程（path-creation processes）的关键驱动力。① Garud 和 Karnøe（2001）进一步指出企业家都是嵌入在某一结构中，他们试图打破这种结构，路径创新其实是企业家"有意地偏离"（mindful deviation），即企业家通过各种公认的方式打破约束进而产生新替代路径的行为，这种行为应该是路径创新的核心，在路径创新中，企业家须具有跨越有关组织边界、转变目标和整合时间资源的能力，其所作努力是整体演化过程的一部分；② Garud 和 Karnøe（2003）在对丹麦和美国风力涡轮机产业的比较案例研究中，改进其三方互动模型，提出在路径创新初期，设计—生产、规制、评价、使用等四个方面直接作用于技术创新成果，同时提出共同演进（bricolage）与根本突破（breakthrough）两种路径创新方式。③

Sydow 等（2004）通过对新一代半导体生产技术（next generation lithography，NGL）发展路径进行研究（见图 8-1），也对路径创新做出了相关论述。他们认为路径依赖的自我增强机制含有这种可能：参与者的战略行为能形成某一路径，但是也可能突破这一路径。④路径创新强调具有结构和制度特征的机构或企业的能动作用，蕴含着期望带来变化的实践，而技术目标、相关结构和产生报酬递增的可能性都内生于那些或多或少有见识的机构正在进行的社会实践中。技术的路径创新需要一种组织机构间良性互动形成的场效应，进而形成一个具有"反身性结构"（reflexive structuration）的开放性组织体系，由一些有见识和有决策影响力的成员（包括自

---

① Garud R., Rappa M. A. A socio-cognitive model of technology evolution: the case of cochlear implants [J]. Organization Science, 1994, 5 (3): 344 – 362.

② Garud R., Karnøe P. Path creation as a process of mindful deviation [J]. Path dependence and creation, 2001: 38.

③ Garud R., Karnøe P. Bricolage versus breakthrough: distributed and embedded agency in technology entrepreneurship [J]. Research Policy, 2003, 32: 277 – 300.

④ Sydow J., Windeler A., Möllering G. Path-creating networks in the field of next generation lithography: outline of a research project [R]. Technology Studies Working Papers TUTS – WP – 2 – 2004, Technische Universität Berlin, 2004.

身核心成员以及有关专家、供应商、市场竞争者、政府有关人员、协会成员等）共同有效实施战略行为，在相关参与者组成的网络结构中利用他们的地位产生互相补充的持续努力，从而增强向路径创新转变的可能。此外，他们还提出了分析某一路径是处于路径依赖还是创新的一些指标，如主要参与者发出相关信号产生的影响，相关机构的建立以及其生命周期，这种创新机构的公开宣言及在这一领域中产生的反应（如特别投资、不和谐的争论等），相关组织网络、工会或协会联盟等发展状况（如规模、密度、多元性等）等。

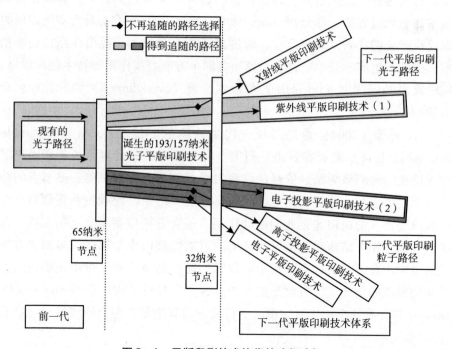

图 8 – 1　平版印刷技术换代的路径选择

资料来源：Sydow J., Windeler A., Möllering G. Path-creating networks in the field of next generation lithography：outline of a research project［R］. *Technology Studies Working Papers TUTS – WP – 2 – 2004*, Technische Universität Berlin, 2004.

Sydow 等（2005）在上述研究的基础上，参照 Giddens（1984）的观点，将具有根植性的技术路径构造（path constitution）分为路径产生、路径持续和路径终止三个阶段（见表 8 - 1）。他认为任何一阶段，参与者的作用可以映射为在有意识创造与自然出现之间的对立统一体。① 根据 David 和 Arthur 的观点，路径涌现（path emergence）是非计划或不可控制的，取决于规模报酬递增的自我增强机制，一般是历史偶然事件形成的，并且可能带来锁定效应；而路径创新则强调参与者对创新目标的追求，以及在整个过程的持续努力，在特定环境中促使其他参与者支持。在路径持续阶段，不论是创造的还是自然出现的路径，都不可避免地在此路径上持续一段时间，David 和 Arthur 称为路径依赖，并认为可能导致锁定，尤其是技术路径，最终形成一定技术标准，Sydow 将这种不可控制的过程称为路径持续或坚持（path persistence），但是这一过程并不是完全超出参与者的控制，当这一路径的维持是企业家或企业联盟有意的行为时，路径持续过程应称为路径延伸（path extension）。在路径终止阶段，路径结束方式可能有两种，一种是以客观因素主导为特点的路径终止，是一种非计划性的路径解散（path dissolution），一般是因为没有人使用而逐渐消失；另一种终止路径的方式是在原有路径上有意制造新的分支，即路径偏离（path deviation）。如果将技术发展路径看作是一定程度上具有路径依赖且可能导致锁定的过程，那么路径创新和路径延伸是路径构造过程的六个可能类型中的两种，与路径偏离一起，都是有意识的路径构造类型。

表 8 - 1　　　　　　　　　　根植性技术路径构造的阶段和维度

阶段	维度	
	客观视角	主观视角
路径产生（path generation）	路径涌现（path emergence）	路径创新（path creation）
路径持续（path continuation）	路径持续（path persistence）	路径延伸（path extension）
路径终止（path termination）	路径解散（path dissolution）	路径偏离（path deviation）

资料来源：Sydow J. , Windeler A. , Möllering G. , Schubert C. Path-creating networks: the role of consortia in processes of path extension and creation [R]. 21*st EGOS Colloquium*, Berlin, Germany, 2005.

---

① Sydow J. , Windeler A. , Möllering G. , Schubert C. Path-creating networks: the role of consortia in processes of path extension and creation [R]. 21*st EGOS Colloquium*, Berlin, Germany, 2005.

第二节　路径转型过程分解

一、路径转型整体过程描述

在 20 世纪的哲学和社会科学领域，关于战略性转型问题的经典研究当属库恩（1968）的范式及其转换理论，而现代系统科学的发展也为复杂社会经济系统发展与演进提供了相应的分析工具和方法，尤其是协同论、突变论等对包括产业集群在内的有机系统转型提供了分析框架，他认为有必要将路径阶段转阶段研究和路径转型点研究结合起来，详细分析路径转型点附近的过程。霍夫曼（Hofman，2003）认为，企业或者产业发展往往以技术创新为突破口，但是要实现真正的路径创新还要伴随着制度、组织结构等创新。[1] 在转折点附近是一个技术与制度创新交织，多主体与中介互动，内外因素反馈，量变和质变共存的多层次、多阶段变换过程，这一过程就是路径转型过程（path transition process）。Gruber（2006）在总结 Sydow 等（2005）研究结果的基础上，接近于表达了路径创新转型的过程，将其分为以下四个阶段：第一，路径创新的选择阶段（path creation-selectivity/momentum），该阶段的特征表现为各种各样的探索，可能是在盲目探索中随机出现了新路径，或者具有明确目的确定了一条新路径；第二，路径创新的休整阶段（path creation-shaping），该阶段的特征表现为寻求路径创新的资源，以及明确中介机构的地位；第三，路径依赖阶段（path dependence），该阶段的特征是一定程度的路径依赖，路径创新要偏离路径，但是沿着相对稳定的方向，在一个相对受到制约的廊道中延伸；第四，路径打破阶段（path breaking），该阶段的特征表现为有意识的（或者甚至是无意识的）路径解锁，表现为一种散漫的、行为主义的或者系统性的路径探索。[2]但

---

① Hofman P. S. Embedding radical innovations in society［R］. *The 11th Greening of Industry Network Conference*, San Francisco, 2003.

② Gruber M. Routes to paths: an empirical exploration of path creation and path development in new organizations［R］. *International J. A. Schumpeter Society 11th ISS Conference*, Nice-Sophia-Antipolis, 2006.

是，上述阐述依然侧重说明路径转型中的各种可能和路径表现方式，而没有明确路径从依赖到创新的转型的即时过程，尤其是该过程中的作用者（主体、中介）在不同层次的协同行为。

二、创新集群路径转型过程描述

基于上述分析，本研究尝试将内外因素综合考虑起来，单纯研究路径创新点附近的详细过程，概括为前期积累、内部博弈量变、内部博弈质变、外部博弈等四个阶段（见图8-2）。

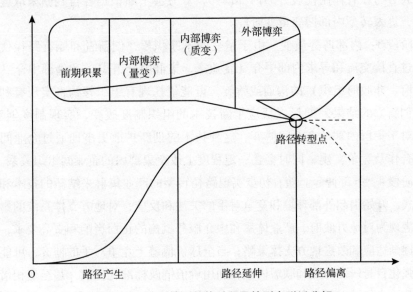

图8-2　路径转型整体过程及转型点附近分解

为了集中讨论路径创新转型过程的详细过程，假定只分析同时利用内、外部中介，顺利实现路径转型的情形，并且以本土产业集群的国际化发展路径为考察对象进行描述。路径转型每个阶段的影响因素可以划分为产业集群内部（包括领军企业与跟随企业、企业之间组织机构）的技术创新与制度创新、地方环境支撑（包括地方政府、地方产业体系和服务组织）、集群外部关联（包括区域外部环境和全球价值链体系）三个层次，而这些影响和企业家群体（一般作为内部中介）相互作用，导致产业集群路径转型。

阶段1：前期积累。产业集群基于特定的地方环境支持和孵化，但是其发展过程已经受到原有技术的约束，新技术尚不足以对原有的组织制度构成冲击，也很少影响到集群外部，这一阶段是企业已充分意识到原有技术的缺陷对其发展的约束，通过建立自主研发或参与已有技术研发联盟，但还未触动产业集群的组织制度变革，但是至少存在以技术创新为动因的路径创新趋势，这是路径转型的前期积累阶段。

阶段2：内部博弈量变。随着新技术创新的突破，在原技术基础上组建的组织和制度或多或少地会束缚新技术的应用，因而会出现产业集群内新技术代表方与原有体制代表方的内部博弈，双方会不断根据各自判断采取应对措施，进入转型内部博弈量变阶段。

阶段3：内部博弈质变。由于量变的不断积累，创新者和原有路径代表者通过直接交流和寻求内部中介（企业家、集群中介组织）和外部中介（外部政府、非政府组织）的沟通或斡旋，可能依托现有组织架构，实现有利于支持创新方的结果，即形成适应于新技术的组织制度改变，实现制度创新。尤其对于集群内部的企业间博弈，这种技术的创新扩散更多地通过企业间模仿、合作及竞争实现，同时会在一定程度上改变集群内的企业间组织关系。

阶段4：外部博弈。随着初步实现路径转型的产业集群采纳新的技术和制度形式，开始引起外部环境和竞争对手的关注和反应，对地方支撑系统的影响主要表现为对地方政府、产业体系和中介服务机构的正面影响和更高要求，促使其逐渐适应和改进地方支撑策略；与全球价值链上竞争对手的博弈，可能使对手强化自身研发力度和联盟体系，利用价值链及标准化组织，甚至变相借助国际政治力量，对新竞争者进行重新定位和评估，实施产品或服务市场限制，设置新技术标准推广的障碍，审查或排斥新成员产业集群加盟等，[①] 如果产业

① 参见：刘曙光，形成大企业集群学习—竞争优势，促进优势产业全球化；倪鹏飞（主编），2005中国城市竞争力报告：产业集群专题［M］.北京：社会科学文献出版社，2005；刘曙光，郭刚. 从企业标准到全球标准：技术创新及标准化问题研究［J］.经济问题探索，2006（7）；刘曙光，杨华. 关于全球价值链与区域产业升级的研究综述［J］.中国海洋大学学报（社科版），2004（5）；梅丽霞，蔡铂，聂鸣. 全球价值链与地方产业集群的升级［J］.科技进步与对策，2005（4）；文嫮，曾刚. 上海浦东新区信息产业集群的升级研究［J］.经济问题探索，2005（1）；张辉，全球价值链下地方产业集群升级模式研究［J］.中国工业经济，2005（9）.

集群在采用技术的同时建立自主性价值链式联盟，并逐渐形成自主性的技术标准和行业规范，则不失为一种路径创新的尝试。①

三、路径转型问题的简单总结

从路径依赖到路径创新需要内部整合和外部机遇的协同与持续作用，路径创新也需要考虑风险、成本和时机，企业家（群体）的创新信心也要考虑现有的技术、制度客观基础和主观评价规范，路径转型过程的层次性（微观—中观—宏观），多主体参与性，以及多阶段性，使得反射性结构组织和外部信息通畅基础上的频繁沟通和磋商成为必要，路径转型过程的多角色同步转换和互动，也对企业家群体的素质和能力提出挑战。实际上，路径创新应该是基于原有路径基础上的创造，即便是路径创新本身，也同样依赖于一定的范式和规则，也就是 Sam Ock Park（2004）在英国伯明翰 IGU 经济空间动态委员会年会总结发言中指出的：路径创新依然依赖于路径依赖（path creation still depends upon path dependence）。②

---

① Sydow 等（2005）研究了联盟（consortia）尤其是研发联盟在技术发展和技术路径创新中的重要作用。在 NGL 发展路径研究中，存在半导体生产技术联盟（SEMATCH）和紫外线技术联合有限责任公司（EUVLLC，由 Intel、AMD、IBM 等 6 家公司组建），它们分别是路径延伸和路径创新的典范。SEMATCH 的行为证明了在一段时间内，通过路径延伸维持原有路径是可行的选择，可以有效地避免沉没成本，不仅包括技术设备和人力资本的成本，还有组织内部关系成本。EUVLLC 是路径创新网络的关键典范，它通过建立大量关键的组织内部关系使单一路径成为最可行的选择，使得 EUVL 技术成为新一代技术路径。Boland 等（2003）通过对电子技术的路径创新以及其在建筑业应用创新的研究，提出路径创新的关键在于设计行为，认为企业家要实现路径创新，设计新路径是必需的，新路径设计是在一定社会、制度和认知层面上由创新者的期望、信念、工作实践以及标准、技术工艺等构成。但是，根据笔者 2006 年 3 月对上海张江区移动视音频产业联盟建设过程的案例调研，认为在我国整体的芯片开发技术（如"凤芯二号"）和产业实力还处于相对劣势阶段，这种匆忙建立起的基于自主知识产权技术的产业联盟还有多大实际价值还需深入探讨；同时，参与该组织的国内主要企业已经参与相应的国际组织或者与全球强势企业建立联盟，可能为自主建设产业联盟带来一定困难。

② Park O S. Comments on conference papers concerning path dependence and path creation [C]. *IGU Commission on the Dynamics of Economic Space Annual Residential Conference*, August, Birmingham, UK, 2004.

第三节　国家海洋创新体系建设路径选择

一、需要相对稳定的前期积累

我国的海洋开发活动在 30 多年的国民经济中比重稳中有升，1978 年，我国主要海洋产业总产值仅 60 多亿元，2002 年全国海洋生产总值突破 1 万亿元，2006 年突破 2 万亿元，到 2009 年达到 31964 亿元，2001～2009 年海洋生产总值年均增长率高达 16.68%，海洋经济对 GDP 的贡献率由 8.68% 上升到 9.53%，成为我国国民经济发展的新亮点和新的增长点。海洋经济的稳步发展也带来我国海洋创新能力的相对提升，表现为海洋产业结构的优化调整，以及以海洋工程建筑业、海洋电力产业、海水利用业、海洋生物医药业、海洋油气业、海洋矿业和海洋化工业等为主体的科技密集型海洋新兴产业的迅速发展。这一趋势也为我国国家海洋创新体系的转型奠定了基础。

二、需要参与国际竞争与合作

国家创新体系建设的宗旨之一就是提升国家的国际竞争能力，而国际合作更是全球化时代国家创新能力提升的重要途径。国家创新体系建设与转型需要国际化的支持。其主要内容包括创新制度和组织网络的国际化、创新资源流动和配置的国际化，以及创新主体互动和创新活动的国际化。[①] 海洋空间分布和水体流动的跨国性和全球联通性，意味着国家海洋创新体系建设的基础具有全球开放性，专属经济区的跨国邻接及主张重叠，区域性海洋的多国关联，使得一个国家海洋创新体系建设具备了与他国创新体系相对应和密切交流的必要性甚至必然性。欧盟国家已经建立了协同一致的跨国海洋政策，

---

① 刘云，李正风，刘立，王兆华，张祥. 国家创新体系国际化理论与政策研究的若干思考 [J]. 科学学与科学技术管理，2010（3）：61 – 67.

俄罗斯、加拿大、澳大利亚、南非、印度、巴西等国家的涉海创新体系建设也从不同侧面和角度描述了国际竞争与合作的重要性。我国不仅与相邻的八个海洋周边国家都有涉海问题需要协调，而且在面向大洋和极地事务方面更需要全球化参与和交流。

三、需要政府对战略目标作出调整

2006 年，胡锦涛同志在全国科学技术大会发表了题为《坚持走中国特色自主创新道路，为建设创新型国家而努力奋斗的重要讲话》，首次提出了创新型国家的概念，表明我国国家创新体系建设由一般性创新体系建设向创建创新型国家的战略转变，尤其强调建立我国自主创新的战略模式（万汝洋，2007），2008 年全球金融危机以来世界经济格局的调整，不仅没有改变我国强调自主创新的战略，反而更加坚定了我国采取自主创新战略的步伐；2012 年，中共中央和国务院颁发《关于深化科技体制改革加快国家创新体系建设的意见》，2013 年国家出台《"十二五"国家重大创新基地建设规划》，充分展示了我国建设国家创新体系的节奏性转轨，是强有力的路径创新转型。

我国在经历了 30 多年以陆地资源为主的经济高速增长时期之后，已经意识到海洋与陆地资源开发并重的战略意义。党和国家越来越重视海洋开发战略，2010 年 10 月 18 日，中国共产党第十七届中央委员会第五次全体会议通过的《中共中央关于制定国民经济和社会发展第十二个五年规划的建议》，在第四部分"发展现代产业体系，提高产业核心竞争力"中明确提出要"发展海洋经济"。具体内容包括"坚持陆海统筹，制定和实施海洋发展战略，提高海洋开发、控制、综合管理能力。科学规划海洋经济发展，发展海洋油气、运输、渔业等产业，合理开发利用海洋资源，加强渔港建设，保护海岛、海岸带和海洋生态环境。保障海上通道安全，维护我国海洋权益。"这是首次从国家发展战略层面全面而深刻地提出开发利用海洋与国民经济发展战略的内在关系，也应该看作是正在建立海洋开发的新的战略目标。当然，论述重点强调了我国在海岸带和近浅海开发方面的重要性和主要任务。同时，越来越多的专家学者和政府领导看到深海和大洋开发对于我国的战略重要性。①

2012 年以来，针对在维护管辖海域主权方面遇到的一系列国际压力和挑战，中国采取了公布钓鱼岛领海基线、强化相关海域海上执法巡航、出版钓鱼岛问题白皮书等一系列措施，使得我国公众对于维护国家海洋权益的问题有了实质性转变，也极大地促进了对于强化深远海开发及其科技与产业支撑战略建设的社会认同，实际也为国家推进走向深远海的海洋创新战略提供了战略机遇。

四、需要可供参照的创新转型示范

我国在诸多领域的国家创新体系建设方面取得了全球瞩目的成就，尤其是我国的从"两弹一星"科技工程延伸而来的深海探测计划的成功和持续深入推进，是政府整体导向和推动下国家创新体系建设的成功典范。② 不少海洋界学者不断呼吁，要学习深空探测工程领域的国家创新体系建设与升级的成功经验，建设面向深海开发的国家深海探测工程，进而带动我国面向深海开发的国家海洋创新体系建设的启动。

---

① 例如，全国政协经济委员会副主任郑新立在"全国政协经济委员会'发展海洋经济，提高可持续发展能力'专题调研座谈会"上提出，不仅要高度重视我国专属经济区资源权益维护问题，而且要调整和制定我国海洋经济发展的方针和政策，建议制定"十二五"海洋经济发展专项规划，进一步维护和扩展我国在大洋的海洋权益。参见：刘曙光："全国政协经济委员会'发展海洋经济，提高可持续发展能力'专题调研座谈会"会议纪要。

② 孙国际. 从"两弹一星"科技工程的重大成功看国家创新体系模式的建立 [J]. 中国科学基金，2005（2）.

第九章 实证案例（一）：国家深远海开发重大创新平台设计*

———————

　　* 本章内容整理自笔者主持的青岛市社科院重大项目《青岛西海岸发展战略定位研究》课题有关内容，特此向青岛市社科院以及青岛西海岸国家级新区有关部门提供调研机会和基础信息表示诚挚谢意。

第一节　深远海开发战略保障基地定位解读

一、国家对于新区"基地"定位的描述

青岛西海岸新区位于山东省青岛市胶州湾西岸，包括青岛市黄岛区全部行政区域，其中陆域面积约 2096 平方公里、海域面积约 5000 平方公里。根据国务院对于批准建设青岛（西海岸）黄岛新区建设所制定的总体规划方案，[①] 新区定位的内涵阐述为两大主要方面，[②] 建设一大平台和两大基地：第一，借鉴国家深空探测系列工程经验，构建海陆关联、协同创新机制，集中建设国家深远海开发重大创新平台；第二，提升陆基综合保障能力，打造董家口矿产能源等大宗商品和战略物资储运中转基地、深海探测开发装备产业基地。

二、定位内涵及其背景解读

（一）如何理解"国家深远海开发重大创新平台"

根据科技部《2004～2010 年国家科技基础条件平台建设纲要》《国家中长期科学和技术发展规划纲要（2006～2020 年)》和《关于深化科技体制改革加快国家创新体系建设的意见》等相关科技发展战略，[③] 重大创新平台建设是实现我国自主创新的关键性基础工程，除了一般意义上的基础科技条件平台，我国近来越来越强调面向国家重大战略需求的综合性和应用性跨行业、

---

① 国务院关于同意设立青岛西海岸新区的批复，2014 - 06 - 09。

② 国务院批复的新区规划中，该区的主要定位包括：海洋科技自主创新领航区，深远海开发战略保障基地，军民融合创新示范区，海洋经济国际合作先导区，陆海统筹发展试验区，亚欧大陆桥东部重要端点。

③ 《国家中长期科学和技术发展规划纲要（2006～2020 年)》，科技部网站。

跨学科平台建设。而根据新一轮国家海洋强国建设战略，面向海洋已经成为实现我国海洋强国的重大战略举措，成为国家新时期实现伟大复兴中国梦的重大国家需求。[①] 因此，国家深远海开发重大创新平台建设体现了国家对于通过创新实现海洋强国之梦的强力推进和具体落实。

随着越来越多的国家重视深远海资源开发，深海油气资源、海底矿产资源、深海基因资源、远洋渔业资源的开发正成为国际海洋资源开发的热点。据国家海洋局发布的《中国海洋发展报告（2013）》，从海底矿产资源开发来看，20世纪以来，西方国家已经拥有自主深海探矿技术，深海采矿系统已产业化，具备了深海矿产资源商业化开发能力。而我国深海采矿技术还在设计阶段，尚未具备进入深海采矿的能力。

《中国海洋发展报告（2013）》认为："走向深海远海，是中国拓展国家资源储备和国家战略空间的需求，是可持续发展的必然要求，也是实现建设海洋强国的必经之路。"报告建议，从中国经济社会发展的战略需求出发，将远洋捕捞、油气开发、可再生能源利用等作为海洋资源开发利用的优先领域，加大投入，提高海洋资源的开发能力。增强国际海底资源开发能力，大力开发深潜技术装备，实施深海基地、平台与重大工程。

（二）因何要借鉴"国家深空探测系列工程经验"

很明显，新中国成立以后引以为豪的重大国家工程当属"两弹一星"工程，其基于国家战略安全和国际竞争需要的战略引导，国家的顶层设计与系统集成思想的严格落实与推进，使得我国在其他产业和技术相对落后的背景下实现了伟大跨越，并且已有的自主创新基础和经验，使我国已经成为国际深空探测的领军国家之一，为我国的强国之梦奠定了坚实基础，当然如何借鉴这些经验还需要认真探讨。

（三）为何要通过"构建海陆关联、协同创新机制"

就如同空间战略需要陆地与空天空间关联一样，海洋开发战略同样离不开海陆开发活动的内在联系和作用，深远海开发活动离不开陆基开发准备和

---

① 习近平. 做好应对复杂局面准备 维护海洋权益［N/OL］. 新华网，2013-07-31.

支持，而开发的结果和利用过程一般又要回到陆地。通过协同创新推动深远海洋开发平台建设也十分容易理解，[①] 因为深远海开发是"比登天还难"的重大工程，需要诸多领域和冗长的业务环节，而且全球真正商业化开发深远海的案例远比深空探测来得"稀有"或者"欠缺"。

（四）因何要"集中建设"这一平台

从技术角度讲，通过复杂的系统集成过程，[②] 往往会在高端领域出现高度模块化集成和聚焦，构成"金字塔"型创新集成模式，而深空发射场往往只有一个（或为数不多的几个），然后才能完成惊险的"一跃"，实现点火升空。从经济角度讲，深远海开发因为高端性和系统性而不能采取"遍地开花"的模式（1958 年全民"大炼钢铁"是一个传统反面典型），必须通过集中建设，聚集全国甚至国际力量实现深度海洋前沿探索和后续开发。

（五）"大宗商品和战略物资储运中转基地"有何必要

全球金融危机爆发以来，欧关国家争相反思过度服务业化所导致的虚拟经济脆弱性，美国、英国和德国等纷纷提出再造工业革命辉煌，而服务于大宗商品交易的重型码头建设也同样受到重视，各国纷纷重新规划和扩展已有码头设施，更新和升级连接路域交通基础设施体系。同时，已经十分紧张的全球资源供应和储备，以及不断加剧的多地区政治紧张局势（当然政治甚至军事紧张的基本根源又离不开这些地区的经济发展困境和后续潜力缺乏），战略物资储备能力考验一个国家对于生存和发展安全的

---

① 协同创新：是指创新资源和要素有效汇聚，通过突破创新主体间的壁垒，充分释放彼此间"人才、资本、信息、技术"等创新要素活力而实现深度合作。协同创新是一项复杂的创新组织方式，其关键是形成以大学企业研究机构为核心要素，以政府金融机构中介组织创新平台等非营利性组织为辅助要素的多元主体协同互动的网络创新模式，通过知识创造主体和技术创新主体间的深入合作和资源整合，产生系统叠加的非线性效用协同创新的主要特点有两点：一是整体性，创新生态系统是各种要素的有机集合而不是简单相加，其存在的方式目标功能都表现出统一的整体性；二是动态性，创新生态系统是不断动态变化的。

② 系统集成英文 system integration，是在系统工程科学方法的指导下，根据用户需求，优选各种技术和产品，将各个分离的子系统连接成为一个完整可靠经济和有效的整体，并使之能彼此协调工作，发挥整体效益，达到整体性能最优。

应对能力。

我国在石油、战略性矿产资源方面的储备能力远低于发达国家。因此，有必要在合适的地点建设和强化国家大宗商品中转和战略物资储备基地，而董家口的天然深水良港自然优势，以及邻近大城市和中国北方经济重心区域的区位，使其成为国家建设这一基地的首选。

（六）"深海探测开发装备产业基地"必要且可行吗

经常有人会问：有必要现在搞深海装备产业吗？国际自 20 世纪 60 年代以来掀起过深海矿产资源开发热潮，90 年代后由于有色金属价格降低而需求减弱，深海探矿热潮降温；但是，随着 21 世纪到来，尤其是金融危机过后，发达国家及其所属深海探测和开发机构、先锋企业似乎在参加"季后复活赛"，纷纷重新调整战略，依照联合国国际海底局（UN International Seabed Authority）制定的复杂烦琐申请程序和不断强化的生态环境安全规则，"坚定"地走向深海，美国、挪威、英国、法国、德国、荷兰、加拿大、澳大利亚等国家的深海勘探产业链建设已经"相当完备"。

我国深海工程装备技术及产业化准备：我国专家在充分吸收国外研究成果和国内相关技术成果的基础上，经充分论证，确定了将流体提升采矿技术，作为我国多金属开采系统研制的主攻方向。1999 年，中国大洋协会采矿总设计师组完成了大洋多金属结核矿产资源研究开发中试采矿系统总体设计。该设计首次以技术成果的形式，确定了我国多金属结核采矿系统由履带自行式集矿机—水力管道提升—水面船等部分组成，系统的主要技术指标即单套采矿系统的年生产干结核的能力为 150 万吨。至此，基本完成了我国第一代深海采矿技术原型的构建。根据总体设计，"十五"期间，中国大洋协会采矿总设计师组完成了中试采矿系统的技术设计。"十一五"期间，我国继续深化了多金属结核开采技术模型完善工作；研制了深海矿产分散式局部试采系统；开发了水力提升与水面支持联动模拟试验系统；开展了 230 米水深的提升试验。总之，近 20 年来，我国技术人员在开展系统技术研发的同时，系统装备及试验装备的研制工作、水面支持系统设备的选型及改造设计工作均取得了较大进展。同时，我国在其他海底矿产资源开采技术与装置发展方面也取得了不小进步。

根据《中国海洋发展报告（2013）》，虽然我国的深海工程装备及关键技术取得了许多突破性进展（如中国海洋石油总公司投资150亿元建造的海洋油气勘查、物探、钻井、起重、铺管等系列深水工程装备，我国第一艘12缆深水地震勘探船以及"海洋石油981"第六代深水半潜式平台和第一艘深水工程船），但总体来看，仍不能满足海洋油气资源开发的需要。我国油气开采中的高端海洋装备制造的关键技术与设备相对滞后，每年大约有70%以上的海洋工程配套设备需要进口。

三、国家深远海开发战略保障基地定位的SWOT分析

（一）基地建设的优势和劣势

新区基地建设的主要优势包括：（1）董家口是难得的世界级深水大港，以及邻近国际主航线，邻接国内沿海两大经济圈，具有建设基地的自然条件和经济需求和产业支持优势；（2）相对完整和可扩展的港区周边区域空间，为开展系统性空间产业布局提供了基础空间载体。

新区基地建设的主要劣势包括：（1）距离青岛主城区较远，新区相对缺乏专业化的基础研究、高等教育以及相关配套产业，对于吸引一些产业环境要求较高的国际高端企业和机构进驻形成屏蔽；（2）腹地交通和货物集疏运体系尚待完善，缺乏对于周边及远程腹地的带动辐射作用。

（二）基地建设的机遇和挑战

新区基地建设的主要机遇包括：（1）国家海洋强国战略强势推动，深远海开发战略成为海洋强国战略的重大举措，而且作为国家级定位落实到新区之中，使得新区发展与国家战略密切相连；（2）国家级新区建设背景下不断延伸的城市带建设，为港口—城市一体化互动发展提供了机遇。

新区基地建设的主要挑战包括：（1）我国已经建设6个国家级新区，大都具有良好的港口平台条件，而且有的城市产业协作基础和腹地集疏运体系相对完善，使本区基地建设具有了紧迫感；（2）随着"十三五"规划启动，青岛市产业结构调整和空间再布局也已启动，一些相对落后的传统产业计划

迁入本区，可能影响本区港口整体空间布局长远规划和控制，而有不同增长空间又存在优势项目的现象，使得本区存在项目"饥渴"和项目"拥堵"并存的可能；（3）外来（包括本省和国内）项目进入存在巨大不确定性，而先期到位项目可能存在随意性和孤立性，使得本区整体规划建设国家级重大平台和基地受到一定制约。

第二节　国内外经验借鉴

一、国内外深空探测工程经验借鉴

（一）美国深空探测经验

空间探测（space exploration）是指对地球高层大气和外层空间所进行的探测，是空间科学的一个分支。以探空火箭、人造地球卫星、人造行星和宇宙飞船等飞行器为主，与地面观测台站网、气球相配合构成完整的空间探测体系。深空探测主要是探查行星际空间的磁场、电场、带电粒子和行星际介质的分布及随时间的变化。探测证实了太阳风的存在，发现了行星际磁场的扇形结构。探测行星际空间的飞行器可以有四种轨道类型：地心轨道、日心轨道、飞离太阳系轨道和平衡点轨道，在太阳和地球的联线上有一个平衡点，太阳和地球的引力在这里恰好相等，飞船可以通过这一点在和日地连线相垂直的平面上沿椭圆轨道运动。

美国20世纪和21世纪深空探测发展战略的主要经验表现为：（1）从主要考虑政治因素向综合考虑政治、科学、技术和经济利益等因素发展；（2）从两霸竞赛向欲争全球独霸，既"坚持竞争"又"利用合作"发展；（3）从月球探测向火星、整个太阳系或更远空间探测发展；（4）从只求实现"载人上天"向"人类在太空长期生活和工作"发展；（5）从大张旗鼓追求轰动效应的"冒进"向脚踏实地开发技术的循序渐进发展。

（二）欧洲深空探测工程组织架构

欧洲空间探测是全球空间探测的另一支主力军，其主要组织者是欧洲航天局（European Space Agency，ESA），它是一个欧洲数国政府间的空间探测和开发组织，总部设在法国首都巴黎。欧洲航天局的前身是欧洲航天研究组织（European Space Research Organization，ESRO），如今它仍旧是欧洲航天局的一部分，称为欧洲航天研究与技术中心（European Space Research and Technology Centre，ESTEC），位于荷兰诺德惠克（Noordwijk）。除捷克外，欧洲航天局现有17个成员，加拿大和匈牙利等国也参与了该机构的一些合作项目，法国是其主要贡献者。欧洲航天局与欧盟没有关系。欧洲航天局包括了非欧盟国家如瑞士和挪威。欧洲航天局共有约1700名工作人员，发射中心是位于法属圭亚那的圭亚那发射中心，由于其相对于赤道较近，使卫星发射至地球同步轨道较为经济（同质量下所需燃料较少），控制中心位于德国的达姆施塔特。

（三）中国主要深空探测工程及其组织实施

1. 主要工程

探月工程。中国探月工程经过10年的酝酿，最终确定中国的探月工程分为"绕""落""回"三个阶段。第一期绕月工程在2007年发射探月卫星"嫦娥一号""嫦娥二号"，对月球表面环境、地貌、地形、地质构造与物理场进行探测。第二期工程时间定为2007~2016年，目标是研制和发射航天器，以软着陆的方式降落在月球上进行探测。第三期工程时间定在2016~2020年，目标是月面巡视勘察与采样返回，此段工程的结束将使中国航天技术迈上一个新的台阶。

太阳系探测工程。将准备逐步完成太阳系探测计划。探测目标之一是探寻太阳系中地球以外的生命信息，还将进行类地行星的比较，研究太阳系的起源、形成与演化。针对地球面临的两大主要威胁——太阳的爆发和小行星可能的撞击，探测计划未来也将对这两类天体进行观测，研究太阳的爆发和小星星可能的撞击。计划还将更多地了解地外资源、能源与环境的利用前景，探索再造一个地球的可能性。

2. 航天科工集团

中国航天科工集团公司（简称航天科工）是我国深空探测工程的主体。

该集团是中央直接管理的国有特大型高科技企业，前身为 1956 年 10 月成立的国防部第五研究院，1999 年 7 月成立中国航天机电集团公司，2001 年 7 月更名为中国航天科工集团公司。航天科工现由总部、5 个研究院、2 个科研生产基地、11 个公司制、股份制企业构成，控股 6 家上市公司。其组织机构如图 9 – 1 所示。境内共有 570 余户企事业单位，分布在全国 30 个省市区。

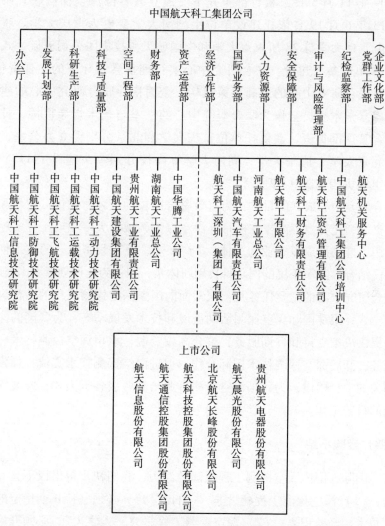

图 9 – 1　中国航天科工集团组织机构图

资料来源：中国航天科工集团官网，www. casic. com. cn.

拥有多个国家重点实验室、技术创新中心、成果孵化中心以及专业门类配套齐全的科研生产体系。航天科工以"科技强军、航天报国"为企业使命，从事着关系国家安全的战略性产业，在载人航天、月球探测工程等国家多个重大项目建设中做出了突出贡献。

3. 教育部深空探测联合研究中心

2009年11月5日，教育部正式下文成立教育部深空探测联合研究中心，2013年6月19日依托建设单位由湖南大学变更为重庆大学。联合研究中心由北京大学等28所重点大学和中国航天科技集团公司五院、八院等13家合作单位参与建设。联合研究中心实行理事会领导下的主任责任制，理事会是联合研究中心的最高决策机构，全面指导联合研究中心的建设与发展。成立学术委员会作为联合研究中心的学术与技术指导机构。日常事务由综合管理部负责，在依托单位重庆大学和北京分别设立办公室，在成员单位北京大学、清华大学、湖南大学等高校分别牵头建设了11个分中心。其组织机构如图9-2所示。

联合研究中心成立的目的：为有效整合高校的人才、知识、技术和国际合作等资源，充分发挥高校在探月等深空探测领域重大专项或工程实施过程中的作用，推动形成以企业为主体、"产、学、研"紧密结合的技术创新体系和军民结合、寓军于民的国防科技创新体系，积极为建设创新型国家服务。

联合研究中心的主要任务是：探索面向国家深空探测工程的高校科研组织管理模式；跟踪国际深空探测活动进展和技术发展动态；为我国的深空探测活动提供决策支持和咨询服务；整合高校资源，承担深空探测技术和工程研发任务；开展深空探测技术国际合作，促进深空探测技术交流；加强深空探测相关的学科建设；为我国深空探测事业培养各级各类人才；开展深空探测领域的科普工作。

（四）经验小结

根据国际、国内深空探测工程探测的经历，我们初步得出以下具有共性的经验：（1）深空探测工程建设非"一日之功"，必须坚持长期稳定的财力支持和技术、经验积累；（2）深空探测工程非"一人之力"，必须开展广泛和系统的跨地域、跨部门、多阶段合作；（3）深空探测工程需要"顶层设计"

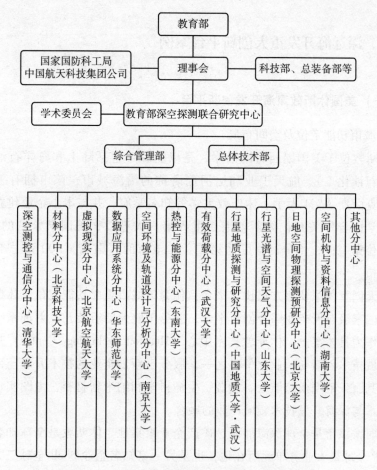

图 9-2 教育部深空探测联合研究中心组织机构图

资料来源：教育部深空探测联合研究中心官网，www.cose.edu.cn.

和"系统分解"，必须科学描述和规划看似遥远和离散的顶层目标，然后将有限力量通过合理路径和方式进行整合和调配；（4）深空探测工程启动需要"科学预见"和"审慎决策"，需要根据国家（甚至全球或者国际组织团体）的战略生存与发展客观需求，基于已有科学和社会经济基础，判断是否启动以及面向哪个方向启动计划，避免可能导致的资源浪费甚至战略风险。（5）启示：新区应该遵照国家规划指示精神，积极负责推动筹建国家深海开发（科工）集团和教育部深海开发联合研究中心。

二、深远海开发重大创新平台案例

（一）美国休斯敦深海开发创新平台

1. 城市功能定位及空间布局

休斯敦位于美国墨西哥湾沿岸，是以能源（包括陆上和海洋石油开采及陆上石油化工）、航天工业和运河而著称的沿海城市；该市拥有莱斯大学、德克萨斯 A&M 大学、休斯敦大学等知名学府，并与本土企业建立起密切的产学研合作关系；休斯敦港是世界第六大港口，美国最繁忙的港口，外轮吨位第一位，不分国籍则居第二位；该市的《财富》500 强总部仅次于纽约市。

航天创新领军及地方化技术平台：作为该城市重要功能定位，休斯敦市建设有国家级航天产业综合创新平台，服务于航天器组装及发射前系统集成过程。作为具体案例，休斯敦技术中心（Houston Technology Center）是美国诸多区域技术创新与商业化中心之一，服务于新创企业的技术升级与商业化开发，其服务范围横跨航天、能源、生命科学和纳米新材料，力图实现深空探测技术与深海开发技术领域产业的融合。

同时，该市是全球深海能源、矿产企业聚集地。休斯敦是全球知名石油公司 BP 全球最大业务单元所在地，也是另一家知名企业 Shell 全球三大研发中心（Shell Technology Center Houston）所在地（另外两个位于荷兰阿姆斯特丹和印度班加罗尔），总部位于得克萨斯州的埃克森美孚（Exxon Mobil）也在休斯敦建立其研发产业园。因此，休斯敦已经形成世界石油（尤其是深海石油）开发及陆域加工和研究发展中心，尽管其以企业为单位进行研发活动竞争，但是通过地方平台和中小企业多客户服务，实现了该市作为世界级深海开发创新平台的目标。

2. 城市主要产业结构

休斯敦市现代经济体系尽管以石油开发起家，但是该市已经形成以服务业为主体的产业结构（见图 9 - 3）。基于海陆联运体系的运输与贸易成为其第一大产业，专业及商业服务业（总部经济产业为主体）为其第二大产业，教育与医疗服务产业是第三大产业。当然，其制造业、建筑业、能源与矿产开发（主要是海洋石油开发）依然具有相当大的比重。

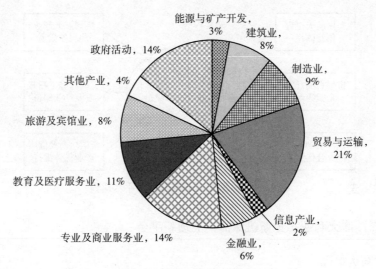

图 9 - 3 休斯敦市产业结构

资料来源：根据休斯敦市官网产业规模数据整理。

3. 休斯敦深海开发创新平台建设经验

通过对相关文献的初步分析，我们认为休斯敦市作为世界级深海开发创新平台具有以下特征：第一，20 世纪初，休斯敦市利用陆海石油开发产业兴起的机遇，不断聚集和发展石油开发、加工和石化下游产业，形成集聚效应；第二，利用第二次世界大战后国家航天战略发展与布局机遇，创建国家航天科技与产业中心城市，形成航天高技术应用与集成中心；第三，积极拓展与墨西哥湾和加勒比海国家（地区）的合作，形成巨大的商品物流中转基地，也形成石油、原材料等重型物资储运基地；第四，积极拓展深海石油开发为先导的深海能源产业，不仅服务于中南美洲，而且通过企业全球价值链延伸与治理，控制全球深海探测与开发中低端产业群；第五，作为节点城市的休斯敦市，则积极做好跨行业总部经济聚集和跨阶段技术研究开发与产业化、商业化孵化工作，建立宽松而规范的区域创新孵化体系；第六，基于初期制造业基础强大的专业服务和总部经济产业发展，使其成为具有全球竞争能力的国际化产业领军城市。休斯敦深海开发创新平台建设情况，见图 9-4。

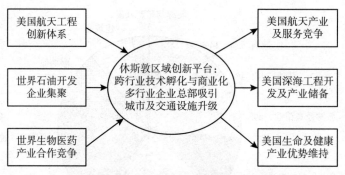

图 9-4　休斯敦深海开发创新平台建设

（二）澳大利亚布里斯班深海矿业创新平台

1. 案例概况

布里斯班市位于澳大利亚东北部沿海，是昆士兰州首府，其经济总量占澳洲近 10%（2011 年），该市是典型的以港兴市，其港口担负着澳洲与亚洲、太平洋市场联系的重任。该市注重政府、企业、研究及服务机构的互动机制建设，讲求海洋开发领域的应用与集成发展，大力兴建海洋或滨海产业园。在制定的 2012~2031 年中长期发展规划中，该市提出要以继续面向深远海开发，提升自己的国际竞争力和吸引力。

作为推进深远海开发的重要举措，布里斯班市已经吸引世界知名深海矿业开发公司鹦鹉螺等系列企业入驻，① 该公司利用布里斯班已有港口为出发基地，在布里斯班市 CBD 设立其太平洋深海工程总部，并建立起与多伦多全球总部、与太平洋巴布亚新几内亚深海矿产开采基地的跨洋产业链。

---

① 鹦鹉螺矿业有限公司（Nautilus Minerals Inc），简称"鹦鹉螺"，是第一个在海底勘探多金属热流矿床的公司。鹦鹉螺是目前第一个获得在巴布亚新几内亚领海的索拉利亚 1 号地区采矿合约的公司，该矿区盛产铜、金银，该公司已获得本地区的环境许可证。鹦鹉螺总部在多伦多，主要负责公司的商业和管理工作，运营中心在澳大利亚的布里斯班市，在项目作业地巴布亚新几内亚和汤加有两个子公司，分别在莫尔兹比港和努库阿洛法港。

2. 布里斯班市深海开发创新平台建设经验

通过对相关文献的初步总分析，我们认为布里斯班市作为太平洋深海开发创新平台具有以下特征：第一，布里斯班市具有良好的面向南太平洋深水富矿区的良好区位，以及布里斯班市良好的深水码头条件和巨大潜力；第二，布里斯班城市具有相对有序、高效的海洋开发导向区域创新环境，涉海高校、研究机构、企业组织已形成密切结合的群体；第三，布里斯班市积极创造优秀商业环境，吸引国际高端深海开发企业工程总部入驻；第四，布里斯班市有序推进 2012～2031 年中长期规划，为今后稳定发展提供了政策保障。

（三）深海探测开发装备产业基地：哈利法克斯

1. 深海探测开发装备产业全球格局

海洋探测与开发作业装备门类繁多，其中水下作业装备又以无人（智能）装备为主要发展趋势（包括有线操控的 ROV 和无线自行的 AUV）。根据有关权威机构调查和预测，随着新一轮全球海洋开发（包括近浅海和深远海开发）热潮的到来，水下智能化作业系列装备（水下机器人或智能化潜水器）需求稳定攀升。ROV 和 AUV 的生产以美国、英国、法国、挪威、意大利、日本等为主，尽管亚洲生产比重在上升，但是我国却没有进入主流国际市场供给者行列。其中大型科研 ROV 主要生产国是美国、日本、爱尔兰、德国、法国和英国（CGGC，2010）。我国没有出现在 ROV 和 AUV 供应商名单里，却出现在需求者名单中。其中，中国在水下航行和调查仪器设备进口商中仅次于美国和英国，列第三位。

2. 加拿大新斯科舍省地位

全球 ROV–AUV 价值链已经初步形成，即使是已经具备相当研发和制造业实力的加拿大，也只能在中间环节参与到分工之中，高端研发、品牌营销及服务把控在美国和欧洲主要国家之中（见图 9–5）。

3. 加拿大新斯科舍省首府哈利法克斯战略

哈利法克斯作为加拿大东端桥头堡，致力于深海机电产业装备开发，通过建设基于海洋探测高技术产业发展的临港海洋产业园，形成具有全球一定地位的海洋高技术装备产业基地。尽管与美国、挪威、法国和英国等相比，其产业的高附加值部分尚需要引进或者合作，但是不影响其顽强地发展和国际竞争。当今已经形成具有一定全球价值链分工与合作竞争力的中端水下设备（部件）提供商。

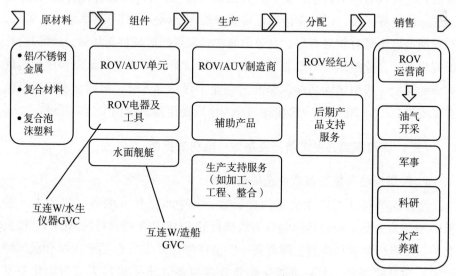

图9-5 全球水下装备产业全球价值链及加拿大地位

资料来源：Center on Globalization, Governance, & Competitiveness at Duke University, CGGC, 2010.

第三节 基地建设的重大任务

一、建设思路

以国家海洋强国战略和国家创新发展战略有关精神为指导，紧紧围绕国家对于新区的规划建设指导思想和总体定位，通过整合和吸引全国深远海研究、开发和产业化领域的优势群体，借鉴国内深空探测工程先进经验和国际相关成功案例，参与承载国家深远海开发重大创新平台、国家级大宗物资中转和战略物资储备基地、国家深海探测开发装备产业基地建设，推动新区海洋强国新支点和区域发展新引擎建设目标的实现。

二、重点工程

（一）国家深远海开发重大创新平台建设

学习借鉴我国深空探测工程建设经验，参照国际（休斯敦、布里斯班等）深远海创新平台建设案例，拟提出以下建设平台建设内容：

（1）论证和规划组建国家深远海开发集团：整合和嫁接现有海洋能源、海洋造船、海洋运输国字号企业，形成深远海开发领军企业（群），通过相关企业业务间重组和融合，实现面向深远海勘测的企业集群，先期可以考虑整合在青岛的诸如中船重工、中海油、中远等企业单位参与论证和筹划建设事宜；建议该集团总部设立于新区核心区，并建成为重要地标建筑。具体见图 9 – 6。

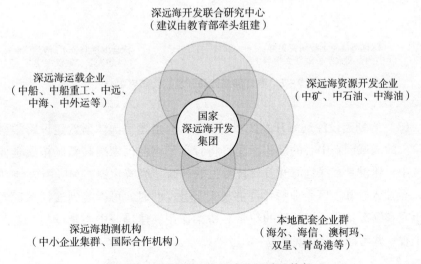

图 9 – 6　国家深远海开发集团建设构想

（2）推动建设教育部深远海开发联合研究中心：借鉴教育部深空探测联合研究中心组建机制和美国深空联合研究群体机制，建设相对等的深远海开发联合研究中心，初期建议由中国海洋大学、山东大学、中国石油大学（华东）牵头，吸引国内涉及海洋与船舶工程大学（如大连理工大学、天津大学、上海交通大学、浙江大学等）、深海矿产研究型大学（包括中南大学、同济大学等）、海洋环境研究型大学（如厦门大学等），通过合理分工与协作，共同推进深远海开发研究，提供国家深远海开发的人才和技术服务；建议该研究中心设立于高新创新园区，并与海洋科技自主创新示范区核心项目、海洋科技国际合作核心项目考虑一体化建设。具体见图9－7。

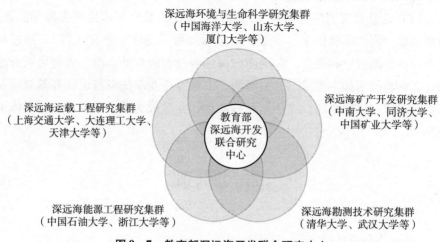

图9－7　教育部深远海开发联合研究中心

（3）筹划建设深远海开发区域创新中心：借鉴美国休斯敦建设跨学科和跨阶段的区域创新中心的经验，建议将青岛已有的国家级高新区拓展延伸到新区中，建设具有深远海开发科技特色的创新超级孵化器，为吸引外地（国际）企业入驻和本区企业孵化提供现实服务；同时，可以起到连接深远海基础研究和领军企业开发活动的纽带和桥梁作用。建议该中心建设与高新区扩区工程一并考虑。具体见图9－8。

（二）大宗商品和战略物资储运中转基地建设

学习借鉴德国汉堡、比利时安特卫普、澳大利亚珀斯、美国洛杉矶、韩国釜山、新加坡等一系列国际知名大宗商品和战略物资储运中转基地经验，以及国内舟山、天津等新区在物流储运方面的经验，提出新区储运中转基地建设要求：

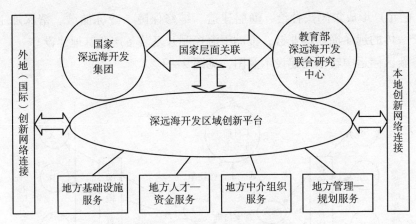

图 9 − 8 深远海开发区域创新中心

（1）国家战略能源储备基地迁/扩建：首先，考虑已有的黄岛战略储备基地存在重大安全风险隐患，以及石油炼化基地搬迁计划酝酿实施之中，石油储备和炼化的产业链和产业集聚效应，应该考虑国家进口石油的战略储备基地在董家口港口建设；其次，考虑到未来自主开发东海油气田，甚至北极油气田开发等潜在需求，留出相应的土地空间，以备海洋石油开发陆基接驳服务。

（2）国家矿石进口与中转基地建设：首先，考虑和满足董家口深水码头对于铁矿石接驳和储运的要求，主要是做好陆域腹地输运线路的建设；其次，考虑中远期深海不同种类矿石开采后存储和加工处理的特殊性，预留一定码头及仓储功能空间，进行专门规划设计，满足科研、科考和深海开发大一体化的高端需求。

（3）大宗干散货中转与交易中心建设：考虑原粮、原木等进口加工与交易活动，同时考虑与近邻日照港的分工与合作，形成区域协作与互补港口群，共同打造具有规模效益和协同效益的港口功能区。

（4）远洋水产品加工交易中心：根据我国提升远洋渔业资源开发能力要求，以及 2014 年山东省海洋与渔业厅关于加快全省远洋渔业发展若干重大政策问题会议精神，支持国家海外渔业基地和山东省海外渔业合作中心建设，通过新区远洋渔港升级整合和改造，建设临港远洋渔业产品精深加工和冷链物流基地；在董家口港区建设北方远洋渔业集散中心（2700 亩地，5 年投资

100 亿元）形成集码头补给、渔船建造、维修保障、冷冻储藏、精深加工配套于一体的远洋渔业产业链，推动深海探测开发装备产业基地建设。

新区储运中转基地建设示意图，见图9-9。

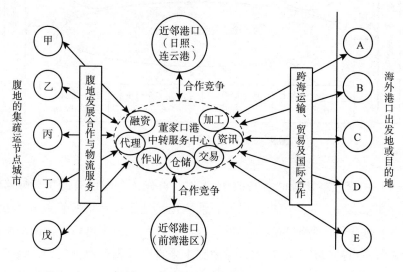

图9-9　新区储运中转基地建设目标

（三）深海探测开发装备产业基地

学习借鉴加拿大哈利法克斯、温哥华、美国大波士顿地区、挪威奥斯陆、法国布雷斯特等城市发展经验，拟提出新区建设深海探测开发装备产业基地的主要内容（见图9-10）。

（1）深海探测精密装备产业园：围绕深海（深水）环境、资源探测与开发前期工程，以及近期深水海洋牧场建设需要，建设以自主知识产权水下精密机械（尤其是 ROV 及其配套设备）为特色的中小企业产业园区，与深远海区域创新中心建立合作关系。

（2）深海探测重型装备产业聚集区：考虑到前湾港区已有的中船重工、武船重工、中海油等骨干企业集中布局，并且已形成集聚效应，建议继续规划相应空间吸引深海装备配套企业加盟；同时，在董家口强化新一代深海探测与开发成套装备企业的引进和落户，以满足远洋深海海底作业的海洋装备需求。

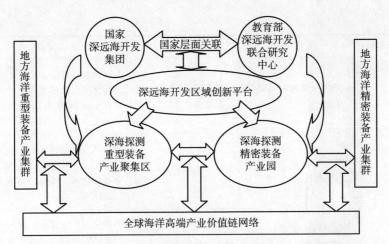

图9-10 新区深海探测开发装备产业基地的主要内容

（四）产业体系

基于已有上述设计，初步提出对应主要功能定位及其支撑工程项目的产业发展方向（见表9-1）。

表9-1　　　　　　　　　　深远海开发保障基地产业体系建设

功能定位	支撑工程	建设主体	产业发展方向
国家深远海开发重大创新平台建设	国家深远海开发集团	国家层面出面组织共建（借鉴三峡集团、航天科工集团）	引进和培育深海矿产开发产业；依托已有海运企业延伸业务；孵化和培育深海探测企业群；嫁接地方和国际配套产业链
	教育部深远海开发联合研究中心	教育部组织，涉海大学牵头（借鉴深空中心模式）	形成工程任务导向型研究专业咨询服务（产业）链；培育联合研究中介服务产业
	深远海开发区域创新中心	青岛市会同新区政府组织筹划，成立企业化运作机构	建立跨行业综合定向（深远海开发工程导向）孵化器；与开发集团和联合研究中心建立产业化对接机制

续表

功能定位	支撑工程	建设主体	产业发展方向
深海探测开发装备产业基地	深海探测精密装备产业园	创新园区内部的专业分园区组织	与区域创新孵化器建立密切关联，为孵化和引进深水 ROV、AUV 企业；引进深潜关键部件和配件企业
	深海探测重型装备产业聚集区	专业企业集群组织	与海洋重型装备制造产业对接或配套；设计和开发深远海开发专业装备体系，接入全球装备合作产业链
大宗商品和战略物资储运中转基地建设	国家战略能源储备基地迁扩建	国家有关部门和企业牵头；地方配合	石油化工产业搬迁；未来新能源产业空间预留；炼化产业链下游建设规划
	国家矿石进口与中转基地	国家有关部门和企业牵头；地方配合	铁矿石码头建设与完善；腹地路线疏通及站点布设；未来深海矿产开发产业储备
	大宗干散货中转与交易中心	地方政府和企业牵头	建立企业形态的专业化交易中心，研究和争取建设分品种大宗干散货中转与交易网络
	远洋水产品加工交易中心	地方政府和企业牵头	开展国内远洋水产品需求调研与预测；培育适合国内市场的远洋水产品交易平台

（五）建设路径

（1）建立和完善海陆运输与贸易网络。首先，顺应和借助国家及山东区域交通运输网络升级的大势，推动打通新区面向山东半岛和西部内陆腹地关联通道，学习天津建立内陆"无水港"经验，建立陆域物流源地与商品目的地网络关系；其次，进行广泛的国际营销推介，建立更多的海外贸易和合作网络，增强新区的国际货源地和产品目的地。

（2）推动面向深远海开发的协同创新体系。首先，申请国家相关部委的继续支持，争取国家对于建设深远海国家重大创新平台的政策落实；其次，通过教育部、国家海洋局、山东省政府、青岛市政府，寻求对于深远海协同创新体系建设的支持。

（3）全面提升新区国际对标与合作能力。首先，通过建立国际深远海资源开发战略保障建设优选城市，认真予以研究和比对，区分可以学习借鉴的方面；其次，寻求开展学习和合作的科学和合理路径；最后，积极开展有序的政策制定、战略规划、管理体系、市场化运营、布局调整等方面的交流，争取在相关领域的互动，甚至开展优势项目的引进工作。

第四节　基地建设对策

一、申请取得国家海洋强国及国家创新战略政策落实

通过山东省和青岛市政府，向国家申请推进深远海开发重大创新平台建设的事宜，争取成为贯彻落实国家规划提出的学习深空探测工程在深远海开发战略领域实施的试点。具体建议：（1）组织召开"国家深远海开发重大创新平台建设"专题论证会，邀请国家发改委、科技部、教育部、海洋局、商务部等分管领导出席，邀请航天科工集团、教育部深空探测联合研究中心代表国内有关研究机构、高校、企业专家参与研讨，新华社（青岛）国际海洋资讯中心等有关媒体加盟，提出建设性建议，提交国家有关领导参考；（2）与驻青岛相关高校、研究机构、企业进行小范围沟通，就有关启动工作进行磋商；（3）成立青岛市（西海岸）黄岛新区"国家深远海开发重大创新平台建设"领导小组，具体推进和协调该工程建设启动。

二、积极推进深远海开发战略专题规划论证

通过整合城市总体规划、海洋空间规划、港口产业规划、深远海领域技术和产业专家及专业咨询机构，开始推进深远海开发战略的落实，与新区"十三五"规划实现对接。具体建议：（1）组织召开城市规划、土地利用规划、港口空间规划、相关产业规划的规划研究及编制机构间会议，就深远海资源开发战略保障基地在用地控制、产业园区布局引导、产业链布局等问题

进行发展与布局可行性论证；（2）对接本区即将开展的"十三五"社会经济发展总体规划研究机构，协调与其他工程、项目的连接、融合以及冲突化解工作。

三、全方位梳理和整合国内深远海开发主要资源

通过国家发改委、科技部、教育部、交通部、国家海洋局有关咨询机构和信息服务机构，全面梳理和整合涉及深远海开发的基础研究、专业教育、应用开发力量，开展优势人才、机构和企业的引进与合作的准备工作。具体建议：（1）与本省、市、区相关高校、研究机构、企业对接，召开动员和意见交流会议，争取形成本地机构的支持；（2）以此为基础，会同本省市有关单位，争取国家发改委、科技部、教育部的项目设立和启动支持；（3）拜访国内对应大学、研究机构和企业的主管（分管）领导，探讨开展合作甚至引进的可行性；（4）寻求大宗商品及物资国内潜在腹地节点城市的支持，筹备建立腹地集疏运服务网络。

四、做好国际经典案例对接和合作工作

基于已有研究和国内资源梳理，开展与国际对标城市、城区、机构、企业（行业协会）信息的检索、整理，论证开展合作的可行性和具体路径。具体建议：（1）建立自己的或委托青岛市专业情报咨询机构，开展国际对标城市、对接领军企业（行业组织）的信息资源检索，进行重点目标的聚焦和放大，研讨和制定开展对标的策略和路径；（2）借助青岛国际蓝色经济论坛，进行针对性的对标城市有关领导或代表出席邀请（也可以请其在国内的代理或企业代表），在会议期间组织召开专题研讨和咨询会，并争取签署一批合作意向书；（3）组织本区对应研究机构和企业组织代表进行专题性研讨，由区政府安排跟踪服务。

五、评价和论证近期启动相关项目

建立与定位相关的预备和在建、在谈项目名单，根据新的定位解读提炼

和更新项目库，论证其可行性和预期价值，减少盲目引进和布局造成的长远不利影响。具体建议：（1）在梳理已有项目的基础上，研究新规划项目如何利用已有项目合作基础进行深入推进，争取实现项目建设的平稳升级，注意不能伤及已有项目的合作人脉关系资源；（2）建立具有国际规范标准和适应空间的新项目引进和落地程序，制定保护国际投资者知识产权的地方条例，并做好条例监督落实工作；（3）做好近期引进项目的对外宣传和研究、评价跟踪工作，以便及时总结经验教训，提升引进项目的成功率和吸引率。

第十章　实证案例（二）：青岛高新区蓝色经济发展规划*

　　*　本章内容根据笔者主持的《青岛国家高新区蓝色经济发展规划（2010~2020）》有关内容整理而成。

第一节 蓝色经济建设规划背景

一、国际蓝色经济发展态势

当今世界主要经济发达国家多数属于海洋强国，无论其工业化历史和现今经济发展，大都与海洋资源开发和海洋空间（包括海洋运输通道）利用有着密切关系。在全球资源环境问题日益受到关注的背景下，各国又重新确立海洋开发战略，例如，美国参议院于 2009 年 6 月就发展蓝色经济（blue economy）问题进行听证会，美国海洋与大气管理局负责人简·卢布琴科博士发表关于蓝色经济与国家战略的演讲，又于 2009 年 9 月 20 日经美国环境委员会向总统办公室提交了关于《美国海洋政策任务内部报告》，提出美国海洋政策的职责就是保障全球范围内海洋的平衡、高效、可持续和透明的开发和保护管理，首要的两项任务包括海洋生态系统的管理和海岸带与海洋空间规划，2010 年 7 月 19 日美国正式发布《美国海洋政策任务最终报告》，又特别强调了推进海岸带与海洋空间规划的对策措施，也客观分析了墨西哥湾石油泄漏事件对海洋生态环境影响的严重性。2009 年，澳大利亚海洋政策咨询团（The Oceans Policy Science Advisory Group），海洋管理委员会（Oceans Board of Management）和国家海洋咨询小组（National Oceans Advisory Group）向澳大利亚政府提交海洋（研究与创新）国家建设框架。而日本、欧洲联盟、美国、加拿大、澳大利亚等国家（国家集团）的滨海区域，已经陆续规划和建立了一系列具有蓝色经济区特征的海洋产业园，这些国际动向为青岛高新区蓝色经济建设提供了有益借鉴。

二、国家沿海区域经济发展趋势

我国在经历了 30 多年的出口导向型经济高速发展之后，传统粗放经济对于陆地资源与环境的过度利用已经成为共同关注的问题，以科学发展观为指导，合理开发和利用海洋资源已经成为沿海区域社会经济进一步发展的共识。天津滨海新区、江苏沿海经济区、海峡西岸经济区、辽宁沿海经济带、海南省国际旅游岛等均已纳入国家战略，而《黄河三角洲高效生态经济区发展规划》于 2009 年 11 月正式获批，意味着包括山东省在内的大部分中国东部沿海省市区都纳入了国家级沿海经济发展战略。尤其是天津滨海新区的区划调整、上海浦东新区的南向扩展（近邻洋山深水港的南汇区纳入浦东新区）、珠海横琴岛与澳门实行"一国两制"合作开发，都得到国家的认可和强有力支持，这意味着具有蓝色经济特征的新一轮沿海区域经济增长带正在形成。

三、山东省蓝色经济建设进展

2009 年 4 月，胡锦涛总书记在山东省视察工作时提出"要大力发展海洋经济，科学开发海洋资源，培育海洋优势产业，打造山东半岛蓝色经济区"，在第二次视察山东时又指示建设好山东半岛蓝色经济区。为山东省开展以海洋经济为核心的蓝色经济发展提出了战略要求。山东省政府于 2009 年 6 月 30 日正式制订了《关于打造山东半岛蓝色经济区的指导意见》，明确了蓝色经济区建设的基本要求、目标任务和重点措施，提出山东半岛蓝色经济建设的战略布局是："一区三带"，"三带"指的是三个优势特色产业带，即黄河三角洲高效生态产业带、胶东半岛沿海高端产业带、鲁南临港产业带，2010 年新的修改版本提出由海及陆、海陆统筹、梯次推进的战略思路，将蓝色经济发展与高效、高端、高质产业发展统一起来。截至 2010 年 6 月，省政府已经初步完成山东半岛蓝色经济区总体规划和有关专项规划，并积极推进山东半岛蓝色经济区纳入国家"新东部"沿海发展战略。

四、青岛市蓝色经济建设启动

青岛已初步形成较为齐全的海洋产业体系。海洋渔业、海洋交通运输业、盐业、海洋建筑工程等传统产业保持稳定发展态势，滨海旅游业、船舶工业、海洋药物及生物制品等新兴产业蓬勃发展，海水利用产业走在国内城市前列，海洋科教、海洋社会服务、海洋环保、海洋仪器仪表、海洋新材料、海洋能源开发等产业正在形成。不断趋向健全的海洋产业体系，为海洋经济发展奠定了坚实的基础。青岛是我国海洋科研、教学和国际学术交流基地，海洋科技密集程度居全国之首，在海洋科学研究与高层次人才培养方面居全国一流水平，海洋科技成果显著。青岛市市委十届六十八次常委（扩大）会议和市委十届六次全体会议决定加快"制订海洋经济总体规划、率先建成蓝色经济区"，并提出以胶州湾蓝色产业带为核心，以新兴产业建设和临港工业为突破口，优化海洋产业结构和布局，促进海洋科研成果转化的指导思想，初步树立了建设全国海洋经济发展先行区，山东半岛蓝色经济核心区，海洋自主研发和高端产业集聚区，生态文明示范区的总体定位。

第二节　青岛高新区蓝色经济建设评价

一、存在的优势与不足

青岛高新区是国家级高新技术产业开发区，其主体位于胶州湾北部滨海区域，规划核心区面积 9.95 平方公里，总规划面积 63.44 平方公里，致力于打造成山东半岛高新技术产业发展的领军地区，"环湾保护、拥湾发展"的重要经济增长极、创新服务平台和北部城市新地标，将建成以高新技术产业为主体，宜业宜居的生态新区。高新区确定电子信息、生物与医药、新材料、新能源和高效节能、先进装备制造、海洋科技和现代服务业七大产业作为重点培育发展的产业。其中，滨海的区位特征，涉海和海洋高技术产业聚集趋势，使得青岛高新区蓝色经济具备了独特的竞争优势，也成为青岛市发展蓝色经济的战略支撑。

青岛高新区发展蓝色经济也有其不足之处，主要表现为：（1）相对缺乏的蓝色产业支撑：高新区北部园区原有工业企业中，化工和轻工领域项目较多，生物医药、海洋科技项目数量和规模较小；（2）涉海科技服务体系尚待建设：科研机构的专业分布与青岛市重点产业发展方向存在较大差异，科技资源难以有效整合利用，科技创新服务体系还需进一步加强和完善；（3）来自邻近区域的产业竞争：周边园区的开发将形成相互竞争态势，对高新区的开发建设、招商引资较为不利；（4）高新区产业发展对滨海资源保护带来威胁：胶州湾北岸海域污染较为明显，水质较差，且水动力条件较差、水交换能力弱，滨海环境承载力是制约高新区建设的主要环境因素。

二、面临的机遇与挑战

青岛高新区发展蓝色经济的机遇包括：（1）正是全球范围内对信息工业革命之后新经济的重视，而新经济的核心技术支撑被概括为新能源技术、环境技术、生态技术（ET），这将为青岛高新区发展和培育新兴蓝色经济产业提供战略机遇；（2）随着国家和省市对于蓝色经济发展的重视，涉海产业的引进和布局空间选择将成为必然，而青岛高新区相对充足的空间和优越的滨海区位，将为青岛引进外资和参与国际合作提供机遇；（3）高新区基础设施建设的强力推进，以及相关基础性规划的陆续编制和出台，使得该区的新城区景观初露端倪，逐步走出城市"飞地"的窘境，为更多优质资金的引进提供良好基础。

青岛高新区发展蓝色经济的挑战：（1）正是全球范围对绿色和蓝色经济的战略重视，使得该领域的高新技术产业发展成为发达国家和发展中国家的重点，有技术含量的产业转移变得敏感和困难；（2）我国沿海地区的海洋经济热潮和新经济战略推进，正在形成新一轮产业竞争和同步建设，意味着相关产业发展的挑战十分严峻，选择失误或者落后就意味着失去新的发展机遇；（3）青岛市相关蓝色经济聚集区依托各自的优势正在迅速推进，使得高新区的蓝色经济特色产业引进和培育面临近邻竞争。

第三节　国际经验借鉴

一、法国布列塔尼大区：海洋高端产业集群发展

法国布列塔尼半岛地区（布列塔尼大区）在 2004 年开始了以"竞争力极点"计划为标志的半岛海洋产业集群建设。该极点项目旨在使法国在海洋领域的开发和发展上，成为欧洲之首。该项目由泰雷兹集团作为牵头单位，

企业、实验室以及院校共同参与，政府对获得"竞争力极点"标签的项目给予有关优惠条件，同时进行个性化跟踪评估。

位于大区内的莫尔比昂省与青岛有着类似的地理区位，其中的洛里昂市（Lorient）有着优越的区位，拥有一系列临港现代产业，包括临港加工业、休闲渔业和游艇产业等。特别值得一提的是，该市拥有以海洋研究为特色的布列塔尼大学（洛里昂校区），拥有以海洋生物技术为特色的国家级洛里昂技术中心（Lorient Techno-pole），该中心由市政府经济发展局具体管理，主要负责园区内项目的社会融资、技术创新支持、企业孵化、工程启动等内容。①

二、日本长崎—佐贺地区：海洋开发区都市构想

20 世纪 90 年代末，位于日本九州岛的长崎县北部、佐贺县西北部地区，本着振兴区域经济的考虑，同时顺应日本国土厅开始的新一轮全国国土综合规划，筹备实施"海洋开发区都市构想"，这一构想的突出特点是以海洋相关技术为先导，集中地方优势，开展适合本地特点的海洋开发。在该区域内形成了七个有特色的海洋开发区，例如，松浦开发区的特色为海洋与水产、能源；佐世保开发区的特色是海洋与旅游业，等等。该设想的基本特征是：立足该地区的自然、历史、产业、民族活动等地区特点而设计；以海洋作为基础或主题，把该地区作为海洋复合型产业都市，朝着一体化的方向进行总体规划；拥有促进一体化的战略项目；为实现本构想确定的行动纲领与日程表。

具体做法包括：其一，构想的制定不完全依赖中央的专家学者，地方的自然科学方面的研究团体（如西日本流体技研股份公司等）与社会科学方面的研究团体（如长崎县立大学、国际经济文化研究所等），对该地区的情况进行独自调查研究的基础上，与地方振兴整备公团的委托调查相结合，结果形成《西九州等地区产业有关利用海洋搞活地方经济的调查报告》，其中心

---

① 技术中心（Techno-pole）是指高技术制造业和信息密集型服务业聚集和关联形成的中心，它可以是私营部门建立的，也可以是公—私部门结合而成的，各级政府为了促进地方经济发展，鼓励不同规模的经营者进入，通过网络化和技术开发促进一体化发展。一般而言，技术中心是技术和商务的结合体，并且围绕知名教育、研发机构而建设。法国建设有数十家国家级技术中心，位于布列塔尼大区的洛里昂技术中心就属于这类研发机构。

概念"海洋开发区都市构想"正是研究成果在地方的复合性、融合性实验。其二，为了把构想具体化，组成了国土审议专门委员会，由志愿者加入协议会，特别是日常工作由大学老师担任，积极地调整、融合与地方的利害冲突，自治体、国土厅、经济规划厅的局长级人员扩大人际交流，直至参加学术会议。其三，各个开发区开始制定上述的具有地方特色的具体构想，在考虑到其他开发区的同时，相互制定了更为合理的构想，自治体之间出现了不是互相牵制的恶性竞争，而是健康的竞争。同时，地方政府努力促进中小企业以海洋产业为本，与亚洲各国进行交流，进行尖端复合产业的构筑。①

三、美国旧金山湾区：海洋产业与生态环境协调发展

美国旧金山湾区的"硅谷"把原来基础上形成的高新技术生长点与现代港口经济和海洋经济的区位优势、先发扩展效应结合起来，已孕育出新的技术生长点和超强的出口增长点。该区既是美国的电子高端产业集聚区，也是生物医药产业集聚区，该区的 10 个县区拥有 240 种生物品牌产品，另外有 200 种生物医药产品处于临床试验阶段，距北加州生命科学协会（Northern California's Life Science Association）预计，该区的 2005 年生物科技企业市场价值为 1810 亿美元。其中，涉海生物医药产业发展成为重要产业，整个加州的生物医药产业包括海洋生物物种及水道保护、海洋物种活性物质提取与药品生产，还有水产加工技术开发等，南加州则围绕斯克瑞普斯海洋研究中心和南加州大学开展海洋生物医药开发，北加州以硅谷为中心，其特色是生物医药电子化设备开发和应用。

同时，位于湾区的圣何塞市滨海地区环境保护良好，依然保留了大量滨海湿地，将高新技术产业发展与滨海环境保护有机统一起来。其中，《湾区生态保护计划》（San Francisco Bay Area Conservancy Program）类似于青岛市的"环湾保护"战略，该计划具有强大的融资功能，以实现国家、地区战略规划目标和满足利益相关者的要求。其目标已经列入相关的法规成文内容，主要目标表现为：促进环湾区域的公众可达性，并且与私有空间权利保护达成默契，不对本区域的农业、环境敏感区、野生生物保护区构成威胁，与城

---

① 川原纪美雄，魏文清. 立足区域的地方分权模式——九州与亚洲交流的一次实验 [J]. 华侨大学学报（哲社版），2000（1）：34－35.

市、地区总体规划相衔接，并修建和提供必要的公共保障性设施；保护和恢复野生物种，建立生态廊道，维持滨海湿地，建立景观区和维持开敞空间等；协助贯彻推进已有的相关法规，包括《1976 年加州滨海保护法》《旧金山湾区规划》，以及其他地方和特殊区域法规等；促进基于城市居民游憩、教育目的的公共空间和自然保护区通达性工程项目的建设。

四、英国南安普敦：依托国家海洋中心发展涉海产业

南安普敦是英国传统海洋运输中心，是英国第四大港口，港口产业是其主导产业，拥有数个集装箱码头作业区，并以国际游艇—邮轮服务产业为特色，和其他港口城市（利物浦、布里斯托尔、伦敦等）产业衰退相比，该市的涉海产业依旧根植于市区内，并且开始以游艇邮轮码头和娱乐综合体为主的"海洋村"建设计划，该市还是国家海事、海警、海上救助机构所在地。该市的新兴产业包括飞机制造、光缆、电子工程、石油化工等，另外还有国家制图中心总部、海洋运输总部（福特），汽车组装厂等项目布局。

南安普敦大学是英国最重要的科学研究院校之一。南安普敦海洋中心是世界上知名的国家级海洋研究中心，该中心由南安普敦大学和英国自然环境研究委员会联合成立，该中心不仅提供大型海洋基础研究设施的平台服务，并建有主要服务于地方海洋产业发展的海洋数据网，该中心与海洋石油开发、海洋通信、环境技术的企业有着密切联系，以积极支持地方政府机构的涉海行动计划。同时，海洋中心还通过"英格兰东南部海洋"服务网络等建立与涉海企业的密切合作关系。

五、澳大利亚—美国—加拿大：海洋产业园规划与建设

澳大利亚昆士兰州。昆士兰州位于澳大利亚东北部。得益于澳大利亚昆士兰州区域性海洋规划，以及本区雄厚的海洋科学科研实力（澳大利亚海洋科学研究院），在具有悠久海洋产业传统的两个城市布里斯班（Brisbane）和马里伯勒（Maryborough），由政府和相关国际协会规划和建设了两个海洋产业园，主要从事海洋物流服务、游艇设计与制造、船坞与修造船平台建设、

家具制造等。其中，布里斯班海洋产业园（Brisbane Marine Industry Park, BMIP）是维京产业有限公司（Viking Industries Limited）全资下属公司，是昆士兰州海洋产业的重要组成部分，面积 40 公顷，于 1995 年建成。马里伯乐港弗里策滨海海洋产业园（The Fraser Coast Marine Industrial Park）是昆士兰州政府发展部和马里伯乐市政府联合兴建的产业园，同时吸收私营部门和资本参与，面积 200 公顷，由马里伯乐投资管理公司（Maryborough Investments Pty Ltd）负责运营，于 2006 年建成。

美国波士顿。美国波士顿市政府于 1977 年购买位于滨海地区的 191 公顷土地，投资 140 亿美元基础设施建设海洋产业园（The Boston Marine Industrial Park），将其作为创造就业机会和促进地方经济发展的重要举措，该园是麻省最大的海洋产业园，包括涉海、滨海产业在内的宽泛产业进驻，现有企业群涵盖生物医药、啤酒酿造、计算机生产等，该园内现有企业数百家，提供 3500 个就业岗位，该区的低成本厂房和便捷的港口服务设施，使得园区企业经营充满活力，企业、机构入驻率高达 95%。

加拿大东部沿海。加拿大东部的新斯科舍省、纽芬兰岛等地区是该国海洋研究机构密集地区，基于优越的海洋科研、教育实力和良好的港口和滨海空间资源基础，、窗帘加工该区已经建设一系列海洋产业园区。其中马尔格雷夫海洋产业园（Mulgrave Marine Industrial Park）位于新斯科舍省马尔格雷夫市，1983 年市工业委员会启动了园区建设，2002 年转归新斯科舍省管理，该园区拥有便捷的海陆空交通运输优势，发展潜力巨大。

马里斯顿海洋产业园（Marystown Marine Industrial Park）位于加拿大纽芬兰莫提尔湾（Mortier Bay），占地 20 公顷，于 2008 年开始启动，正在建设海洋工业和商业项目，着力建设海洋服务产业集群。近期得到联邦政府 115 万美元的创新社区基金（innovative communities fund）支持，省级政府也将追加 69.2 万美元配套支持资金。

六、丹麦凯隆堡：滨海产业共生体系建设

丹麦凯隆堡产业共生体系（The Industrial Symbiosis at Kalundborg）具有世界知名度（见图 10-1）。凯隆堡作为一个重要港口城市形成于 1170 年，

从 1961 年开始该城市为了综合利用水资源开始产业共生（industrial symbiosis）体系建设①，其目的是通过产业间副产品高效率交换提高产业体系的环境标准，并使得单个企业的能源和原材料的利用更为集约。这种关系实际上是在几十年的磨合中形成的，至今已经有 20 个类似工程项目公司实现共生，所有项目都是环境和资金可持续的。到 20 世纪 80 年代，这种自组织的产业共生开始形成相互支持的产业生态体系，到 1998 年，这种共生协议的达成已经带来 1.6 亿美元的节约，直到 2009 年，该体系还在不断吸引新的项目进来，并开始支持整个丹麦甚至国际范围的项目参与产业共生。其物质交换的内容包括：自然和金融资源的保护，生产减量化，物质与能量的高效利用和相互依赖，生产质量控制，地区生活质量和地区形象提升，通过副产品和废弃物品再利用而实现了潜在收入提高（见图 10 – 1）。

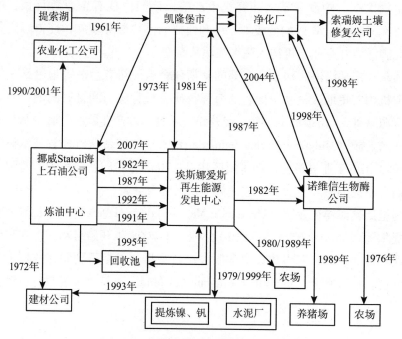

图 10 – 1 凯隆堡产业共生体系形成过程

资料来源：The Ellen MacArthur Foundation. Kalundborg Symbiosis Effective industrial symbiosis.

---

① 共生是不同有机体之间通过相互利用而维持共同生活，此处是指凯隆堡一系列企业和政府之间的相互依赖关系，在副产品利用上实现耦合。

七、小结：主要国际经验与启示

通过对经济发达国家蓝色经济区发展经验和青岛高新区蓝色经济规划与发展的借鉴，可以初步总结为以下几点：

（1）产业发展的滨海区位使得海洋和涉海的产业发展成为一种具有竞争优势的特色产业。滨海（尤其是海湾）城市在产业发展与布局方面一般具有一定相似性，主要借助于临港和滨海区位，以及服务于国家及地区对外海洋开发与服务，发展相关海洋、滨海（临港）、涉海产业群。

（2）海洋、涉海产业发展的具体方向又要考虑不同的相关环境和产业基础：根据区域地理自然资源环境特征不同，以及已有其他产业的经济外部性，因地制宜选择产业特色发展方向和布局重点，比如法国、澳大利亚、英国案例中湾区城市借助港口发展一系列临港产业，而旧金山湾区则因为是全球电子信息产业中心，该区的涉海生物医药产业以生物医药精密电子设备研发制造为特色。

（3）依托海洋、涉海领域研发机构、企业集团组织等优势建立产学研一体化网络：依托本区优势资源（尤其是科研优势力量、领军企业及企业组织优势），坚持特色产业的优先和侧重发展，形成具有竞争能力的产业集群。

（4）进行科学的海洋产业园区规划和管理具有战略意义：澳大利亚昆士兰州、美国波士顿、加拿大新斯科舍和纽芬兰，其海洋产业园都是在科学规划和论证基础上建设而成的，其发展也得益于地方的科学规划指引和高效管理。

（5）海洋产业园区发展需要网络化营销和国际产业链接：本研究述及的海洋产业园区案例，都建设有相对完善的专业化网站，营销自己的专业化服务，积极宣传园区企业，进行密集和专业化的招商、博览、节庆活动推介。

第四节　青岛高新区蓝色经济发展定位

一、指导思想

瞄准国际蓝色经济发展与布局的前沿动向，以山东省及青岛市蓝色经济区建设指导意见为基本导向，以青岛高新区建设与发展的总体战略及已有规划为主要依据，紧密结合青岛高新区发展蓝色经济的自然禀赋与区位特色，认真分析和预测全球蓝色经济发展的趋势及对青岛高新区带来的战略机遇，积极参与新一轮全球蓝色经济发展过程中的国际竞争，吸引和整合国内外海洋科技企业及要素，整体发展和合理布局涉海、滨海和海洋高新技术产业，纳入青岛"一带、五区、多支撑点"的蓝色经济发展总体格局[①]，建设成为具有国际竞争力的青岛蓝色经济核心区。

二、基本原则

（1）坚持国际、国内统筹发展。在充分发挥本地、本区海洋科技、人才优势的同时，积极发展与国际相对应区域的蓝色经济、蓝色产业的交流与链接，吸引国际优势要素发展和整合本区蓝色经济。

（2）推进开放式产学研密切结合。利用青岛高新区的品牌优势和青岛市海洋科技研发优势，关注国际、国内涉海和海洋高新产业发展动向，以提升

---

① "一带"：就是以环胶州湾为核心，东西两翼展开，形成一条蓝色经济带，分为南部（胶南、黄岛）港口和现代制造业集聚带、中部（胶州至崂山）高新技术和现代服务业集聚带、北部（即墨）旅游度假和科技研发集聚带，重点发展现代渔业、临港工业、滨海旅游、海洋生物、海水利用、保税物流、滨海商务等特色经济。"五区"：就是加快建设胶州湾西海岸新经济区、胶州湾北部高新区、鳌山科技会展旅游区、董家口临港产业区、胶州湾东海岸现代服务产业等五个新的核心带动区，带动全市蓝色经济加快发展。"多支撑点"：就是因地制宜、发挥优势，建设一批现代渔业、滨海旅游、装备制造、石油化工、现代物流、资源综合利用、科普教育、海岛开发等各具特色的聚集区，形成蓝色经济发展的多点支撑。摘自《青岛市蓝色经济区建设发展总体规划框架（2009~2015）（征求意见稿）》。

高新区蓝色经济产业核心竞争力为重点，突出发挥园区和服务平台的载体作用，吸引产业及教育、研究机构及其服务活动在园区的根植。

（3）坚持高新区产业特色。发挥比较优势，做强特色产业，不搞大而全，避免产业雷同，做到人无我有，人有我优。充分挖掘自身优势，巩固提升传统产业，积极发展现代新兴产业，实现基础雄厚、特色鲜明、主业突出的目标。

（4）坚持开发与保护并重。按照科学发展的要求，集中集约开发，立足胶州湾滨海资源与环境的保护，将发展海洋产业和保护、可持续利用滨海资源环境结合起来，从战略高度关注蓝色经济发展的生态安全保障，发展基于生态可持续发展基础的蓝色经济区。

三、发展目标

（一）近期目标

到 2015 年，将蓝色经济产业建设成为高新区第一主导产业群，成为青岛市蓝色经济高新技术产业领域的主要载体，尤其是在海洋仪器仪表、海洋生物医药、海水综合利用、海洋新材料、涉海生产者服务业等产业领域，占青岛市乃至山东省同类产业的主导地位，初步建设成为蓝色经济特色明显的国家级高新区。

（二）中远期目标

到 2020 年，蓝色经济产业增加值争取达到 217 亿元[1]，初步建成青岛市海洋电子信息、精密仪器、关键装备、新型能源与材料、海水综合利用、涉海（滨海）现代服务业等领域充分发展的蓝色高新技术产业集群，形成具有国际竞争力的蓝色高端产业集聚区和产品、服务输出基地，并成为蓝色经济特色显著和国际竞争力较强的国家级高新区。

---

[1] 参考"中国科学院地理科学与资源研究所《青岛高新区生态城与循环经济规划》课题组"中期成果关于 GDP 测算的方案结果，并按照本区蓝色经济产业增加值约占高新区 GDP 总量 35% 测定。

第五节 青岛高新区蓝色经济建设重点产业

一、蓝色经济产业体系建设

青岛高新区蓝色经济产业体系建设战略可以描述为：以青岛高新区组织管理服务体系及高新区品牌为依托，借助青岛市及通过整合区际、国际海洋、涉海优势科技、人才、资金资源和要素，有序发掘和利用青岛市（尤其是胶州湾）海洋及滨海资源环境，引进和培育以蓝色经济为主体的高新技术产业，参与国际蓝色合作与竞争，形成主导产业、基础产业和战略培育产业相协调的产业体系，支撑青岛蓝色经济及高端产业集聚区建设（见图 10-2）。

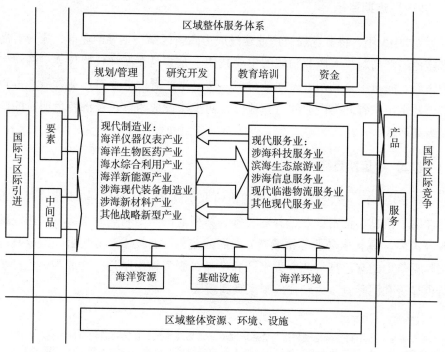

图 10-2 青岛高新区蓝色经济产业体系

二、海洋及涉海现代加工制造业

本研究对海洋产业、涉海产业界定如下：

海洋产业：直接从海洋里获取产品和服务；直接从海洋中获取的产品的一次加工生产和服务；直接应用于海洋和海洋开发活动的产品的生产和服务；利用海水和海洋空间作为生产过程的基本要素所进行的生产和服务；与海洋密切相关的科学研究、教育、社会服务和管理。[①] 按照国家海洋局海洋经济公报的海洋产业统计规范，划分为：海洋渔业、海洋油气业、海洋矿业、海洋盐业、海洋船舶工业、海洋化工业、海洋生物医药业、海洋工程建筑业、海洋电力业、海水利用业、海洋交通运输业、滨海旅游业等12类产业，本次规划参照该产业分类，同时兼顾产业特色，突出产业交叉和二次产业特征，对每一类海洋产业进行了具体名称与发展重点的界定。

涉海产业：与海洋产业及建立产业链联系，或者通过资金、技术、管理支持参与海洋企业生产与服务活动，以及从事海洋领域产品与服务生产的企业群。

（一）海洋仪器仪表产业

（1）产业定位：具有国际竞争能力的高新区主导产业。

（2）产业前景：世界海洋仪器仪表产业的发展依赖于世界主要海洋大国开发利用海洋的稳定需求及其后工业化时代雄厚的精密仪器制造业基础，以美国和欧洲为代表的海洋仪器仪表产业已经形成相对强大而完整的产业群。国际海洋电子产业协会（International Marine Electronics Association，IMEA）、欧盟海洋设备指南（MarED）、美国国家海洋电子协会（The National Marine Electronics Association，NMEA）、挪威海洋电子协会（Norwegian Marine Elec-tronics）、英国海洋电子协会（British Marine Electronics Association）等，都是整合国际和国家层面的海洋电子仪器仪表产业，搭建制造业和需求群体的纽带，通过网络化交易平台和专业会展促进产业发展。而有些企业（如美国的

[①] 中华人民共和国海洋行业标准《海洋经济统计分类与代码（HY/T52 – 1999）》。

Faria，丹麦的 Tacktick 等）已经开始成为该领域的世界领军力量。

（3）产业基础：青岛市拥有海洋仪器仪表领域的国家级企业，尤其是山东省科学院所属海洋仪器仪表研究所，其现有产品在全国市场份额中比重较高，具有发展的良好基础和竞争优势，并已经开展广泛的国际合作，与乌克兰的合作正在积极推进。并且已有海洋仪器仪表产业开始入驻高新区寻求新的发展。

（4）产业重点：第一，海洋观测设备。海洋勘探和水质检测、海洋气象仪、自动测报仪等海洋仪器设备，船用通信导航电子仪器、机电设备；第二，深海开发资源—环境探测设备。海洋资源探测仪器、海洋环境和生态监测、分析、治理技术产品，海洋仿生设备；第三，船用通信导航电子仪器。船舶通信系统设备、船舶电子导航设备、船用雷达、电罗经自动舵、速度计程仪、航行数据记录仪、船用液位计、火灾探测报警装置、海上遇险和安全装置、船舶的驾机一体化推进与操纵控制嵌入式系统、船舶状态远程监测嵌入式系统。

（5）产业路径：第一，依托中科院青岛产业技术创新与育成中心（尤其是装备制造研发孵化中心和光电技术研发孵化中心）的科研整合优势，与山东海洋仪器仪表所、中科院海洋所等建立紧密型合作关系，面向海洋（尤其是深海）开发战略的推进，尤其是关注我国参与的全球海洋观测计划（中国海洋大学为主要参与者之一）、我国深潜技术集成、深海石油天然气勘测开发、海洋环境保护等领域的技术推进，适时引进和建立基于自主知识产权的海洋仪器仪表产业集群；第二，根据产业链建设发展需要，适时引进欧洲、大洋洲、北美国家和地区的相关技术甚至企业。

（二）海洋生物医药产业

（1）产业定位：具有国际竞争能力的高新区主导产业。

（2）产业前景：由生物工程技术支撑的生物医药产业被誉为 21 世纪最富价值的产业，并已成为具有生机活力的全球性先导和战略产业，而海洋生物医药作为其中迅速发展且潜能巨大的产业领域，在海洋生物酶、海洋生物医用材料、保健品、化妆品、农药等生物制品，已成为颇具竞争力的市场化产品，深海和极地极端环境生物基因资源业孕育着极大的商业应用价值和产业化前景，并成为发达国家竞相研究的焦点，各大跨国集团对海洋生物医药产业开发投入的倾斜和海洋生物技术的日臻成熟，海洋生物医药产业占GDP的比重呈持续上升态势。根据安永公司（Ernst & Young）研究，2010年全球海洋生物产业总产值达到288亿美元，约占当年全球生物产业市场总额的20%左右，金融危机促进了世界生物技术产业重组。我国将生物产业列为优先发展的十大重点高技术产业，并将生物医药产业列为与物联网、绿色经济、低碳经济、环保技术并列的五大战略培育产业领域之一，生物产业以每年超过25%的速度增长，预计2020年生物产业增加值突破20000亿元，生物产业正在向系统化、纵深化方向发展，将成为经济发展新的主导产业。

（3）产业基础：山东省海洋医药产业居全国领先地位，而青岛具有海洋药物研究与开发的雄厚基础，这使得青岛高新区具有引进和发展该产业的战略地缘优势。青岛在海洋天然产物的筛选提取、海洋药物的研究和产业化上已取得显著成绩，目前已形成了海洋药物、海洋功能食品和海水种苗繁育为主体，海洋新材料与活性物质提取、海水养殖病虫害防治为辅的海洋生物产业体系，开发生产了海洋药物、甲壳素加工产品、海洋功能食品、海洋活性物质生物制剂等系列产品，在海洋药物方面，拥有以青岛华海药厂、青岛双龙制药公司、青岛国大生物技术公司、青岛国风药业为龙头的多家企业，由澳柯玛集团与国家海洋局一所组建的青岛澳海生物有限公司，在海洋生物活性物质开发方面具备国内一流水平，是我国共轭亚油酸系列产品的最大出口商。青岛高新区已经着手引进以海洋生物活性物质的提取和精深加工项目、生物设备与医药项目等为先导的生物医药产业，为产业发展提供了良好开端。

（4）产业重点：第一，海洋生物技术产业化中试与创业孵化基地建设；第二，海洋活性物质提取、海洋生物基因工程与海洋药物开发；第三，海洋生物医药研发外包基地建设；第四，生物芯片技术研发与产品生产；第五，海洋生物酶研发与生产；第六，海洋功能性食品开发与生产。

（5）产业路径：第一，以中科院青岛产业技术创新与育成中心所属生物工程研发孵化中心建设、高新区生物医药开放性实验室和孵化中心为重要依托，整合青岛国家海洋科学研究中心、中国海洋大学国家海洋药物工程技术中心和国家级海洋生物及药物重点实验室，农业部黄海所、海洋局一所的海洋生物酶研发机构，以及山东海洋药物重点实验室、青岛市海洋生物技术重点实验室等一批省市重点实验室，承接上游研发的产业化任务，面向国际国内市场需求，利用高新区政策、管理、土地等优势，建设国际化水准的青岛高新区海洋生物医药产业中试基地和孵化基地；第二，学习张江生物高科园模式，适时引进国际领军生物医药企业，尝试进行生物医药产业的外包生产，同时借鉴西安杨森模式，鼓励外资企业的本土化发展与嫁接，在引进外资对象方面，注意专业化招商，如在初期生物酶领域可以考虑引进丹麦企业群（世界最大的诺维信生物酶企业已经在天津、北京投资）；第三，建立专业化的海洋生物医药科技成果转化服务平台，纳入高新区综合服务平台和国际同行业专业服务平台；第四，利用我国（尤其是青岛市）在美国和欧盟国家的海洋科技留学人才优势，适时引进和鼓励归国创业，嫁接和培育新兴海洋生物医药产业；第五，鼓励国内中小民营资本和创业投资联盟参与投资生物医药产业化开发。

（三）海水综合利用产业

（1）产业定位：支撑高新区生态城和循环经济发展的重要基础产业。

（2）产业前景：随着全球陆地水资源枯竭和滨海城市生活与产业发展对淡水需求的增加，海水淡化及合理利用已经成为沿海城市发展中解决淡水问题的关键途径，而海水淡化及综合利用的不断创新与发展，使得该产业发展具有了广阔前景。2007 年，全球有 120 多个国家在应用海水淡化技术，日产淡化水 3775 万吨，海水淡化市场年成交额达到数十亿美元，并将以每年20% 的速度递增。

（3）产业基础：青岛具有发展海水淡化应用的优越自然条件和海水淡化的技术基础，拥有涉及海水淡化产业及其产业链的人才培养、技术研发的众多单位和研究机构，且青岛（尤其是高新区附近区域）是我国传统海盐产地和化学工业基地，有条件建设海水淡化、真空制盐、海洋化工相结合的联合工厂，具有推广、示范海水淡化产业化的良好的区位条件。其中，黄岛发电厂膜法工艺达到 3000 吨/日，华欧集团与科瑞特集团拥有自主技术的青岛最大海水淡化项目开工，2011 年建成后形成 10 万吨/日供水规模，成本价每吨6 元，其中进口膜组件是我国海水淡化高成本的重要原因。而青岛市高新区建设的启动，使得高新区淡水资源供应趋于紧张，根据预测，红岛区域 2010 年需水量为 9.02 万吨/日，2015 年为 10.4 万吨/日，占沿海五大重点发展区域 2010 年需水量的 62%，占沿海五大重点发展区域 2015 年需水量的 38.8%。因此，高新区引进和建设海水淡化及综合利用产业尤为必要。

（4）产业重点：第一，以海水淡化反渗透膜开发与生产为核心，构建海水淡化科技研发—新材料—反渗透膜—专用机械与设备—浓盐水综合利用设备等海水淡化循环经济装备产业链；第二，海水综合利用：淡化水的工业及城市生活用水使用；海水淡化后高卤盐水再开发利用（尤其是提钾、提溴、提镍等）。

（5）产业路径：第一，借助高新区在建的中科院青岛产业技术创新与育成中心平台，整合并引进中国海洋大学化学化工学院、中科院海洋所、国家海洋局一所、中船重工七二五所等机构在海水淡化与防腐处理技术方面的技术、人才和项目，以已有海水淡化企业为基础，利用高新区原有盐业化工部分基础，发展海洋综合利用产业链；第二，以引进的领军企业为载体，瞄准国际关键技术（尤其是美国膜技术）发展动向，通过攻关争取实现突破；第三，学习借鉴天津北疆电厂循环经济模式，纳入生态城市建设和循环经济发展规划，通过产品的复合开发和技术的多维度嫁接，促进该产业可持续发展。

（四）海洋新能源产业

（1）产业定位：高新区战略培育产业。

（2）产业前景：海洋新能源主要是指利用海洋潮汐、波浪、洋流、海上风力等资源，以及开发海底（陆架边缘可燃冰）等，在近浅海（或者深远海海底）进行海洋能源开发和利用，并形成海洋能源原理研究、关键技术研究与开发、设备研制与应用技术集成等产业链，成为国际具有巨大潜力的海洋新产业之一，美国、欧盟国家（尤其是英国、挪威、丹麦等）、日本、韩国等已经在该领域实现一系列突破，新型产业装备不断出现。而海洋微藻将会是一种新型海洋生物新能源，能产出相当于石油的"生物原油"，可用来提炼汽油、柴油、航空燃油，微藻生长环境要求简单、产量非常高、不占用可耕地、产油率极高、加工工艺相对简单、有利于环境保护。早在 20 世纪 70 年代美国、日本、西欧等国家就开始了海洋生物质能的前期探索和研究工作，如美国的海洋生物质能源计划（1974）等，政府和企业都投入了大量资金来进行海洋生物质能的开发，力图改变当前以粮食作物为主要原料的局面，试图提出一种全新的解决思路。

（3）产业基础：青岛在海洋环境基础研究和深海勘测、近海海流能源试验等领域具有一定优势，建设该产业具有国家级战略意义。青岛高新区可以借助高新技术产业集聚的经验和优势，吸引相关产业的关键技术与产品制造及服务等环节进入园区。在海洋微藻领域，中科院海洋研究所获得了多株系油脂含量在30%~40%的高产能藻株，微藻产油研究取得前期重要成果，中国海洋大学拥有海洋藻类种质资源库，已收集600余株海洋藻类种质资源，目前保有油脂含量接近70%的微藻品种，在山东无棣县实施的裂壶藻（油脂含量50%，DHA含量40%）养殖项目正在建设一期工程，在利用滩涂能源植物，如碱蓬、海滨锦葵、油葵以及地沟油制备生物柴油方面开展研究，取得了重大技术突破。

（4）产业重点：第一，海洋新能源设备开发与生产：海水源热泵，海洋潮汐、波浪、洋流、温—盐差发电关键技术装备研发，海上风电设备关键部件国产化开发等；第二，海洋生物新能源开发：建立海洋微藻能源产业试点基地，进行富油藻种的筛选培育，微藻产/储油机理的研究，微藻加工（液化、分离、产氢、热解等）关键技术研究与开发。

（5）产业路径：第一，依托中科院青岛产业技术创新与育成中心所属能源与节能环保研发孵化中心，联合中科院广州能源研究所、青岛生物能源与过程研究所等单位，建立海洋微藻能源产学研联系，为全国海洋微藻能源产业做出示范；第二，选择有雄厚技术积累和资金实力的海藻加工企业，开展微藻加工提油设备的研制开发，在改造原有设备的基础上，引进消化吸收国外先进设备和技术，研制从微藻培养、养成、收集到炼制等一系列设备，大幅度提高设备国产化率和产品性能，建立微藻能源装备制造基地；第三，推进海水源热泵空调设备项目，近期以海水源热泵机组和空调装置生产为主，中远期形成成套海水源热泵装置生产能力，并向船用海水源热泵、污水源热泵、循环水热泵等产品领域扩展，形成产品系列较为齐全的水源热泵机组及关键设备生产地；第四，建设潮汐发电设备项目，形成大型潮汐发电设备生产基地，近期主要生产20兆瓦级设备及关键零部件，中远期主产20兆瓦以上级别的潮汐发电设备与关键零部件，成为国内重要的关键零部件供应基地；第五，根据海洋新能源产业链建设需要，适时引进欧洲（尤其是德国、丹麦、荷兰、瑞士、比利时等）国家的相关技术甚至企业。

（五）涉海现代装备制造业

（1）产业定位：具有国内领先水平的高新区主导产业。

（2）产业前景：先进装备制造业对国家经济安全、技术进步、产业升级具有重大影响和带动作用，装备制造业是世界经济强国的基础产业，美国、德国、日本堪称装备制造业大国和强国，而传统欧盟国家在高端专业化装备及关键技术方面具有领先优势，这些国家在装备产业领域的生产、产品、服务方面垄断国际市场和标准体系，并不断开发新型产品，同时进行严格的技术专利保护，尤其是全球金融危机后美国、德国等提出再工业化（re-indus-trialization）问题，重新关注现代装备制造业的自主发展。美国、挪威、加拿大、澳大利亚、欧盟沿海国家在海洋装备制造业领域居于领先地位，已成为支持其海洋战略的主导产业。我国已经出台的"科技中长期规划"和"科技兴海计划"表明，我国的海洋开发战略已经开始由近岸向深远海及极地转型，而涉海装备制造业的发展是支撑这一战略的基础。其中，在海洋工程装备领域，以油气钻井平台为代表的全球海洋工程装备利用率高达100%，随着世界深海油气资源开发的不断进展，深海油气开发装备产业面临巨大商机，深海油气勘探水下机器人技术呈现多功能、智能化、新材料的发展趋势，深海油气资源开采装备在钻—储—运环节上呈现大型化和多功能化发展趋势。随着现代海洋空间利用向建造海上生产、工作、生活用的各种大型人工岛、超大型浮式海洋结构和海底工程的发展，将对海洋工程技术和产业提出更高的要求。由于人工成本较高，国外的海洋工程产业的部分产业链环节将向发展中国家转移。

（3）产业基础：青岛已经有高速列车产业化基地、海西湾造修船基地、乘用车及发动机等众多装备项目，拥有和引进高速列车技术重点实验室、中船重工七二五所、机械设计与制造技术重点实验室等一批优势企业和科研机构，为涉海装备制造业发展打下了基础。位于胶州湾北部的青岛高新区，处在青岛东部海洋服务业聚集区和西部港口物流—临港制造业的中间部位，可以利用高新区逐步形成的产业链进行相关中间品和关键部件的生产。高新区已经落户的一系列装备制造业项目和新材料项目，以及中科院青岛产业技术创新与育成中心所属装备制造研发孵化中心的建设，将为高新区装备制造业的发展提供坚实基础。

（4）产业重点：第一，精密机械开发与生产：重点开展高速轨道交通装备、汽车及关键零部件、高端船用机电设备、精密加工及成形设备、医疗设备、智能化装备、自动化装备、非标仪器设备的研发；第二，海洋船舶与工程关键装备制造：高端船（特种船、游艇）用机电设备、涉海精密加工及成形设备、海洋环境保护设备，船用和海洋工程用生活装备等。

（5）产业路径：第一，推进自治水下机器人（Autonomous Undersea Vehicles，AUVs）项目建设，通过中科院青岛产业技术创新与育成中心，重点引入中科院沈阳自动化研究所等国内外一流科研机构，进行自治水下机器人的进一步试验和样机改进，适时推出机器人实用机试生产，并在园区规划产业基础上形成基础配套，解决自治水下机器人所需的水中通信、高压密封、自主航行控制、动力系统、能源系统、信息采集和处理、特征材料等技术，中远期形成国内重要的深海作业型自治水下机器人试验和生产基地；第二，立足青岛市三大造船基地发展趋势，配合青岛市"中国特种船舶建造基地"战略，探讨引进和建设大型船用发动机及其关键零部件项目，打造大型船用发动机及其关键零部件研发基地；第三，推进高速轨道交通装备、汽车及关键零部件等高端装备项目的全球合作和产业链项目招商，以高新区已有优势项目为依托，尝试建立以某些优势产业领域为依托的行业战略联盟，争取发展成为国内、国际该领域的领军企业。

（六）涉海新材料产业

（1）产业定位：为其他涉海、海洋产业发展提供战略支撑的基础产业。

（2）产业前景：新材料产业是20世纪兴起的三大高新技术产业（电子信息、生物医药、新材料）之一，同时也是具有高度产业关联特征的高新技术基础产业，作为基础产业和前沿领域产业，新材料的技术创新往往标志着产业的战略升级。我国在纳米新材料等领域处于国际前沿（接近于美国、德国和日本），而涉海新材料产业在我国却是一个值得培育的新型高新技术产业。

（3）产业基础：青岛在高分子、特种金属新材料等领域处于国内领先地位，海洋新材料产业是新材料产业与海洋产业的交叉领域，通过开采、提纯、加工或添加海洋矿物、生物原料，改善或者增加、提升材料的性能，用于多种产业的开发或直接作为消费品使用。青岛高新区在新材料产业发展方面已经具备一定基础，借助于已有基础和青岛材料领域的科研实力可在新材料领域的产业引进和布局方面取得突破。青岛科技大学、中国海洋大学、中科院海洋所、中船重工七二五所等在高分子新材料、涉海新材料、海洋防腐材料与技术等方面具有国内竞争优势，可以作为高新区涉海新材料产业发展的上游研发支撑。

（4）产业重点：第一，食品、医药、日用品领域的海洋新材料；海洋勘探开发、建筑、运输等领域用防腐、抗压等材料开发；第二，涉海先进装备制造新材料：结合海水淡化设备、深海装备等产业发展，重点发展海水淡化新型高分子功能材料、清洁能源新材料等产品群。

（5）产业路径：第一，依托中科院青岛产业技术创新与育成中心重点建设新材料研发孵化中心，利用中科院化学研究所、长春应用化学研究所、宁波材料工程与技术研究所，以及青岛本地的诸多涉海新材料研发机构，面向海洋开发领域对新材料的战略需求，定向发展系列化、品牌化涉海新材料产品；第二，纳入涉海和海洋领军企业的全球价值链，形成专业化的新材料产品及服务提供商；第三，承接国际、国内涉海新材料领域的专业外包，形成某些产品的国际化生产加工基地。

三、涉海及滨海现代服务业

（一）涉海科技服务业

（1）产业定位：具有区域和国际辐射力的高新区基础产业。

（2）产业前景：国际主要海洋产业园大都以高新区甚至高新区内的海洋领域研究机构和高校为依托，发展涉海公共基础服务和专业开发服务，如美国波士顿海洋产业园与MIT、波士顿大学、Woods Hole海洋研究所的海洋服务活动密切相关，澳大利亚昆士兰州的海洋产业园也与高新区的众多国家级海洋研究机构密切关联；加拿大的纽芬兰岛和新斯科舍省的海洋产业园也与圣何塞大学等有密切关系。青岛拥有众多国家级涉海研究机构和高校，应该发挥其作用，使其建立海洋服务的机构和中小服务企业。

（3）产业基础：青岛市正在建设多个大学创业园、大学城区，本地和外地迁入的涉海理工类大学出现聚集趋势；青岛的涉海研究机构整合，以及众多的国家级、省市级企业技术中心发展，使得青岛的科技服务能力日益突出；随着诸多创业投资基金的进入和发展，青岛的专业化投融资服务体系正在形成，上述进展意味着青岛在科技服务业的发展方面已经出现根本性转变。而青岛高新区创业服务中心将为中小企业科研孵化和商务促进提供直接服务；入驻青岛高新区的青岛国家大学科技园将在涉海科研孵化、中试试验、人才培训、交流协作方面发挥整合外部人才、技术资源的基础作用；青岛高新区与国内知名创业投资机构共同建立创业投资联盟，将直接促进高新区创业投资者的同业交流和业务整合，并扶持高新区创业企业的发展壮大；尤其是中国科学院青岛产业技术创新与育成中心的建设，将围绕电子信息、新材料、能源与节能环保、生物工程、先进制造等领域，通过新材料研发孵化中心、装备制造研发孵化中心、生物工程研发孵化中心、光电技术研发孵化中心、能源与节能环保研发孵化中心等五大研发孵化中心，推进高新区科技成果持续转化，创新性高新技术企业培育，以及高新技术产业化示范基地建设。

（4）产业重点：第一，科技创业服务：科技创业咨询、科技项目孵化、外部企业本土化技术支持、企业和机构对外服务推介等；第二，科技投融资服务：创业投资引入和发展、企业互助基金建设、企业上市融资服务、企业融资中介与担保服务；第三，科技人才服务：涉海人才引进、交流、培训；第四，专利与产品交易服务：技术专利、科技产品的网络平台，科技产品与服务有形展示与交易等；第五，本土科技企业国际化服务：企业国际合作对象选择、全球产业联盟加入、全球行业标准适应与升级、企业对外营销、投资和服务等。

（5）产业路径：第一，以青岛高新区创业服务中心为基础平台，在提供基本创业和孵化服务的同时，与中国科学院青岛产业技术创新与育成中心、大学科技园、创业投资联盟等专业平台建立平台间网络化联系，为不同行业、不同要素需求和不同阶段需求提供适时和专业化服务；第二，与青岛市及更大范围内同类服务网络实现联合和链接，争取更大范围的服务提供和服务商整合；第三，与国际蓝色经济产业园及所在城市、社区管理机构合作和交流，在科技企业引进和布局，企业集群发展方面提供指导和借鉴；第四，与国际行业联盟、专业连锁服务机构建立联系，协助企业进行国际合作、投资、市场营销和提供服务。

（二）滨海生态旅游业

（1）产业定位：具有先导特征的高新区基础产业。

（2）产业前景：大城市湾区景观生态建设及旅游产业发展，已经成为国际滨海城市的规划与发展重点内容，滨海生态旅游（coastal ecotourism）已经成为时尚，北美洲旧金山湾、西雅图、温哥华、澳大利亚墨尔本以及众多欧洲滨海城市，给我们提供了诸多借鉴。尤其是2009年澳大利亚昆士兰旅游局通过互联网招聘岛屿看护员，这个被称为"世界上最好的工作"吸引了全球30万人上网浏览，而该项活动已经成为年度最成功的滨海旅游营销案例。使得世界各地纷纷以招聘"全球第二好工作"的名义，营销自己的区域旅游产品。我国上海南汇新城的海洋文化景观建设与滨海湿地生态休闲旅游的国际招标规划，也为我们提供了参考。

（3）产业基础：青岛胶州湾北部湿地保护与生态旅游开发存在相互支撑的作用，也应该成为"环湾保护"与"拥湾发展"战略实现内在统一的经典。青岛市的海洋及滨海旅游业具有国际知名度，奥帆赛举办以及一系列高端国际会议、会展、节庆活动的成功举办，使得青岛的旅游由单纯的观光旅游向专业化（运动、体验、会议会展）旅游发展，"环湾保护，拥湾发展"的城市发展战略为高新区发展滨海生态旅游提供了政策上的引导和强有力支持。高新区在胶州湾北部盐田基础上进行改造建设和发展，胶州湾生态环境保护已经成为焦点，以滨海生态旅游开发的方式保护滨海湿地资源，实际上具有保护与开发的双重效应。

（4）产业重点：第一，滨海湿地生态旅游：建设国际规范化的兼顾保护与生态等多重功能的旅游湿地公园，适当发展生态型商务、运动休闲项目，建设滨海湿地生态旅游带；第二，高端商务休闲旅游：商务中心、度假中心及绿色饭店；第三，传统滨海旅游：与红岛韩家村"渔盐耕读"民俗文化挖掘有机融合，推动休闲度假游与民间民俗文化游，建设滨海传统文化体验旅游区。

（5）产业路径：第一，引入湿地国际（Wetlands International）① 等国际组织，利用高新区湿地生态旅游资源，建立具有国际竞争力的湿地旅游目的地，拉动高新区蓝色经济发展；第二，建立与国际旅游饭店连锁机构（尤其是滨海度假酒店、国际涉海产业组织）的联系，通过国际专题会议和服务设施建设，作为启动高新区蓝色经济的重要引擎项目；第三，借鉴曹妃甸的做法，引进国际知名湿地运动休闲项目，以此提升高新区高端商务环境质量；第四，尝试借鉴澳大利亚昆士兰州保护大堡礁的做法，国际化招聘高新区滨海湿地的保护者，为高新区高水平开发与保护提供专业服务。

（三）涉海信息服务业

（1）产业定位：具有国际特色和国内竞争力的基础产业。

（2）产业前景：电子信息产业是 20 世纪 80 年代以来兴起的第三次产业革命的领军产业，经历了由电子管到集成电路，由硬件建设到软件服务，由单一设备到网络化集成的变迁和升级。金融危机以前的信息服务外包产业使得包括印度、爱尔兰等在内的国家成为基于卫星和海底光缆承接国际专业服务外包的典范，其中印度已经开始其二次服务外包业务，通过海底光缆向毛

---

① 创建于 1995 年，是由亚洲湿地局（AWB）、国际水禽和湿地研究局（IWRB）和美洲湿地组织（WA）3 个国际组织合并组成，是一个独立的、非营利性的全球组织，在全球、区域和国家开展工作，致力于湿地保护与合理利用，实现可持续发展。湿地国际的全球和地区项目由 120 多个政府机构、非政府组织、基金会、开发机构和私人机构提供支持，项目活动分布于六大洲 14 个地区，在非洲、南美洲、南亚、东亚和北亚以及中欧、东欧和大洋洲设有 16 个办事处和协调机构，总部设在荷兰瓦格宁根。湿地国际董事会由 50 多个成员方的代表、有关国际组织代表和湿地专家组成，董事会（基金会）指导湿地国际的政策、监测和评价战略的实施。湿地国际通过各个办事处来贯彻执行由湿地国际理事会（协会）批准的全球战略。理事会由每个成员国的两名国家代表、合作伙伴、专家组协调员和名誉顾问组成。湿地国际首席执行官与全球管理小组和各办事处主任合作负责监督战略实施。湿地国际通过开发工具、提供信息来协助政府制定和实施相关的政策、公约和条约，以满足湿地保护的需求。凭借科学的分析以及在全球和国家保护与自然资源管理项目中取得的经验，在某些影响湿地的关键问题和湿地保护与合理利用的优先行动方面，提供最佳的信息来源。目的是通过能力建设、伙伴关系、跨区域合作和多部门的湿地项目把我们和其他组织的能力结合在一起，为湿地管理问题提供创新的解决方案。

里求斯和刚果分包，形成全球所谓光缆港（cable port）业务链，我国诸多沿海和内陆城市在软件业领域也要尝试承接国际服务外包业务；另一重要方向是通过网络化信息服务与实体业务一体化整合而实现产业活动升级，由美国MIT提出的物联网（internet of things）① 产业即将成为继互联网革命之后的新产业形态，已经引起全球信息服务产业领域的关注。国际上，基于信息网络的服务业应用于一系列涉海活动，不仅在海洋观测、海上运输、海洋灾害应急救助、海域资源与环境评估领域得到普及，形成相对庞大的海洋信息服务业，北美洲的美国和加拿大，以荷兰和丹麦为典型代表的欧盟国家、澳大利亚和新西兰等大洋洲国家、日本和韩国等东亚国家都有发达的海洋信息服务产业体系和领军企业群。其中加拿大在纽芬兰岛建有国家级海洋信息服务中心（Canadian Centre for Marine Communications，CCMC），韩国的 E – marine Logix 公司提供远洋数字海洋（电子航海图）服务，欧盟和美国则有健全的海洋数字化观测与信息服务网，涉及从软件到硬件的一系列海洋信息产业链。因此，海洋信息服务业将是一个新的生长点，随着"数字海洋"事业的迅猛发展，海洋信息服务业必将获得突破性成果。

（3）产业基础：青岛具有家电领域的国际领军企业，国家级软件产业园，尤其是青岛高新区正在规划的数据特区，依托国际海底光缆，为开展面向全球的数据托管和服务外包业务提供了坚实基础，而中科院青岛高速计算中心的建设为数据信息处理奠定了基础。青岛市重大涉海研究与科技信息服务机构（尤其是拥有国家海洋局北海分局和中科院海洋所等信息提供单位），初步具备向涉海领域延伸的海洋电子信息产业服务发展的基础，青岛海洋科学与技术国家实验室也在建设海洋领域计算中心。

（4）产业重点：第一，大型、专业化数据托管；第二，专业服务外包承接；第三，海洋信息服务中心（marine information service center）：从事专业涉海信息传输、储备、加工与服务；第四，国际蓝色经济网络组织：联合国

---

① 物联网是指把射频识别（RFID）装置、红外感应器、全球定位系统、激光扫描器等种种装置与互联网连接起来，实现智能化识别和管理。具体地说，就是把感应器嵌入和装备到电网、铁路、桥梁、隧道、公路、建筑、供水系统、大坝、油气管道等各种物体中，然后将"物联网"与现有的互联网整合起来，实现人类社会与物理系统的整合。物联网主要包括传感器网络、信息传输网络、信息应用网络。物联网基本特征包括：广泛的信息获取能力，安全可靠的信息传送能力，持续创新的信息服务模式。

际海洋产业及海洋产业园，组织建立全球海洋产业信息交流平台。

（5）产业路径：第一，借助国际海底光缆接口，建设高新区信息接收和处理终端机构和企业群，接受国际、国内企业和机构的委托，进行数据委托管理业务；第二，借鉴国际、国内专业服务外包成功案例，引进青岛市软件企业群以及国际（印度、爱尔兰、英国苏格兰等）专业化服务外包企业，经营新型服务外包业务；第三，与涉海企业、海洋局北海分局、驻青海洋科学研究机构联系，建立服务于区域性（中长期建立某些领域的全国性）涉海产业的信息服务平台；第四，以高新区创业服务中心为基础，依托数据特区，建设国际蓝色经济产业及产业园网站，链接国际知名海洋产园区及其领军企业，并组织相关活动。

（四）现代临港物流服务业

（1）产业定位：高新区基础产业。

（2）产业前景：国际物流、区域物流和市域物流一体化发展，乃至物流与信息流融合的物联网已经成为国际化城市建设和产业园区发展的重要基础产业和发展动力。旧金山湾区的滨海园区规划在这方面提供了明确的例证。

（3）产业基础：根据青岛市物流发展规划，以及高新区产业发展规划，高新区将成为青岛市胶州湾东—西两岸物流流通，乃至青岛市与山东半岛物流转换的重要枢纽地区，邻近西部海港与铁路集装箱枢纽，东部靠近主城区市域物流中心和机场空港物流枢纽，青岛高新区西部还是国家出口加工区所在地，其综合物流枢纽地位将会逐步显现。发展高端（轻型）临港物流配送产业应该成为高新区产业发展与布局的重要选择。

（4）产业重点：第一，青岛高新区中部（偏南区域）建设青岛高新产品物流服务平台；第二，青岛高新区东部建设生产资料物流中心；第三，青岛高新区西南部建设高新技术产品出口加工与物流对外配送中心。

（5）产业路径：第一，与高新区综合信息服务网络进行整合，并根据高新区开发建设进程（尤其是产业布局和交通运输设施网络的推进），不断更新物流服务网络平台的内容和形式；第二，纳入生态城市、循环经济体系规划，建立高效、清洁、便捷的专业化市域物流配送网络；第三，通过部门及地区沟通协调，实现高新区物流服务与青岛市海陆空物流网络的动态适应与对接；第四，引进和发展现代物流专业企业，形成第三、第四方物流企业群，在服务于高新区的同时，形成特色鲜明的高新技术产业物流和海洋产业物流集群。

四、其他战略新兴产业

（1）产业定位：战略培育产业。

（2）产业前景：世界主要国家级海洋中心（如美国拥有两个世界著名的海洋科研机构，斯克利普斯海洋学院和伍兹霍尔海洋研究院；瑞典可瑞斯堡海洋研究站；俄罗斯科学院 P. P. 希尔绍夫海洋资源研究院；日本海洋—地球科学技术中心；澳大利亚海洋科学研究院；法国海洋开发研究院；英国南安普顿国家海洋中心）在深远海勘探开发和极地探索领域处于领先地位，而海洋应用研究的成果多以商业项目出售转让的方式为主，通过企业来实现研究成果的产业化。

（3）产业基础：青岛国家海洋科学与技术国家实验室实际上以全球主要海洋中心为参照，试图整合国家海洋研究力量，实现海洋基础研究及产业化的根本性突破。青岛国家深潜器基地建设，为我国深远海勘测和开发奠定了基础。青岛高新区在建的众多国家级研究开发机构，为海洋战略产业的开发提供了更广阔的协作空间。

（4）产业重点：第一，深海技术及产业化开发：深海环境监测技术、深海（矿产与生物）资源勘探技术、深海（矿产与生物）资源开发技术、深海环境评价技术、深海运载技术、深海通用技术体系领域；海洋生态与环保产业；第二，大洋（国际海底、极地）生物基因产业；第三，涉海生态环保产业；第四，其他新兴涉海服务业等。

（5）产业路径：第一，依托海洋产业领域的智库，进行产业发展可行性论证和研究，选择敏感和关键技术实现自主创新的前期研究，进行相关产业信息积累，留足相应的产业发展空间；第二，对于近期缺乏基础和优势的产业，可以采取技术集成，以及引进和消化吸收实现再创新手段，进行产业发展储备；第三，关注大学和研究机构在深海环境科学、深海资源科学、深海工程科学、深海人文—社会科学等学科领域的进展，适时调整战略产业方向和重点。

第六节　青岛高新区蓝色经济建设空间布局

一、布局定位

高新区蓝色经济空间布局的定位为：（1）以青岛蓝色经济区建设的战略定位①为指导，建设青岛（沿海—环湾）蓝色经济带的核心区；（2）以蓝色经济为主导的青岛高新区，表现为蓝色经济是青岛高新区建设和发展的核心特色和基本内容，在布局上占据核心和重点位置。

二、产业聚集区布局

根据高新区"一核、两轴、三岛群、多园区"的岛链状城市空间发展格局，结合国际海洋经济园区发展与布局的经验和青岛蓝色经济产业体系发展的实际，兼顾已有布局项目区位选择意向，初步规划形成"一个核心、两条轴带、三大集聚区"的蓝色经济布局。

（1）"一核心"，以中央智力岛为中心的科技创新核心区，布置涉海科技、人才交流、信息、会议会展、市场交易、综合物流枢纽等服务机构综合体和企业（总部）群。

（2）"两轴带"，沿东西火炬大道、南北羊毛沟水系为发展轴，以其两侧为扩展带，形成两大蓝色经济产业带，其中：火炬大道侧重涉海现代服务业、滨海旅游以及高新技术加工制造业；羊毛沟两侧中北段以涉海加工制造业为主，南段以海洋服务产业为主。

（3）"三集聚区"，是指：东部蓝色加工制造业聚集区：包括羊毛沟两侧

---

① 青岛市蓝色经济区发展战略：建设海洋经济科学发展的先行区、山东半岛蓝色经济的核心区、自主研发和高端产业的聚集区以及海洋生态环境保护的示范区；2020年完成四个中心：区域性新兴海洋产业发展中心、东北亚国际航运中心、国际海洋科技教育研发中心以及国际滨海旅游体育中心。

沿岸及以东区域，以海洋、涉海高新技术产业为特征，近期以海洋仪器仪表、海洋生物医药、海水淡化等产业为主；中部蓝色科技及综合服务业聚集区：包括中央智力岛及周围区域，主要布局涉海服务业，近期主要以涉海科技服务业为主；西部蓝色生态旅游业聚集区：包括火炬大道沿线区域，以滨海生态旅游业为主，中远期考虑涉海战略新兴产业布局。

三、布局阶段及推进

第一阶段（至2015年）：在高新区经济资源环境调查和论证基础上，详细规划与建设蓝色经济基础产业和先导产业，以海洋仪器仪表、海洋生物医药、涉海信息服务、滨海生态旅游等产业项目建设为引擎，初步建成地域分工合理的青岛高新区蓝色经济第一期项目群。考虑到相对集中布局与专业化地域分工相协调的原则，建议将三大分区的启动区相对集中，形成具有规模优势和分工特色的扩展极；根据国际合作与招商的进展，进一步建设"青岛国际海洋产业园"。

第二阶段（2016～2020年）：在第一期项目群建设和带动基础上，根据需要布局规划和建设第二期更高层次的产业项目群，主要吸引和发展蓝色高端制造业和服务业产业群；根据时机调整战略产业项目备选库，引进并布局新兴海洋产业。

第七节　青岛高新区蓝色经济建设国际合作

一、国际海洋产业组织及园区合作

（一）国际海洋行业组织合作

合作对象：选择国际已有的综合性海洋产业组织，建立经常化联系，为国际合作交流提供专业化网络，主要对象包括：海洋产业协会国际委员会

（ICOMIA）所属成员，尝试建立涉海产业联系；国际专业化海洋、涉海产业组织，包括海洋仪器仪表、生物医药、海水淡化、海洋新能源、滨海生态旅游等相关产业的国际组织。

合作内容：尝试开展在海洋工程装备制造业、海洋新能源开发、滨海生态旅游、海洋生态环境保护、涉海领域研究与开发等方面的全球交流与合作。

合作路径：通过联合青岛市及国内海洋、涉海企业和研究机构，与企业主管及研究机构专家一起协商，进一步梳理国际海洋、涉海领域组织（协会）及其领军企业和核心机构，系统推介青岛高新区蓝色产业园区规划和产业发展政策，开展招商等各领域的合作交流。

（二）国际海洋产业园区合作

合作对象：选择经济发达国家中与高新区具有相近区位、海洋科研与产业特色、产业发展与布局相似性的港口或海湾城市产业区，初步可以从以下城市中进一步遴选：北美洲地区的美国旧金山市、波士顿市、西雅图市、休斯敦市，加拿大纽芬兰、新斯科舍省沿海城市（如哈里法克斯等）、西部温哥华市；欧盟区域的瑞典哥德堡市，德国的基尔市，英国的南安普敦市，法国马塞市和洛里昂市、丹麦凯隆堡、菲特列市等；独联体及东欧国家如乌克兰基辅市、敖德萨市、俄罗斯海参崴和奥布宁斯克（国家海洋数据中心所在地）等[①]；大洋洲的澳大利亚布里斯班市，马勒伯里、珀斯市等。

合作内容：与国际知名海洋科技城市的对应园区（或海洋研究机构）建立合作关系，共同形成全球海洋产业体系重要节点；密切与对象城市在园区建设和涉海规划等方面的经验借鉴与交流，建立对应产业园区管理与规划、招商的国际合作交流与合作；与对应园区的入驻企业进行交流，探讨企业引入高新区的可行性；时机成熟时，考虑直接建设面向某个国家或地区的海洋科技产业园。

合作路径：通过青岛高新区的海洋产业园平台，与国际相关滨海城市高新区，特别是诸多蓝色产业园区管理机构进行规划、管理、建设、运营、招商等各领域的合作交流，初步可以选定美国、加拿大、澳大利亚三国的几个

---

① 关于欧洲国家海洋研究中心所在城市情况，详见：欧洲海洋研究中心一览，http：//www. marenet. de/MareNet/Europe. html.

典型海洋产业园，建立协商交流机制，争取倡导建立"国际海洋产园联盟（International League of Marine Industrial Park，ILMIP）"。

二、东北亚滨海城市间蓝色高端产业合作

（1）合作对象。依据相互间产业发展模式的相似性和地缘紧邻的双重优势，以已有的东北亚（尤其是泛黄海区域）国际城市产业合作为基础，重点突破与日本、俄罗斯远东地区泛黄海地区及对应城市之间的海上和跨海域高端产业合作，争取启动与台湾地区滨海城市的高端产业合作。

（2）合作内容。主要包括：滨海城市涉海高端产业建设与区域开发模式交流；跨海国际（地区）产业转移升级；专题探讨，如后金融危机时代城市园区海洋高端产业发展对策等。

（3）合作路径。借鉴有关东北亚城市举办相关国际论坛的经验（如釜山举办的世界海洋论坛），联合东北亚滨海高新技术产业园区和相关涉海组织，争取举办"东北亚海洋高新技术产业论坛（或东北亚蓝色高端产业论坛）"，近期可以纳入青岛市蓝色经济国际高端论坛，中长期可以形成专业化国际论坛品牌。

第八节　青岛高新区蓝色经济建设保障对策

一、组织领导机构建设与服务平台整合

（一）设立蓝色经济组织机构

与山东省、青岛市蓝色经济发展的机构建设相对应，建立符合高新区蓝色经济产业发展特征的组织机构，包括成立高新区蓝色经济建设与推进领导小组、蓝色经济专家咨询委员会、蓝色经济办公室，负责落实和协调青岛市部署的蓝色经济相关工作。

（二）成立青岛海洋高新技术产业园

为便于海洋、涉海领域高新技术产业相对集中布局，尤其是与国际蓝色经济发展接轨，建立注册成立网络和实体布局相结合的"青岛国际海洋高新技术产业园"或者"青岛国际海洋产业园"（Qingdao International Marine Industrial Park），对外用于合作和交流，对内可以借鉴天津滨海新区区中园的模式，以现有海洋生物医药产业、海洋仪器仪表等海洋产业集中布局区为核心，涵盖中央智力岛和羊毛沟下游两岸区域，详细规划建设具有"纯蓝"特色的海洋产业园核心区。

（三）整合形成蓝色经济创业服务平台

整合青岛高新区已有和在建的创新服务平台，针对性地引进国内、国际涉海优势资源，建立培育和壮大蓝色经济的综合性与专业化结合的服务平台，近期以青岛高新区创业服务中心为基础，以中国科学院青岛产业技术创新与育成中心、大学科技园、创业投资联盟等专业平台为依托，筹划蓝色经济创新服务平台（同时考虑与"青岛海洋产业园"网站建设结合），在此基础上整合青岛市及更大范围内同类服务网络。

二、相应产业政策的申请与利用

（一）争取国家对高新区蓝色经济发展的支持

向国家发改委、科技部汇报青岛国家高新区在蓝色高新技术产业发展上的规划设想，争取相应的涉海新产业发展的优惠政策，尤其是学习天津、珠海、上海区域规划体调整的经验，以"蓝色高新技术产业园"国际合作为突破口，实现高新区蓝色经济产业发展和空间布局的更大范围整合。

（二）制定适应蓝色经济优先发展的优惠政策

优先考虑蓝色经济区建设用地，在编制土地利用总体规划、城市总体规划时给予统筹安排，对重要科研项目和知名科研机构落户提供优惠。协助企业、单位和个人在蓝色经济区建设中申请国家专利，对在高新区内设立独立的海洋科技研发机构、非独立的研发机构，经国家、省认定的新建海洋科技研发中心、工程中心等研发机构给予不同程度的资助。对具有重要影响的研发机构、工程技术中心加大资助力度。跨国公司和国内大企业来高新区设立独立核算海洋科技研发机构，经认定后按税法有关规定享受高新技术企业的有关优惠政策，对其新增上缴税收实现的高新区财政收入部分，在一定时期内给予相应的补贴。研发中心从事海洋科技开发、技术转让等业务取得的收入，经批准后免征营业税，其研发费用可按税法有关规定在税前扣除。

三、蓝色经济建设融资体系建设

（一）鼓励企业构建涉海创业投资联盟

在已有国有背景投融资平台基础上，构筑国际国内涉海行业金融资本、国有基础设施投资资本、国内科技风险投资、民间投资等参与的综合性融资平台，以高新区创业投资联盟为基础，鼓励进一步形成更为专业化的涉海创业投资联盟，设立"蓝色科技产业投资基金"；鼓励同行业企业之间建立行业性互助基金；借鉴国际蓝色产业园区企业化经营和企业协会融资机制建设的经验，为具有自主知识产权的中小涉海企业进区创业提供融资便利。

（二）鼓励国际化融资

通过涉海行业协会、海洋产业园区的国际化对接，以及引进国际涉海组织及其活动，争取国际组织、企业集团的基金甚至产业化直接投资。尤其是对于具有国际资源保护特色的滨海生态资源可持续利用，可以借助相关国际组织的能力，协助吸引海洋资源与环境研究和保护方面的资金支持。

四、关键涉海人才引进和培养

（一）人才交流与服务平台建设

依托在建的青岛国家大学科技园等机构，筹建服务于青岛高新区蓝色经济产业发展的专业化人力资源交流平台，考虑人才需求的专业性和动态性，注重人力资源（尤其高技术人才）实体平台共建和虚拟平台网络化整合，联合国内外高校和专业人才培训机构，建立"人才服务—培养—培训"一体化蓝色人才链。

（二）人才专业培训与实践提升

邀请国际、国内专业培训机构和师资，进行相关科技、管理人员的定期培训；鼓励外部科技人才（专业研究生、从事涉海项目的科研工作者）通过项目实习、调研、兼职、短期服务等到园区锻炼和创业；提供系列机会促进以项目攻关、建设为目标的人才交流和合作，锻炼和形成人才团队；容许和鼓励区内外蓝色人才的自由流动和轮换。

五、引擎和重点项目遴选及启动

（一）引擎项目遴选

借助青岛市的海洋科技力量雄厚的优势，根据青岛市蓝色经济发展战略与规划指导思想，通过青岛高新区相关部门论证，对国际、国内，以及青岛市领军企业和涉海重点研究机构进行对比分析，初步建立可以引进、合作的对象项目和园区备选库。

（二）近期项目启动

在此基础上，可以有步骤地进行招商与合作对接，确定第一批重大涉海领域启动工程和产业项目，并注意对项目的长期发展战略和区域蓝色经济发展的带动和示范作用，对于已经建设的项目，要做好服务和科学工作。

第十一章　国家海洋创新体系建设战略对策

第一节　战略定位

一、主要思路

以党的十八大以来提倡的国家创新体系建设和海洋强国战略等国家重大科技和海洋战略为指导，针对我国在海洋开发能力建设、海洋经济发展、海洋生态环境保护责任、海洋权益维护战略等现实重大需求，着眼全球视野下的深远海资源开发与环境保护使命与责任，应对中长期阶段深海、极地空间以及"跨海"和"过洋"重大任务和计划，通过整合与提升现有海洋科学教育与研究、高技术开发体系，培育提升、壮大深远海产业集群力量，探索以自主创新和技术集成为主导的海洋科技创新战略，统合国家陆海空天多维空间创新体系建设，建设具有中国自主创新特色和国际竞争与协同能力的国家海洋创新体系，支撑实现宏伟的蓝色强国梦想。

二、建设发展目标

（一）构建多维一体的国家海洋创新体系

初步构建以国家海洋强国战略目标为导向，以深远海开发为导向的国家海洋创新引导体系；建立深远海科学与教育—技术研究与开发—科技产业发展为核心的产学研创新骨干体系；以国家宏观科技管理与服务为基础的创新支撑与保障体系；以国际协同和集成创新为特色的全球海洋创新交流合作体系。

（二）预见深远海科技创新领域与重点

通过对我国海洋科技发展的历史分析和未来预见，在深海环境监测技术、深海（矿产与生物）资源勘探技术、深海（矿产与生物）资源开发技术、深海环境评价技术、深海运载技术、深海通用技术体系领域，选择敏感和关键技术实现自主创新的突破，对于整体深海技术体系实现战略集成，对于弱势技术和国际标准、通用技术适当引进，并通过消化吸收实现再创新；注重深海学科基础研究和学科群发展与整合，建立、健全和提升深海环境科学、深海资源科学、深海工程科学、深海人文—社会科学等学科领域，提升和保障深海科技创新体系的基础竞争能力。

（三）建设国际化深远海科技—产业联盟

学习借鉴我国航天领域重大计划（尤其是国家"嫦娥工程""神舟计划""天宫计划"等）中科技集成与产业化的经验，嫁接或整合已有涉海国家级企业群（如中海油等、中船重工等），联合甚至兼并国际涉海知名企业，适时建立深远海国际产—学—研联盟，建立深远海科技产业化开发体系，推动深远海国家创新体系的国际化协同布局。

第二节 组织架构

我国面向深远海开发的国家海洋创新体系建设框架（见图 11-1）可以表述为：

（1）以国家海洋强国战略建设为目标，学习航天科技纳入国家创新体系重点建设战略，推动国家海洋创新体系建设战略融入国家创新体系建设战略的重点和优先领域。

（2）夯实和强化以海洋知识创造和充分流动为机制的国家深远海科技基础研究与专业教育体系；大力投入和深化国家深海研究与开发，尤其是推动涉及深远海领域的技术体系开发、技术标准与计量制定、系列技术应用推广等，建立强大的海洋研发体系；通过现有产业切入和整合、战略新兴培育，建立、拓展和提升我国深远海产业体系；推动海洋产—学—研融合与协同创新平台建设，形成围绕整体目标和分向度目标的多元化创新平台体系，进而形成国家海洋创新体系的骨干。

（3）强化国家创新服务体系建设，鼓励建立面向海洋创新活动的科技中介组织、金融服务机构、人力资本组织、专业服务组织，加强与国家海洋创新体系骨干的融合与对接。

（4）推进国家海洋创新管理水平，梳理创新陆海空天一体化思维，纳入国家整体创新体系管理框架，实行大海洋科技创新管理革新，推动海洋创新与相关领域创新的全方位对接与融合。

（5）加强国家海洋创新骨干系统的全球交流与合作，学习借鉴发达国家海洋创新领域先进经验，融入甚至引领国际海洋创新重大计划和组织机构活动，展示和贡献我国海洋创新成果，提升我国海洋创新服务的国际影响。

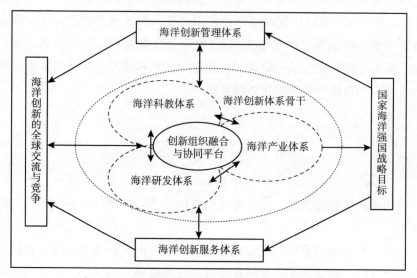

图 11 - 1　面向深远海开发的国家海洋创新体系框架

第三节　主要建设模式

一、强化国家需求和原创推动的双重动力

顺应当今世界使用者引领创新（user-led innovation）的战略趋势，研判和解读国家发展目标下的深远海科技活动需求，推动现有海洋教育、研发、

产业体系的转型与融合；同时，注重海洋科技创新自身机理和规律，鼓励重大基础性原创海洋问题研究，孕育大众化和专业化结合的海洋领域原创群体，提升我国中长期海洋自主创新能力。

二、坚持创新国际交流与自主集成并重

首先，着力推进海洋关键技术和敏感技术的自主创新，以突破我国海洋创新体系建设的技术瓶颈；其次，开展面向深远海开发与保护目标的海洋技术及产业集成，进行深远海技术整体体系的梳理与顶层设计；最后，根据技术开发系统整体需要，选择我国缺乏和适合国际分工协作的技术开展引进和合作交流，注意消化吸收和再创新。

三、进行技术持续积累和预见的科技创新调整

需要不断总结我国已有海洋创新体系建设经验，以已有科技经验及其集成为基础，注重分单项及分专业系统的科技研究梳理和积累，根据全球深远海科技发展趋势和重点领域，结合我国实际需求和国际竞争优势领域，进一步深入预见我国的深远海科技优选方向和重点课题，在不断选择、尝试和反馈中，通过存量和增量调整实现对我国未来海洋科技重点领域的聚焦与动态调整。

四、兼顾海洋创新近期现实和长远战略目标

首先，立足于我国现有的涉海产学研力量及其创新协同水平，充分发挥其在现有体制和机制内的作用，通过宣传、引导和整合，实现海洋科技资源的共享和交流，以引起和达成对深远海创新战略的共识；其次，制定国家整体层面的深远海科技发展战略规划，筹划我国的深远海创新体系规划与建设方案，推动国家出台相应创新引导和鼓励政策；最后，及时提出和推进国家深远海创新战略，强化相应的示范性或先导性软硬件平台及体系建设。

五、构建虚实相结合的创新布局网络

首先，依托已有和在建的高等院校、中科院、国家海洋局等单位海洋科学与技术研发领域的重点学科和重点实验室，建立深远海专业的交流和跨专业交流平台，并提升为平台间交流网络，实现学术研究成果和人才的充分流动，形成深远海学术交流网络；其次，整合国内外、跨部门（行业）涉海立体观测网，建立深海监测网络；再其次，加强国家深远海科学考察平台和深海技术试验场建设，形成深远海勘查网络；最后，选择具有较强研发实力的企业和研究开发机构，有重点、分阶段地建设深海领域的国家海洋协同创新中心和海洋国际协同创新中心，建设面向全球的深远海高技术产业化基地和产业网络。

参考文献

［1］Allen P M. Evolution: complexity, uncertainty and innovation ［J］. Journal of Evolutionary Economics, 2014, 24 (2): 265 –289.

［2］Andersen P D, Borup M, Borch K, et al. Foresight in Nordic innovation systems ［Z］. Nordic Innovation Centre, 2007.

［3］Aoki M. Toward a comparative institutional analysis ［M］. MIT Press, 2001.

［4］Aoyama Y, Izushi H. User-led innovation and the video game industry ［C］// Submitted to IRP Conference, London, 2008.

［5］Arthur W B. Competing Technologies, Increasing Returns, and Lock-In by Historical Events ［J］. Economic Journal, 1989, 99 (394): 116 –131.

［6］Aslesen H W. Knowledge intensive service activities and innovation in the Norwegian aquaculture industry –Part project report from the OECD KISA study, 2004.

［7］Atkinson R D. Understanding the US National Innovation System ［J］. The Information Technology & Innovation Foundation, 2014.

［8］Bathelt H, Malmberg A, Maskell P. Clusters and knowledge: local buzz, global pipelines and the process of knowledge creation ［J］. Progress in Human Geography, 2004, 28 (1): 31 –56.

［9］Bulanova O, Madsen E L. Erawatch Country Reports 2012: Norway ［J］. Jrc Working Papers, 2014, 48 (1): 15 –22.

［10］Chesbrough H W. The Era of Open Innovation ［J］. Mit Sloan Management Review, 2003, 44 (3): págs. 35 –41.

［11］Cm C X. Canada's Oceans Action Plan for Present and Future Generations, 2005.

[12] David P A. Path dependence, its critics and the quest for "historical economics" [J]. Working paper, All Souls College, Oxford & Stanford University, 1985.

[13] David P A. Why are institutions the "carriers of history"?: Path dependence and the evolution of conventions, organizations and institutions [J]. Structural Change & Economic Dynamics, 1994, 5 (2): 205 -220.

[14] Dosi G. Technological paradigms and technological trajectories: A suggested interpretation of the determinants and directions of technical change [J]. Research Policy, 1982, 11 (3): 147 -162.

[15] Duin P V D, Heger T, Schlesinger M D. Toward networked foresight? Exploring the use of futures research in innovation networks [J]. Futures, 2014, 59 (3): 62 -78.

[16] Fifth Annual Conference of the Techno Policy Network-Implementing Regional Innovation Strategies: Exchanging Best Practices for Strategists on Science Based Regional Development [M]. 2008.

[17] Forskningsråd N. Forskningsbehov innen dyrevelferd i Norge [J]. Rapport fra Styringsgruppen for Dyrevelferd-forsknings-og kunnskapsbehov. ISBN trykt utgave, 2005: 82 -12.

[18] Gardien P, Djajadiningrat T, Hummels C, et al. Changing your Hammer: The Implications of Paradigmatic Innovation for Design Practice [J]. International Journal of Design, 2014, 8 (2): 119 -139.

[19] Garud R, Karnøe P. Path creation as a process of mindful deviation [J]. Path dependence and creation, 2001, 138.

[20] Garud R, Karnøe P. Bricolage versus breakthrough: distributed and embedded agency in technology entrepreneurship [J]. Research policy, 2003, 32 (2): 277 -300.

[21] Garud R, Rappa M A. A Socio-Cognitive Model of Technology Evolution: The Case of Cochlear Implants [J]. Organization Science, 1994, 5 (3): 344 -362.

[22] Gnyawali D R, Park B J. Co-opetition between giants: Collaboration with competitors for technological innovation [J]. Research Policy, 2011, 40 (5): 650 - 663.

[23] Gruber M. Routes to Paths: An Empirical Exploration of Path creation and Path Development in New Organizations [C] // Academy of Management (AoM). 2006.

[24] Haghi S. Lessons from Korea, Switzerland and Norway: Improvement in innovation management in Iran [J]. Management Science Letters, 2013, 3 (9): 2443 -

2454.

[25] Haghi S, Sabahi A, Salnazaryan A. Institutions and functions of national innovation system in Norway and Iran [J]. African Journal of Business Management, 2011, 5 (24): 10108 -10116.

[26] Håkansson H, Waluszewski A. Path dependence: restricting or facilitating technical development? [J]. Journal of Business Research, 2002, 55 (7): 561 - 570.

[27] Hallonsten O. Erawatch Country Reports 2012. : Sweden [R]. 2012.

[28] Hara T. Innovation in the pharmaceutical industry: the process of drug discovery and development [M]. Edward Elgar Publishing, 2003.

[29] Henderson R M, Clark K B. Architectural Innovation: The Reconfiguration of Existing Product Technologies and the Failure of Established Firms [J]. Administrative Science Quarterly, 1990, 35 (1): 9 -30.

[30] Hofman P S. Embedding Radical Innovations in Society [J]. 2003.

[31] Howard A. Doughty, Review Essay: Canada's Innovation Strategy: The Politics of Partnership, 2002.

[32] Imagination to Innovation: Building Canadian Paths to Prosperity [R]. Canada's Science, Technology and Innovation System, State of the Nation 2010.

[33] Jane Rutherford. Ocean Science and Technology Overview, Foreign Affairs and International Trade Canada [C]. Meeting of the EU - Canada JSTCC, Brussels, March 6, 2013.

[34] Jens Eschenbächer, Marcus Seifert, Klaus Dieter Thoben. Improving distributed innovation processes in virtual organisations through the evaluation of collaboration intensities [J]. Production Planning & Control, 2011, 22 (5 -6): 473 -487.

[35] Johansson, Åke, Ottosson, Mats Ola. A National Current Research Information System for Sweden [J]. 2012.

[36] Kaloudis A, Koch P. The role of the business-oriented Norwegian Research Institutes in the national innovation system [R]. NIFU STEP Report, 2004.

[37] Kaloudis A, Koch P. De næringsrettede instituttenes rolle i det fremtidige innovasjonssystemet [J]. 2004.

[38] Koo M G. Island disputes and maritime regime building in East Asia: Between a rock and a hard place [M]. Springer Science & Business Media, 2010.

[39] Kostiainen J, Sotarauta M. Great leap or long march to knowledge economy:

institutions, actors and resources in the development of Tampere, Finland [J]. European Planning Studies, 2003, 11 (4): 415 –438.

[40] Kuhlmann S. RCN in the Norwegian Research and Innovation System [J]. Journal of Homeland Security & Emergency Management, 2001, 6 (1): 91 –102.

[41] Liebowitz S J, Margolis S E. Path Dependence, Lock-in, and History [J]. Journal of Law Economics & Organization, 1995, 11 (1): 205 –226.

[42] Loet Leydesdorfføs. The Swedish System of Innovation: Regional Synergies in a Knowledge –Based Economy [J]. Journal of the American Society for Information Science and Technology (in press). 2011.

[43] Lundvall B. National Innovation System: Analytical Focusing Device and Policy Learning Tool [J]. Working paper. 2007.

[44] Malerba F, Mancusi M L, Montobbio F. Innovation, international R&D Spillovers and the sectoral heterogeneity of knowledge flows [C] // KITeS, Centre for Knowledge, Internationalization and Technology Studies, Universita' Bocconi, Milano, Italy, 2007: 697 –722.

[45] Massey E. The Governance of Marine Management in New Zealand: Delaying the Transition from Single Species to Ecosystem Based Management [C] //Windows on a changing world. 22nd New Zealand Geographical Society Conference, School of Geographical and Environmental Science, The University of Auckland. 2003: 105 –110.

[46] Metcalfe S. The economic foundations of technology policy: equilibrium and evolutionary perspectives [J]. Handbook of the economics of innovation and technological change, 1995, 446.

[47] Nelson R R, ed. National innovation systems: a comparative analysis [M]. Oxford university press, 1993.

[48] Nerdrum L, Gulbrandsen M. The Technical –Industrial Research Institutes in the Norwegian Innovation System [J]. Working Papers on Innovation Studies, 2007: 327 –349.

[49] Niosi J. Canada's national system of innovation [M]. McGill-Queen's Press-MQUP, 2000.

[50] Nissen H A, Evald M R, Clarke A H. Knowledge sharing in heterogeneous teams through collaboration and cooperation: Exemplified through Public-Private-Innovation partnerships [J]. Industrial Marketing Management, 2014, 43 (3): 473 –482.

［51］Nobuoka J. User innovation and creative consumption in Japanese culture in-dustries: The case of Akihabara, Tokyo ［J］. Geografiska Annaler: Series B, Human Geography, 2010, 92 (3): 205 -218.

［52］North D C. Institutions, institutional change and economic performance ［M］. Cambridge university press, 1990.

［53］Olafsen T, Sandberg M G, Senneset G, et al. Exploitation of Marine Living Resources-Global Opportunities for Norwegian Expertise ［J］. report from a working group appointed by DKNVS and NTVA, 2006.

［54］Owensmith J, Riccaboni M, Pammolli F, et al. A Comparison of U. S. and European University-Industry Relations in the Life Sciences ［J］. Management Science, 2002, 48 (1): 24 -43.

［55］Pålsson B G A C. Biotechnology and Innovation Systems ［J］. The Role of Public Policy, 2011.

［56］Park, O. S. Comments on conference papers concerning path dependence and path creation ［C］. IGU Commission on the Dynamics of Economic Space Annual Residential Conference, August, 2004, Birmingham, UK.

［57］Qiu W, Wang B, Jones P J S, et al. Challenges in developing China's ma-rine protected area system ［J］. Marine Policy, 2009, 33 (4): 599 -605.

［58］Ramstad E. Benchmarking innovation systems and policies in European coun-tries-An organizational innovation viewpoint ［J］. Tekes-Finnish Funding Agency for Technology and Innovation. 2006.

［59］Rödström E M. Tjärnö Innovation System ［R］. Tjärnö Marine Biology Labora-tory, 2007.

［60］Roe M J. Path dependence, political options, and governance systems ［J］. Comparative corporate governance-the state of the art and emerging research. Oxford, 1997: 165 -184.

［61］Sengupta J K. Theory of innovation : a new paradigm of growth ［M］. Spring-er, 2013.

［62］Stennett A. EU Innovation Policy-Best Practice ［J］. Research and Information Service. 2011.

［63］Storper M, Venables A J. Buzz: the economic force of the city ［C］. Paper presented at the DRUID Summer Conference on Industrial dynamics of the new and old economy—Who is embracing whom? Copenhagen / Elsinore, 6 -8 June 2002.

[64] Sundnes S L, Langfeldt L, Sarpebakken B. Marin FoU og havbruksforskning 2003 [J]. Skriftserie, 2005, 3: 2005.

[65] Sydow J, Windeler A, Möllering G. Path-Creating Networks in the Field of Next Generation Lithography: Outline of a Research Project. University of Technology [J]. Technology Studies. Working Papers TUTS-WP-2-2004. Berlin: TU Berlin, 2004.

[66] Sydow J, Windeler A, Möllering G, et al. Path-creating networks: The role of consortia in processes of path extension and creation [C]. 21st EGOS Colloquium, Berlin, Germany. 2005.

[67] Taks J L, Herrmann A M, Moors E H M. Does regional proximity still matter in a global economy? The case of flemish biotech ventures [J]. Frontiers of Entrepreneurship Research, 2012, 31 (16): 517 −529.

[68] Tushman M L, Anderson P. Technological discontinuities and organizational environments [J]. Administrative science quarterly, 1986: 439 −465.

[69] Un C A. An empirical multi-level analysis for achieving balance between incremental and radical innovations [J]. Journal of Engineering & Technology Management, 2010, 27 (1 −2): 1 −19.

[70] Zabala – Iturriagagoitia J M. Entrepreneurial propensity of innovation systems: comparing knowledge-intensive entrepreneurship in the machine tools and ICT in Sweden [J]. 2011.

[71] Zou K. Implementing marine environmental protection law in China: progress, problems and prospects [J]. Marine Policy, 1999, 23 (3): 207 −225.

[72] 陈艳, 赵晓宏. 我国海洋管理体制改革的方向及目标模式探讨 [J]. 中国渔业经济, 2006 (3): 28 −30.

[73] 川原纪美, 魏文清. 立足区域的地方分权模式: 九州与亚洲交流的一次实验 [J]. 华侨大学学报: 哲学社会科学版, 2000 (1): 34 −35.

[74] 多西 (主编). 技术进步与经济理论 [M]. 北京: 经济科学出版社, 1992.

[75] 冯之浚. 国家创新系统的理论与实践 [M]. 北京: 经济科学出版社, 1998.

[76] 冯之浚, 罗伟. 国家创新系统的理论与政策文献汇编 [M]. 北京: 群言出版社, 1999.

[77] 高抒. 美国伍兹霍尔海洋研究所 [J]. 自然杂志, 1986 (9): 64 −68.

[78] 高艳, 潘鲁青. 经济全球化背景下海洋高等教育的改革与发展 [J]. 高等理科教育, 2002 (5): 7 −10.

[79] 高战朝. 英国海洋综合能力建设状况 [J]. 海洋信息, 2004, (3): 29 −30, 24.

[80] 勾维民. 海洋经济崛起与我国海洋高等教育发展 [J]. 高等农业教育, 2005 (5): 14-17.

[81] 韩立民, 任新君. 海域承载力与海洋产业布局关系初探 [J]. 太平洋学报, 2009 (2): 80-84.

[82] 李朝晨. 英国科学技术概况 [M]. 北京: 科学技术出版社, 2002: 133.

[83] 李景光, 阎季惠. 英国海洋事业的新篇章——谈2009年《英国海洋法》[J]. 海洋开发与管理, 2010, 27 (2): 87-91.

[84] 李铄. 加拿大建立国家创新体系面面观 [J]. 全球科技经济瞭望, 2006 (4): 34-42.

[85] 刘邦凡. 论我国高校海洋教育发展及其研究 [J]. 教学研究, 2013, 36 (3): 9-14.

[86] 刘洪涛. 国家创新系统 (NIS) 理论与中国技术创新模式的实证研究 [D]. 西安交通大学, 1997.

[87] 刘容子, 刘堃, 张平. 我国海洋产业发展现状及对策建议 [J]. 科技促进发展, 2013 (5): 45-50.

[88] 刘曙光. 区域创新系统——理论探讨与实证研究 [M]. 中国海洋大学出版社, 2004.

[89] 刘曙光, 形成大企业集群学习——竞争优势, 促进优势产业全球化, 见: 倪鹏飞 (主编), 2005中国城市竞争力报告: 产业集群专题 [M]. 北京: 社会科学文献出版社, 2005.

[90] 刘曙光, 郭刚. 从企业标准到全球标准: 技术创新及标准化问题研究 [J]. 经济问题探索, 2006 (7): 89-92.

[91] 刘曙光, 杨华. 关于全球价值链与区域产业升级的研究综述 [J]. 中国海洋大学学报 (社科版), 2004 (5): 27-30.

[92] 刘曙光, 朱翠玲. 国际及区域创新体系建设: 理论进展与海洋创新体系实证 [J]. 中国海洋经济评论, 2008, 2 (1).

[93] 刘曙光, 于谨凯. 海洋产业经济前沿问题探索 [M]. 北京: 经济科学出版社, 2006.

[94] 刘曙光, 赵明, 张泳. 国家海洋创新体系建设的国际经验及借鉴: 中国海洋学会2007年学术年会 [Z]. 中国广东湛江: 2007, 6.

[95] 柳卸林. 国家创新体系的引入及对中国的意义 [J]. 中国科技论坛, 1998 (2): 26-28.

[96] 刘云, 董建龙. 英国科学与技术 [M]. 合肥: 中国科技大学出版社, 2002:

222.

[97] 刘云，李正风，刘立，等．国家创新体系国际化理论与政策研究的若干思考 [J]．科学学与科学技术管理，2010，31（3）：61 –67.

[98] 马仁锋，李加林，赵建吉，等．中国海洋产业的结构与布局研究展望 [J]．地理研究，2013，32（5）：902 –914.

[99] 马雯．概述美国国家创新体系的创建及其特征 [J]．科教文汇旬刊，2011（2）：3 –4.

[100] 马英杰，胡增祥，解新颖．澳大利亚海洋综合规划与管理——情况介绍 [J]．海洋开发与管理，2002，19（1）：51 –53.

[101] 芒努斯·拉姆．来自海洋的馈赠——波浪能在瑞典的发展 [J]．海洋世界．2009（5）：46 –49.

[102] 梅丽霞，蔡铂，聂鸣．全球价值链与地方产业集群的升级 [J]．科技进步与对策，2005，22（4）：11 –13.

[103] 倪国江，刘洪滨，马吉山．加拿大海洋创新系统建设及对我国的启示 [J]．科技进步与对策，2012，29（8）：39 –42.

[104] 潘学良．瑞典的海洋研究与技术开发 [J]．海洋信息，1998（5），23 –25.

[105] 齐建国等．技术创新：国家系统的改革与重组 [M]．社会科学文献出版社，1995.

[106] 任静，赵立雨．美国 R&D 经费投入特征分析及经验借鉴 [J]．未来与发展，2012（2）：77 –82.

[107] 石定寰，柳卸林．国家创新系统：现状与未来 [M]．北京：经济管理出版社，1999.

[108] 孙国际．从"两弹一星"科技工程的重大成功看国家创新体系模式的建立 [J]．中国科学基金，2005，19（2）：90 –94.

[109] 王金平，张志强，高峰，等．英国海洋科技计划重点布局及对我国的启示 [J]．地球科学进展，2014，29（7）：865 –873.

[110] 望俊成，刘芳．澳大利亚的科技管理体系初探 [J]．世界科技研究与发展，2012，34（1）.

[111] 王衍亮．瑞典的水产业 [J]．世界农业，1986（6）：48 –49.

[112] 王永中，郑联盛．挪威发展海洋经济金融有哪些妙招 [N]．上海证券报，2014 –3 –8（6）.

[113] 文娉，曾刚．上海浦东新区信息产业集群的升级研究 [J]，经济问题探索，2005（1）：72 –77.

［114］吴高峰．我国海洋高等教育60年改革发展回顾与展望［J］．高等农业教育，2010（4）：11-14．

［115］习近平：做好应对复杂局面准备维护海洋权益［N］．新华网，2013-07-31．

［116］谢子远，闫国庆．澳大利亚发展海洋经济的主要举措［J］．理论参考，2012（4）：49-51．

［117］熊彼特．经济发展理论［M］．北京：商务印书馆，1990．

［118］徐质斌，牛福增．海洋经济学教程［M］．北京：经济科学出版社，2003．

［119］杨东德，滕兴华．美国国家创新体系及创新战略研究［J］．北京行政学院学报，2012（6）：77-82．

［120］应若平．国家农业科技创新体系：新西兰的经验［J］．科研管理，2006，27（5）：59-64．

［121］于思浩．中国海洋强国战略下的政府海洋管理体制研究［D］．吉林大学，2013．

［122］张成，吴文正．瑞典港口概况及发展特征［J］．中国港口，2011（3），58-61．

［123］张红智，张静．论我国的海洋产业结构及其优化［J］．海洋科学进展，2005，23（2）：243-247．

［124］张辉，全球价值链下地方产业集群升级模式研究［J］．中国工业经济，2005（9）：11-18．

［125］张瑞．中美创新体系比较及启示［D］．武汉科技大学，2013．

［126］张苏梅，顾朝林，葛幼松，等．论国家创新体系的空间结构［J］．人文地理，2001，16（1）：51-54．

［127］张银银．瑞典国家创新体系探析与启示［J］．当代经济管理，2013，（11）：86-91．

［128］赵莉晓．《欧洲创新计分牌（EIS）2007》报告概述及其启示［J］．科学学研究，2008（S2）：532-537．

［129］赵敏，臧莉娟．美国大学在国家创新体系中的作用及其启示［J］．江苏高教，2006（6）：130-133．

［130］郑海琳．中美国家创新体系比较研究［D］．青岛大学，2005．

［131］仲雯雯．我国海洋管理体制的演进分析（1949～2009）［J］．理论月刊，2013（2）：121-124．

［132］周琪，徐修德．试析美国国家创新体系的现状及特点［J］．齐鲁师范学院学报，2005，20（3）：97-99．

［133］周勇，冯丛丛．欧洲创新计分牌及其启示［J］．创新科技，2006（11）：62 -62.

［134］周志娟．大科学时代科学家责任问题探析［J］．厦门理工学院学报，2012，20（4）：84 -88.

［135］朱坚真，孙鹏．海洋产业演变路径特殊性问题探讨［J］．农业经济问题，2010（8）：97 -103.

［136］朱文强．宪法视角下的我国海洋管理体制研究［D］．中国海洋大学，2013.

后　记

　　本书是本人承担的教育部人文社会科学重点研究基地重大项目"国家海洋创新体系建设的战略组织研究"（项目编号：07JJD630012）研究成果的主体部分。由于课题研究涉及国家及区域创新体系理论、海洋科技创新体系的透视，以及适合我国特色的国家海洋创新体系建设实践的总结，国内相关研究成果甚少，国际研究体例和框架也难以适应我国实情，加之2008年全球金融危机以来我国社会经济和科技创新战略的巨大而深刻转型，使得对于国家层面的海洋创新体系战略的定位和前瞻变得越发困难。尽管课题研究过程中的有关成果陆续提交国家有关部门参考和采纳，但是对作为一个相对完整的研究成果面世还是有些信心不足。教育部组织的评审专家对该研究成果的充分肯定，学校文科处、海洋发展研究院、经济学院领导的大力支持和鼓励，包括课题组专家顾问和骨干成员的鼎力支持，最终使得本研究成果得以付梓出版。

　　在本人负责书稿整体设计和撰写的同时，课题组主要成员之一的于谨凯教授不仅全程参与课题的研究和讨论工作，而且主笔撰写第七章的主体内容；从课题2007年立项以来，本人指导的数届博士生和硕士生前仆后继地参与本课题研究，积极参与到本书的初稿资料搜集和文献整理过程中，也先后与本人合作发表一系列专业文章，为本书的学术框架和主要观点形成贡献出应有的力量，其中包括：纪盛博士、杨奕博士（注：与法国西布列塔尼大学联合指导博士，已取得法国经济学博士学位），在读博士生张涵、刘洋，毕业硕士李莹、朱翠玲、丁丽君、纪瑞雪、杨蕊、樊学斯、廖春英、孙慧敏、曹岳、唐骁，在读硕士生牛娟、陈君、冯玉芹、张觐、韩静等。其中，韩静同学协助全书的统稿并参与全书校对。本人特别感谢主要合作者和参与者的辛勤付出和努力工作。

最后，感谢北京钟书堂文化传播有限公司和经济科学出版社有关领导和专业工作人员在本书出版过程的大力支持和专业服务。

刘曙光
2017 年 3 月 9 日于海大崂山校区